DAS TIERREICH

Eine Zusammenstellung und Kennzeichnung der rezenten Tierformen

Herausgeber

Robert Mertens (Wirbeltiere)

Willi Hennig (Wirbellose)

Schriftleitung
Heinz Wermuth

Unter Mitarbeit zahlreicher Spezialisten

„Πάντα ῥεῖ"

„Sine systemate chaos"

Lieferung 95

Liste der rezenten Amphibien und Reptilien

Hylidae, Centrolenidae, Pseudidae

Bearbeitet von

Dr. William E. Duellman, Lawrence

Walter de Gruyter · Berlin · New York
1977

Das Tierreich	Berlin	Lieferung 95	Seite I–XIX, 1–225	1977

ISBN 3 11 005718 2

Satz, Druck und Bindearbeiten: Kultura, Budapest.

Die Liste der rezenten Amphibien und Reptilien *ist*

HERRN PROF. DR. ROBERT MERTENS,

Direktor emeritus des Natur-Museums und

Forschungs-Institutes Senckenberg zu Frankfurt am Main,

als Dank der Fachkollegen für seine überragenden

Verdienste um die Herpetologie gewidmet.

Als Breiträge zur **Liste der rezenten Amphibien und Reptilien** sind bisher erschienen:

Amphibia: Gymnophiona: Caeciliidae (GORHAM, Ottawa; Lieferung 78, 1962). — Salientia: Ascaphidae, Leiopelmatidae, Pipidae, Discoglossidae, Pelobatidae, Leptodactylidae, Rhinophrynidae (GORHAM, St. John; Lieferung 85, 1966); Hylidae (Duellman, Lawrence, Lieferung 95, 1975).

Reptilia: Sauria: Gekkonidae, Pygopodidae, Xantusiidae (WERMUTH, Ludwigsburg; Lieferung 80, 1965); Agamidae (WERMUTH, Ludwigsburg; Lieferung 86, 1967); Chamaeleonidae (MERTENS, Frankfurt am Main; Lieferung 83, 1966); Cordylidae: *Cordylinae, Gerrhosaurinae* (WERMUTH, 1968); Anguidae, Anniellidae, Xenosauridae (WERMUTH, Ludwigsburg; Lieferung 90, 1969); Helodermatidae, Varanidae, Lanthanotidae (MERTENS, Frankfurt am Main; Lieferung 79, 1963). — Serpentes: Boidae: *Boinae, Bolyeriinae, Loxoceminae, Pythoninae* STIMSON, London; Lieferung 89, 1969); Uropeltidae (GANS, Buffalo; Lieferung 84, 1966); Colubridae: *Dipsadinae* (PETERS, Washington; Lieferung 81, 1965).

Als weitere Beiträge erscheinen demnächst:

Amphibia: Caudata (BRAME, Los Angeles, & GORHAM, St. John); Bufonidae (COOK, Ottawa).

Reptilia: Testudines, Crocodylia, Rhynchocephalia (WERMUHT, Ludwigsburg, & MERTENS, Franfurt am Main). — Sauria: Iguanidae (ETHERIDGE, San Diego); Lacertidae (BÖHME, Bonn); Teiidae (HOTZ, Zürich); Amphisbaenidae (GANS, Ann Arbor). — Serpentes: Typhlopidae, Leptotyphlopidae, Anomalepididae (HAHN, Cottonwood); Xenopeltidae, Acrochordidae, Colubridae (DOWLING, New York, & LEVITON, San Francisco); Elapidae, Hydrophiidae (KLEMMER, Frankfurt am Main, & MARX, Chicago), Viperidae, Crotalidae (Hoge, São Paulo).

Liste der rezenten Amphibien und Reptilien

Hylidae, Centrolenidae, Pseudidae

Bearbeitet von

Dr. William E. Duellman

Preface

The last checklist including frogs now placed in the families Hylidae, Centrolenidae, and Pseudidae was that of NIEDEN (1923). In the present checklist I have included references to all literature through 1974. The number of recognized taxa are: Hylidae. — 36 genera, 544 species, and 607 species and subspecies; Centrolenidae. — 2 genera, 55 species, and 56 species and subspecies; Pseudidae. — 2 genera, 4 species, and 13 species and subspecies, for a total of 40 genera, 603 species, and 676 species and subspecies. The growth in the number of recognized species is shown in the following table (includes only species now assigned to families treated in this checklist):

Date	Author	Genera	Species
1802	DAUDIN	1	27
1841	DUMÉRIL & BIBRON	6	43
1859	GÜNTHER	10	61
1882	BOULENGER	11	182
1923	NIEDEN	17	309
1975	DUELLMAN	40	603

In the synonymies for each species and subspecies the following references are given: 1) original description, including the type locality and the museum and catalogue (register) number(s) of the type specimens for all included taxa; 2) all nomenclatural combinations, including the reference for the present usage; and 3) authorities for the synonymies. References are given to all taxa recognized by BOULENGER (1882) and/or NIEDEN (1923). Museums are listed by the following abbreviations:

A.L.—M.N.R.J.	Adolpho Lutz Collection in the Museu Nacional, Rio de Janeiro.
A.M.	Australian Museum, Sydney.
A.M.N.H.	American Museum of Natural History, New York.
A.N.S.P.	Academy of Natural Sciences of Philadelphia, Pennsylvania.
A.Z.M.	Amsterdam Zoologisches Museum.
B.M.N.H.	British Museum (Natural History), London.
C.A.S.	California Academy of Sciences, San Francisco.
C.A.S.—S.U.	Stanford University Collection—California Academy of Sciences, San Francisco.
C.H.I.N.M.	Colección Herpetológia del Instituto Nacional de Microbiología, Buenos Aires.
C.M.	Carnegie Museum, Pittsburgh.
C.U.	Cornell University, Ithaca, New York.
D.M.	Dresden Museum.
E.B.R.G.	Estación Biológica de Rancho Grande, Venezuela.
E.H.T.	Edward H. Taylor, Lawrence, Kansas.
E.I.	Eugenio Izecksohn, Campo Grande, Brasil.
F.M.N.H.	Field Museum of Natural History, Chicago.
F.S.M.	Florida State Museum, Gainesville.

H.M.—R.C.S.	Hunterian Museum, Royal College of Surgeons, London.
I.M.L.	Instituto Miguel Lillo, Tucumán, Argentina
I.N.H.S.	Illinois Natural History Survey, Champaign.
I.R.S.N.B.	Institute Royal Sciences Naturelle Belgique, Brussel.
K.M.	Krakow Museum, Poland.
K.U.	University of Kansas Museum of Natural History, Lawrence.
L.A.C.M.	Los Angeles County Museum of Natural History, Los Angeles.
L.I.H.—U.B.A.	Laboratorio de Investigaciones Herpetológicas, Universidad de Buenos Aires.
L.M.B.	Landsmuseum Brünn, Brno.
M.A.C.N.	Museo Argentino de Ciéncias Naturales, Buenos Aires.
N.B.U.C.V.	Museo de Biología, Universidad Central de Venezuela, Caracas.
M.C.S.N.	Museo Civico di Storia Naturale, Genoa.
M.C.Z.	Museum of Comparative Zoology, Harvard University, Cambridge, Massachusetts.
M.I.Z.S.	Museo ed Instituto de Zoologi Sistematico, Università di Torino.
M.J.P.	Museo Javier Prado, Universidad de San Marcos, Lima.
M.L.S.	Museo de La Salle, Bogotá.
M.M.	Macleay Museum, University of Sydney.
M.M.G.	Magdeburg Museum, Germany.
M.N.C.N.	Museo Nacional de Ciéncias Naturales, Madrid.
M.N.H.	Musei Nationalis Hungarici, Budapest.
M.N.H.N.	Museum National d'Histoire Naturelle, Paris.
M.N.R.J.	Museu Nacional, Rio de Janeiro.
M.R.H.N.	Musée Royale d'Histoire Naturelle, Brussel.
M.V.Z.	Museum of Vertebrate Zoology, University of California, Berkeley.
M.Z.U.S.P.	Museu de Zoología, Universidade de São Paulo.
N.H.M.B.	Naturhistorisches Museum, Basel.
N.H.M.G.	Naturhistoriska Museet, Göteborg.
N.H.M.W.	Naturhistorisches Museum, Wien.
N.H.R.M.	Naturhistoriska Riksmuseet, Stockholm.
N.M.M.	North Manchurian Museum, Hardin.
N.M.V.	National Museum of Victoria, Melbourne.
O.U.M.	Oxford University Museum.
Q.M.	Queensland Museum, Fortitude Valley, Queensland.
Q.V.M.	Queen Victoria Museum, Launceston, Tasmania.
R.C.T.	Richard C. Taylor, Lawrence, Kansas.
R.D.-B.	Roberto Donoso-Barros, Concepción, Chile
R.M.N.H.	Rijksmuseum van Natuurlijke Historie, Leiden.
S.A.M.	South Australian Museum, Adelaide.
S.C.N.	Sociedad de Ciéncias Naturales La Salle, Caracas.
S.D.N.H.M.	San Diego Natural History Museum, San Diego.
S.I.B.—A.S.	Southwest Institute of Biology, Academia Sinica, Chengtu.
S.J.C.	Stephen J. Copland, Sydney, Australia.
S.M.F.	Senckenberg Museum, Frankfurt-am-Main.
T.C.W.C.	Texas Cooperative Wildlife Collection, College Station, Texas.
T.N.H.C.	Texas Natural History Collection, Austin.
U.I.M.N.H.	University of Illinois Museum of Natural History, Urbana.
U.M.	University of Melbourne, Parkville.
U.M.M.Z.	University of Michigan Museum of Zoology, Ann Arbor.
U.P.N.G.	University of Papua and New Guinea, Port Moresby.
U.P.R.—M.	University of Puerto Rico, Mayagüez.
U.S.N.M.	United States National Museum (= National Museum of Natural History), Washington.

U.T.A.	University of Texas, Arlington.
U.Z.M.	Universitets Zoölogiske Museum, Kjøbenhavn.
W.A.M.	Western Australian Museum, Perth.
W.C.A.B.	Werner C. A. Bokermann, São Paulo
W.T.N.	Wilfred T. Neill, Ocala, Florida.
Z.I.U.G.	Zoologischen Institutes der Universität Göttingen.
Z.I.U.S.	Zoologiske Institut, Universitets Stockholm.
Z.M.B.	Zoologisches Museum, Berlin.
Z.M.H.	Zoologisches Museum, Hamburg.
Z.M.U.U.	Zoologiske Museet, Universitets Uppsala.
Z.S.M.	Zoologisches Sammlung, München.

The purpose of a checklist is to present the current state of the nomenclature of a group; thus, taxonomic changes normally should not be made in a checklist. However, for the sake of nomenclatural consistency and stability, some changes were necessary. The following are new combinations:

Acris crepitans paludicola BURGER, SMITH & SMITH
Centrolenella bokermanni (TAYLOR & COCHRAN)
Centrolenella delicatissima (TAYLOR & COCHRAN)
Centrolenella divaricans (TAYLOR & COCHRAN)
Centrolenella dubia (TAYLOR & COCHRAN)
Centrolenella lutzorum (TAYLOR & COCHRAN)
Centrolenella parvula (BOULENGER)
Centrolenella ritae (B. LUTZ & KLOSS)
Centrolenella surda (TAYLOR & COCHRAN)
Centrolenella uranoscopa (MÜLLER)
Flectonotus fitzgeraldi (PARKER)
Hyla labialis meridensis RIVERO
Phyllodytes avratus (Boulenger)

The following trivial names are placed in synonymy:

Hyla delitescens LECONTE, 1825 = *Hyla squirella* BOSC, 1800.
Hyla ewingi var. *alpina* Fry, 1915 = *Hyla verreauxii* Duméril, 1953.
Hyla molitor var. *marmorata* SCHMIDT, 1857 = *Hyla molitor* SCHMIDT, 1857.
Hyla perpusilla queimadensis B. LUTZ, 1973 = *Hyla perpusilla v-signata* B. LUTZ, 1968.
Hyla robersimoni DONOSO-BARROS, 1966 = *Hyla rubra* LAURENTI, 1768.
Hyla rubra altera B. LUTZ, 1973 = *Hyla rubra* LAURENTI, 1768.
Hyla scrobiculata B. LUTZ, 1973 = *Hyla decipiens branneri* COCHRAN, 1948.
Hyla senicula attenuata B. LUTZ, 1973 = *Hyla senicula melanargyrea* COPE, 1887.
Hyla sodei-campi KOSTEN, 1935 = *Hyla arborea japonica* GÜNTHER, 1859.

Lectotypes are designated for *Hyla goughi* E. G. BOULENGER and *Hyla velata* COPE.

Under each taxon, a reference is given to the most recent publication on the taxon, unless reference to the same publication is given in the synonymy. Significant regional treatises on hylid frogs include the following:

Australia — COPLAND (1957), MOORE (1961).
Brasil — BOKERMANN (1966b), COCHRAN (1955), LUTZ (1973).
Colombia — COCHRAN & GOIN (1970).

México and Central America — DUELLMAN (1970b).
Papua — TYLER (1968a).
Venezuela — RIVERO (1961).
West Indies — TRUEB & TYLER (1974).

New combinations of names listed by GORHAM (1974), none of which is supported by evidence, are not included.

The compilation and final completion of this checklist was facilitated by the kind cooperation of many colleagues throughout the world. Curators of museums in the United States, Europe, and South America provided data on type specimens. Essential data on type specimens were provided by Michael J. Tyler for Australian museums, Bertha Lutz for the Museu Nacional in Rio de Janeiro, and Paulo E. Vanzolini for the Museu de Zoología, Universidade de São Paulo, all important collections that I did not have opportunity to visit. Travel to European collections in 1969 was supported by a grant from the American Philosophical Society (Penrose Fund No. 5063).

Data were provided on the *Hyla rubra* group by M. J. Fouquette, Jr., on *Hemiphractus* and *Osteopilus* by Linda Trueb, and on *Gastrotheca* by Charles F. Walker. Information on distributions of species in Brasil were provided by Werner C. A. Bokermann, in Surinam by M. S. Hoogmoed, and in Venezuela by Juan A. Rivero. Early drafts of the manuscript were critically reviewed by Werner C. A. Bokermann (South American Hylidae); Ian R. Straughan, Michael J. Tyler, and Richard G. Zweifel (Australo-Papuan Hylidae); and Jay M. Savage and Priscilla H. Starrett (Centrolenidae).

The difficult chore of cross-checking literature citations and ordering of the synonymies benefited from the skillful and dedicated assistance of Alan H. Savitzky. Ruth D. Fauhl aided in procuring necessary references, and Sally Cool competently typed the final manuscript. Completion of the work was made possible by a grant from the General Research Fund of The University of Kansas.

Museum of Natural History
University of Kansas
July, 1975

WILLIAM E. DUELLMAN

Class Amphibia

Order Salientia 1

Order Salientia

Family **Hylidae** HALLOWELL

Acris DUMÉRIL & BIBRON

1841 *Acris* DUMÉRIL & BIBRON, Erpétol. gén., Paris, **8:** 506. — Species typica (by subsequent designation: FITZINGER, 1843, Syst. Rept., Wien: 31): *Rana gryllus* LECONTE, 1825.

Range: U.S.A. east of Rocky Mountains, southern Ontario (Pt. Pelee), Canada; northern Coahuila, México.

Acris crepitans BAIRD

1854 *Acris crepitans* BAIRD, Proc. Acad. nat. Sci. Philadelphia, **7:** 59. — Terra typica: "Northern states generally" (restricted to Potomac River at Harper's Ferry, West Virginia, U.S.A., by SCHMIDT, 1953, Check list N. Amer. Rept., Chicago: 68). — Holotype: None designated.
1875 *Acris gryllus crepitans* — COPE, Bull. U.S. nation. Mus., Washington, **1:** 30.
1882 *Acris gryllus* var. *crepitans* — BOULENGER, Cat. Batr. Sal. Brit. Mus. (Nat. Hist.), London: 336.
1923 *Acris gryllus* — NIEDEN (partim), Das Tierreich, Berlin, **46:** 347.
1950 *Acris crepitans* — NEILL, Amer. midl. Natural., Notre Dame, **43:** 152.

Range: U.S.A. east of Rocky Mountains, except extreme southeastern part; southern Ontario (Pt. Pelee), Canada; northern Coahuila, México.

Acris crepitans crepitans BAIRD

1854 *Acris crepitans* BAIRD, Proc. Acad. nat. Sci. Philadelphia, **7:** 59. — Terra typica: "Northern states generally" (restricted to Potomac River at Harper's Ferry, West Virginia, U.S.A., by SCHMIDT, 1953, Check list N. Amer. Rept., Chicago: 68). — Holotype: None designated.
1875 *Acris gryllus crepitans* — COPE, Bull. U.S. nation. Mus., Washington, **1:** 30.
1882 *Acris gryllus* var. *crepitans* — BOULENGER, Cat. Batr. Sal. Brit. Mus. (Nat. Hist.), London: 336.
1938 *Acris crepitans* — DUNN, Proc. Acad. nat. Sci. Philadelphia, **90:** 153.
1958 *Acris crepitans crepitans* — CONANT, Field guide Rept. Amph., Boston: 276.

Range: Eastern U.S.A. from New Jersey and North Carolina to eastern Texas and western Florida.

Acris crepitans blanchardi HARPER

1947 *Acris gryllus blanchardi* HARPER, Proc. biol. Soc. Washington, **60:** 39. —

T e r r a t y p i c a: Smallens Cave, Ozark, Christian County, Missouri, U.S.A. — H o l o t y p e: C.M. no. 26607.

1958 *Acris crepitans blanchardi* — CONANT, Field guide Rept. Amph., Boston: 277.

R a n g e: Eastern U.S.A. from Ohio and Tennessee westward to Rocky Mountains; northern Coahuila, México.

Acris crepitans paludicola BURGER, SMITH & SMITH

New Combination

1949 *Acris gryllus paludicola* BURGER, SMITH & SMITH, J. Tennessee Acad. Sci., Nashville, **24:** 131. — T e r r a t y p i c a: 5 mi. west of Sabina Pass, Jefferson County, Texas, U.S.A. — H o l o t y p e: U.I.M.N.H. no. 872.

R a n g e: Type locality (Texas, U.S.A.).

Acris gryllus (LECONTE)

1825 *Rana gryllus* LECONTE, Ann Lyc. nat. Hist., New York, **1:** 282. — T e r r a t y p i c a: Riceboro, Liberty County, Georgia, U.S.A. (fide SCHMIDT, 1953, Check list N. Amer. Amph. Rept., Chicago: 67). — S y n t y p e s: U.S.N.M. nos. 3564 (7 specimens), 5909 (7 specimens).

1838 *Hylodes gryllus* — HOLBROOK (partim), N. Amer. Herpetol., Philadelphia, **2:** 75.

1841 *Acris gryllus* — DUMÉRIL & BIBRON, Erpétol. gén., Paris, **8:** 506.

1882 *Acris gryllus* — BOULENGER, Cat. Batr. Sal. Brit. Mus. (Nat. Hist.), London: 336.

1923 *Acris gryllus* — NIEDEN (partim), Das Tierreich, Berlin, **46:** 347.

1938 *Acris gryllus* — DUNN, Proc. Acad. nat. Sci. Philadelphia, **90:** 153.

R a n g e: Southeastern U.S.A.

Acris gryllus gryllus (LECONTE)

1825 *Rana gryllus* LECONTE, Ann. Lyc. nat. Hist. New York, **1:** 282. — T e r r a t y p i c a: Riceboro, Liberty County, Georgia, U.S.A. (fide SCHMIDT, 1953, Check list N. Amer. Amph. Rept., Chicago: 67). — S y n t y p e s: U.S.N.M. nos. 3564 (7 specimens), 5909 (7 specimens).

1838 *Hylodes gryllus* — HOLBROOK (partim), N. Amer. Herpetol., Philadelphia, **2:** 75.

1841 *Acris gryllus* — DUMÉRIL & BIBRON, Erpétol., gén., Paris, **8:** 506.

1875 *Acris gryllus gryllus* — COPE, Bull. U.S. nation. Mus., Washington, **1:** 30.

1882 *Acris gryllus* var. *bufonia* BOULENGER, Cat. Batr. Sal. Brit. Mus. (Nat. Hist.), London: 337. — T e r r a t y p i c a: New Orleans, Louisiana, U.S.A. — H o l o t y p e: B.M.N.H. no. 45. 11. 9. 35.

1945 *A[cris] g[ryllus] gryllus* — NETTING & GOIN, Quart. J. Florida Acad. Sci., Gainesville, **8:** 305.

1953 *Acris gryllus gryllus* — SCHMIDT, Check list N. Amer. Amph. Rept., Chicago: 67.

R a n g e: Southeastern U.S.A., exlusive of eastern Georgia and peninsular Florida.

Acris gryllus dorsalis HARLAN

1827 *Rana dorsalis* HARLAN, J. Acad. nat. Sci. Philadelphia, (1) **5:** 340. — Terra typica: "Lower 100 miles of the Saint John's River," Florida, U.S.A. (fide NETTING & GOIN, 1945: 305). — Syntypes: Formerly in A.N.S.P.; now lost.
1854 *Acris acheta* BAIRD, Proc. Acad. nat. Sci. Philadelphia, **7:** 59. — Terra typica: Key West, Florida, U.S.A. — Holotype: Formerly in A.N.S.P.; now lost. (Synonymy fide BOULENGER, 1882: 336).
1882 *Acris gryllus* — BOULENGER (partim), Cat. Batr. Sal. Brit. Mus. (Nat. Hist.), London: 336.
1945 *Acris gryllus dorsalis* — NETTING & GOIN, Quart. J. Florida Acad. Sci., Gainesville, **8:** 305.

Range: Peninsular Florida, U.S.A.

Agalychnis COPE

1864 *Agalychnis* COPE, 1864, Proc. Acad. nat. Sci. Philadelphia, **16:** 81. — Species typica (by subsequent designation: TAYLOR, 1952, Univ. Kansas Sci. Bull., Lawrence, **35:** 801): *Hyla moreletii* DUMÉRIL, 1853.

Discussion: DUELLMAN (1970b).

Range: Southern México, Central America, Pacific lowlands of Colombia and northwestern Ecuador, and Amazonian Ecuador.

Agalychnis annae (DUELLMAN)

1963 *Phyllomedusa annae* DUELLMAN, Rev. Biol. Trop., San José, **11:** 1. — Terra typica: Tapantí, Provincia Cartago, Costa Rica, 1200 m. — Holotype: K.U. no. 64020.
1968 *Agalychnis annae* DUELLMAN, Univ. Kansas Publ. Mus. nat. Hist., Lawrence, **18:** 4.

Range: Caribbean slopes and Meseta Central of Costa Rica.

Agalchnis calcarifer BOULENGER

1902 *Agalychnis calcarifer* BOULENGER, Ann. Mag. nat. Hist., London, (7) **9:** 52. — Terra typica: Río Durango, Provincia Esmeraldas, Ecuador. — Holotype: B.M.N.H. no. 1947. 2. 24. 22.
1923 *Agalychnis calcarifer* — NIEDEN, Das Tierreich, Berlin, **46:** 335.
1950 *Phyllomedusa (Agalychnis) calcarifer* — B. LUTZ, Mem. Inst. Oswaldo Cruz, Rio de Janeiro, **48:** 619.
1957 *Phyllomedusa calcarifer* — FUNKHOUSER, Occas. Pap. nat. hist. Mus. Stanford Univ., **5:** 24.
1968 *Agalychnis calcarifer* — DUELLMAN, Univ. Kansas Publ. Mus. nat. Hist., Lawrence, **18:** 4.

Range: Caribbean slopes of Costa Rica and Panamá and Pacific lowlands of Colombia and northwestern Ecuador.

Agalychnis callidryas (COPE)

1862 *Hyla callidryas* COPE, Proc. Acad. nat. Sci. Philadelphia, **13:** 359. — Terra typica: "Darien" (Provincia), Panamá (unjustifiably restricted to Córdoba, Veracruz, México: SMITH & TAYLOR, 1950: 347). — Holotype: A.N.S.P. no. 2091.

1865 *Agalychnis callidryas* COPE, Nat. hist. Rev., (new ser.) **12:** 110.

1882 *Agalychnis callidryas* — BOULENGER, Cat. Batr. Sal. Brit. Mus. (Nat. Hist.), London: 423.

1885 *Agalychnis helenae* COPE, 1885, Proc. Amer. philos. Soc., Philadelphia, **22:** 182. — Terra typica: "Nicaragua." — Holotype: U.S.N.M. no. 13737. (Synonymy fide SAVAGE & HEYER, 1967: 123).

1923 *Agalychnis helenae* — NIEDEN, Das Tierreich, Berlin, **46:** 334.

1923 *Agalychnis callidryas* — NIEDEN, Das Tierreich, Berlin, **46:** 334.

1932 *Phyllomedusa helenae* — KELLOGG, Bull. U.S. nation. Mus., Washington, **160:** 145.

1950 *Phyllomedusa (Agalychnis) callidryas* — B. LUTZ, Mem. Inst. Oswaldo Cruz, Rio de Janeiro, **48:** 601.

1957 *Phyllomedusa callidryas callidryas* — FUNKHOUSER, Occas. Pap. nat. hist. Mus. Stanford Univ., **5:** 33.

1957 *Phyllomedusa callidryas taylori* FUNKHOUSER, Occas. Pap. nat. hist. Mus. Stanford Univ., **5:** 34. — Terra typica: Tierra Colorada, Veracruz, México. — Holotype: E.H.T. no. 1279. (Synonymy fide SAVAGE & HEYER, 1967: 123).

1967 *Phyllomedusa callidryas* — SAVAGE & HEYER, Beitr. neotrop. Fauna, Stuttgart, **5:** 123.

1968 *Agalychnis callidryas* — DUELLMAN, Univ. Kansas Publ. Mus. nat. Hist., Lawrence, **18:** 4.

Range: Atlantic lowlands of Veracruz and Oaxaca, México southeastward on the Caribbean lowlands to central Panamá; Pacific lowlands of southern Costa Rica and eastern Panamá.

Agalychnis craspedopus (FUNKHOUSER)

1957 *Phyllomedusa craspedopus* FUNKHOUSER, Occas. Pap. nat. hist. Mus. Stanford Univ., **5:** 23. — Terra typica: Chicherota, Río Bobonaza, Provincia Pastaza, Ecuador. — Holotype: C.A.S.—S.U. no. 10310.

1968 *Agalychnis craspedopus* — DUELLMAN, Univ. Kansas Publ. Mus. nat. Hist., Lawrence, **18:** 4.

Range: Type locality (Provincia Pastaza, Ecuador).

Agalychnis litodryas (DUELLMAN & TRUEB)

1967 *Phyllomedusa litodryas* DUELLMAN & TRUEB, Copeia, New York etc., **1967** (1) 125. — Terra typica: 1 km. west-southwest of the junction of the Río Mono and Río Tuira, Provincia Darién, Panamá, 130 m. — Holotype: K.U. no. 96149.

1968 *Agalychnis litodryas* — DUELLMAN, Univ. Kansas Publ. Mus. nat. Hist., Lawrence, **18:** 4.

Range: Eastern Panamá to northwestern Ecuador.

Agalychnis moreletii (DUMÉRIL)

1853 *Hyla moreletii* DUMÉRIL, Ann. Sci. nat., Paris, (3) **19:** 169. — Terra typica: "Verapaz," Guatemala (restricted to Cobán, Departamento Alta Verapaz, Guatemala: SMITH & TAYLOR, Univ. Kansas Sci. Bull., Lawrence, **33:** 317). — Syntypes: M.N.H.N. no. 767 (2 specimens).

1860 *Hyla holochlora* SALVIN, Proc. zool. Soc. London, **1860:** 460. — Terra typica: Cobán, Departamento Alta Verapaz, Guatemala. — Holotype: B.M.N.H. no. 1947. 2. 24. 23. (Synonymy fide BOULENGER, 1882: 422).
1865 *Agalychnis moreletii* — COPE, Nat. hist. Rev., (new ser.) **12:** 110.
1882 *Agalychnis moreletii* — BOULENGER, Cat. Batr. Sal. Brit. Mus. (Nat. Hist.), London: 422.
1923 *Agalychnis moreletii* — NIEDEN, Das Tierreich, Berlin, **46:** 333.
1932 *Phyllomedusa moreletii* — KELLOG, Bull. U.S. nation. Mus., Washington, **160:** 146.
1968 *Agalychnis moreleti* — DUELLMAN, Univ. Kansas Publ. Mus. nat. Hist., Lawrence, **18:** 4.

Range: Atlantic and Pacific slopes from Veracruz and Guerrero, México, to Guatemala and El Salvador.

Agalychnis saltator TAYLOR

1955 *Agalychnis saltator* TAYLOR, Univ. Kansas Sci. Bull., Lawrence, **37:** 527. — Terra typica: "4 km. north-northeast of Tilarán, Provincia Guanacaste, Costa Rica" = Finca San Bosco, 5 km. north-northeast of Tilarán (fide DUELLMAN & BERG, 1962, Univ. Kansas Publ. Mus. nat. Hist., Lawrence, **15:** 189). — Holotype: K.U. no. 35615.
1957 *Phyllomedusa saltator* — FUNKHOUSER, Occas. Pap. nat. hist. Mus. Stanford Univ., **5:** 36.
1968 *Agalychnis saltator* — DUELLMAN, Univ. Kansas Publ. Mus. nat. Hist., Lawrence, **18:** 4.

Range: Caribbean lowlands of Nicaragua and Costa Rica.

Agalychnis spurrelli BOULENGER

1913 *Agalychnis spurrelli* BOULENGER, Proc. zool. soc. London, **1913:** 1024. — Terra typica: Peña Lisa, Condoto, Indendencia Chocó, Colombia. — Syntypes: B.M.N.H. nos. 1947. 2. 24. 24—25.
1957 *Phyllomedusa spurrelli* — FUNKHOUSER, Occas. Pap. nat. hist. Mus. Stanford Univ., **5:** 39.
1968 *Agalychnis spurrelli* — DUELLMAN, Univ. Kansas Publ. Mus. nat. Hist., Lawrence, **18:** 4.

Range: Southeastern Costa Rica to the Pacific lowlands of Colombia.

Allophryne GAIGE

1926 *Allophryne* GAIGE, Occas. Pap. Mus. zool. Univ. Michigan, Ann Arbor, **176:** 1. — Species typica (by original designation): *Allophryne ruthveni* Gaige, 1926.

Range: Guyana, Surinam, and northeastern Brasil.

Allophryne ruthveni GAIGE

1926 *Allophryne ruthveni* GAIGE, Occas. Pap. Mus. zool. Univ. Michigan, Ann Arbor, **176:** 2. — Terra typica: Tukeit Hill, below Kaiteur Falls, Guyana. — Holotype: U.M.M.Z. no. 63419.

1958 *Sphoenohyla seabrai* BOKERMANN, Neotropica, Buenos Aires, **4:** 43. — Terra typica: Serra do Navio, Territorio Amapá, Brasil. — Holotype: W.C.A.B. no. 3092. (Synonymy fide BOKERMANN, 1966: 91).
1966 *Allophryne ruthveni* — BOKERMANN, Lista anot. Local. Tipo Anf. Brasil., São Paulo: 91.

Discussion: HOOGMOED (1969).

Range: Guyana, Surinam, and northeastern Brasil.

Amphignathodon BOULENGER

1882 *Amphignathodon* BOULENGER, Cat. Batr. Sal. Brit. Mus. (Nat. Hist.), London: 450. — Species typica (by monotypy): *Amphignathodon guentheri* BOULENGER, 1882.

Range: Pacific slopes of Andes in Ecuador.

Amphignathodon guentheri BOULENGER

1882 *Amphignathodon guentheri* BOULENGER, Cat. Batr. Sal. Brit. Mus. (Nat. Hist.), London: 450. — Terra typica: „Intac," Ecuador. — Holotype: B.M.N.H. no. 1946. 9. 7. 28.
1923 *Amphignathodon guentheri* — NIEDEN, Das Tierreich, Berlin, **46:** 354.

Range: Pacific slopes of Andes in Ecuador.

Anotheca SMITH

1939 *Anotheca* SMITH, Proc. biol. Soc. Washington, **52:** 190. — Species typica (by original designation): *Gastrotheca coronata* STEJNEGER, 1911 (= *Hyla spinosa* STEINDACHNER, 1864).

Range: Central America and southern México.

Anotheca spinosa (STEINDACHNER)

1864 *Hyla spinosa* STEINDACHNER, Verhandl. zool.-bot. Ges. Wien, **14:** 239. — Terra typica: "Brazil." — Holotype: N.H.M.W. no. 16101.
1882 *Nototrema oviferum* — BOULENGER (partim), Cat. Batr. Sal. Brit. Mus. (Nat. Hist.), London: 418.
1911 *Gastrotheca coronata* STEJNEGER, Proc. U.S. nation. Mus., Washington, **41:** 287. — Terra typica: Palomo, Valle de Orosi, Provincia Cartago, Costa Rica. — Holotype: U.S.N.M. no. 48279. (Synonymy fide DUELLMAN, 1968: 195).
1923 *Hyla spinosa* — NIEDEN, Das Tierreich, Berlin, **46:** 297.
1923 *Nototrema coronatum* — NIEDEN, Das Tierreich, Berlin, **46:** 324.
1939 *Anotheca coronata* — SMITH, Proc. biol. Soc. Washington, **52:** 190.
1968 *Anotheca spinosa* — DUELLMAN, Herpetologica, Chicago etc., **24:** 195.

Discussion: DUELLMAN (1970b).

Range: Southeastern México (Atlantic slopes of Oaxaca and Veracruz), Costa Rica and western Panamá.

Aparasphenodon MIRANDA—RIBEIRO

1920 *Aparasphenodon* MIRANDA—RIBEIRO, Rev. Mus. Paulista, São Paulo, **12:** 87. — Species typica (by monotypy): *Aparasphenodon brunoi* MIRANDA—RIBEIRO, 1920.

Discussion: CARVALHO (1941), TRUEB (1970a).

Range: Coastal region of southeastern Brasil and upper Orinoco Basin, Venezuela.

Aparasphenodon brunoi MIRANDA—RIBEIRO

1920 *Aparasphenodon brunoi* MIRANDA—RIBEIRO, Rev. Mus. Paulista, São Paulo, **12:** 87. — Terra typica: Rio de Janeiro, Guanabara, Brasil. — Holotype: M.N.R.J. no. 2475.
1920 *Corythomantis apicalis* MIRANDA—RIBEIRO, Rev. Mus. Paulista, São Paulo: **12:** 89. — Terra typica: Espírito Santo, Brasil. — Holotype: M.Z.U.S.P. no. 163. (Synonymy fide CARVALHO, 1941: 101).
1925 *Corythomantis adspersa* A. LUTZ, Compt. Rend. Soc. biol. Paris, **93:** 213. — Terra typica: Niteroi, Rio de Janeiro, Brasil. — Syntypes: A.L.—M.N.R.J. no. 650, U.S.N.M. no. 96413. (Synonymy fide CARVALHO, 1941: 101).
1926 *Aparasphenodon apicalis* MIRANDA—RIBEIRO, Arch. Mus. nacion., Rio de Janeiro, **27:** 99.
1941 *Aparasphenodon brunoi* — CARVALHO, Pap. avulsos Dept. Zool., São Paulo, **14:** 101.

Range: Coastal lowlands of southeastern Brasil.

Aparasphenodon venezolanus (MERTENS)

1950 *Corythomantis venezolana* MERTENS, Senckenbergiana, Frankfurt-a.-M., **31:** 1. — Terra typica: San Fernando de Atabapo, Amazonas, Venezuela. — Holotype: S.M.F. no. 22168.
1970 *Aparasphenodon venezolana* — TRUEB, Univ. Kansas Publ. Mus. nat. Hist., Lawrence, **18:** 600, 699.

Range: Type locality (Amazonas, Venezuela).

Aplastodiscus B. LUTZ

1950 *Aplastodiscus* B. LUTZ, Mem. Inst. Oswaldo Cruz, Rio de Janeiro, **46:** 612. — Species typica (by original designation): *Aplastodiscus perviridis* B. LUTZ, 1950.

Range: Central and southeastern Brasil.

Aplastodiscus perviridis B. LUTZ

1950 *Aplastodiscus perviridis* B. LUTZ, Mem. Inst. Oswaldo Cruz, Rio de Janeiro, **46:** 612. — Terra typica: Fazenda do Bonito, Serra da Bocaina, São José do Barreiro, São Paulo, Brasil. — Holotype: A.L.—M.N.R.J. no. 2132.
1952 *Hyla cochranae* MERTENS, Senckenbergiana, Frankfurt-a.-M., **33:** 165. — Terra typica: Terezópolis, Santa Catarina, Brasil. — Holotype: S.M.F. no. 43895. (Synonymy fide BOKERMANN, 1966: 47).

1966 *Aplastodiscus perviridis* — BOKERMANN, Lista anot. Local. Tipo Anf. Brasil., São Paulo: 47.

Range: Central and southeastern Brasil from Brasilia and Serra da Mantiqueira and coastal ranges south to Santa Catarina.

Argenteohyla TRUEB

1970 *Argenteohyla* TRUEB, Herpetologica, Chicago etc., **26**: 255. — Species typica (by original designation): *Hyla siemersi* MERTENS, 1937.

Range: Northeastern Argentina and adjacent Paraguay and Uruguay.

Argenteohyla siemersi (MERTENS)

1937 *Hyla siemersi* MERTENS, Senckenbergiana, Frankfurt-a.-M., **19**: 12. — Terra typica: Río La Plata, Provincia Buenos Aires, Argentina. — Holotype: S.M.F. no. 22249.
1955 *Hyla (Trachycephalus) siemersi* — CEI & PIEROTTI, Ana. Dept. Invest. cientif. Sec. biol. Univ. Nacional Cuyo, Tucumán, **2**: 12.
1961 *Trachycephalus siemersi* — KLAPPENBACH, Com. zool. Mus. Montevideo, **5** (68): 1.
1970 *Argenteohyla siemersi* — TRUEB, Herpetologica, Chicago etc., **26**: 258.

Discussion: TRUEB (1970b).

Range: Drainages of Río Paraná and the Delta La Plata in Argentina and Uruguay (? Paraguay).

Calyptahyla TRUEB & TYLER

1974 *Calyptahyla* TRUEB & TYLER, Occas. Pap. Mus. nat. Hist., Univ. Kansas, Lawrence, **24**: 41. — Species typica (by original designation): *Trachycephalus lichenatus* GOSSE, 1851.

Range: Jamaica, West Indies.

Calyptahyla lichenata (GOSSE)

1826 *Hyla crucialis* HARLAN, Amer. J. Sci. Arts, New Haven, **10** (7): 64. — Terra typica: "Jamaica." — Holotype: Unknown. (Petition for suppression by TRUEB, 1972. Bull. Zool. Nomencl., London, **29**: 39).
1851 *Trachycephalus lichenatus* GOSSE, Natur. Soj. Jamaica, London: 362. — Terra typica: "Summit of Bluefields Mountain, Jamaica." — Holotype: Unknown.
1851 *Trachycephalus anochlorus* GOSSE, Natur. Soj. Jamaica, London: 364. — Terra typica: "Jamaica." Holotype: Unknown. (Synonymy fide BOULENGER, 1882: 370).
1882 *Hyla lichenata* — BOULENGER, Cat. Batr. Sal. Brit. Mus. (Nat. Hist.), London: 370.
1923 *Hyla lichenata* — NIEDEN, Das Tierreich, Berlin, **46**: 313.
1974 *Calyptahyla lichenata* — TRUEB & TYLER, Occas. Pap. Mus. nat. Hist. Univ. Kansas, Lawrence, **24**: 41.

Range: Jamaica, West Indies.

Corythomantis BOULENGER

1896 *Corythomantis* BOULENGER, Ann. Mag. nat. Hist., London, (5) **10:** 405. — Species typica (by monotypy): *Corythomantis greeningi* BOULENGER, 1896.

Range: Northeastern Brasil.

Corythomantis greeningi BOULENGER

1896 *Corythomantis greeningi* BÁULENGER, Ann. Mag. nat. Hist., London, (5) **10:** 405. — Terra typica: "Brazil." — Holotype: B.M.N.H. no. **1947. 2. 25.** 97 (catalogue in British Museum has locality recorded as "Espirito Santo, Brazil").
1923 *Corythomantis greeningi* — NIEDEN, Das Tierreich, Berlin, **46:** 345.
1937 *Corythomantis shubarti* MIRANDA—RIBEIRO, O Campo, Rio de Janeiro, 1937: 56. — Terra typica: Salgadinho, Pernambuco, Brasil. — Holotype: M.N.R.J. no. 246. (Synonymy fide CARVALHO, 1941: 107).
1941 *Corythomantis greeningi* — CARVALHO, Pap. avulsos Dept. Zool., São Paulo, 1: 107.

Discussion: CARVALHO (1941), TRUEB (1970a).

Range: Xeric and subhumid regions of northeastern Brasil.

Cryptobatrachus RUTHVEN

1916 *Cryptobatrachus* RUTHVEN, Occas. Pap. Mus. zool. Univ. Michigan, Ann Arbor, **33:** 1. — Species typica (by original designation): *Cryptobatrachus boulengeri* RUTHVEN, 1916.

Discussion: COCHRAN & GOIN (1970).

Range: Andes and Sierra Santa Marta, Colombia.

Cryptobatrachus boulengeri RUTHVEN

1916 *Cryptobatrachus boulengeri* RUTHVEN, Occas. Pap. Mus. zool. Univ. Michigan, Ann Arbor, **33:** 2. — Terra typica: San Lorenzo, Departamento Magdalena, Colombia. — Holotype: U.M.M.Z. no. 48530.
1917 *Hyloscirtus boulengeri* — NOBLE, Bull. Amer. Mus. nat. Hist., New York, **37:** 805.
1922 *Cryptobatrachus fuhrmanni* — RUTHVEN (partim), Misc. Publ. Mus. zool. Univ. Michigan, Ann Arbor, **8:** 55.
1944 *Cryptobatrachus boulengeri* — DUNN, Caldasia, Bogotá, **2:** 517.
1970 *Cryptobatrachus boulengeri* — COCHRAN & GOIN (partim), Bull. U.S. nation. Mus., Washington, **288:** 161.

Range: Sierra Santa Marta, northern Colombia.

Cryptobatrachus fuhrmanni (PERACCA)

1914 *Hyla fuhrmanni* PERACCA, Mém. Soc. Sci. nat. Neuchâtel, **5:** 108. — Terra typica: Gauca (= Heliconia), Departamento Antioquia, Colombia. — Holotype: Unknown.

R a n g e: Northern parts of the Cordillera Central and Cordillera Oriental of the Andes in Colombia.

Cryptobatrachus fuhrmanni fuhrmanni (PERACCA)

1914 *Hyla fuhrmanni* PERACCA, Mém. Soc. Sci. nat. Neuchâtel, **5:** 108. — T e r r a t y p i c a: Guaca (= Heliconia), Departamento Antioquia, Colombia. — H o l o t y p e: Unknown.
1917 *Hyloscirtus fuhrmanni* — NOBLE, Bull. Amer. Mus. nat. Hist., New York, **37:** 805.
1926 *Cryptobatrachus incertus* BARBOUR, Occas. Pap. Boston Soc. nat. Hist., **5:** 193. — T e r r a t y p i c a: Sonsón, Departamento Antioquia, Colombia. — H o l o t y p e: M.C.Z. no. 11616. (Synonymy fide RIVERO, 1968: 138).
1944 *Cryptobatrachus fuhrmanni* — DUNN, Caldasia, Bogotá, **2:** 517.
1968 *Cryptobatrachus fuhrmanni fuhrmanni* — RIVERO, Carib. J. Sci., Mayagüez, **6:** 148.

R a n g e: Cordillera Central of the Andes in northern Colombia.

Cryptobatrachus fuhrmanni orientalis RIVERO

1968 *Cryptobatrachus fuhrmanni orientalis* RIVERO, Carib. J. Sci., Mayagüez, **6:** 148. — T e r r a t y p i c a: San Gil, Departamento Santander, Colombia. — H o l o t y p e: U.M.M.Z. no. 74812.
1970 *Cryptobatrachus boulengeri* — COCHRAN & GOIN (partim), Bull. U.S. nation. Mus., Washington, **288:** 161.

R a n g e: Type locality (Departamento Santander, Colombia).

Cryptobatrachus nicefori COCHRAN & GOIN

1970 *Cryptobatrachus nicefori* COCHRAN & GOIN, Bull. U.S. nation. Mus., Washington, **288:** 156. — T e r r a t y p i c a: La Salina, Departamento Boyacá, Colombia. — H o l o t y p e: M.L.S. no. 138.

R a n g e: Type locality (Departamento Boyacá, Colombia).

Flectonotus MIRANDA—RIBEIRO

1920 *Coelonotus* MIRANDA—RIBEIRO (non *Coelonotus* PETERS = Pisces), Rev. Mus. Paulista, São Paulo, **12:** 327. — S p e c i e s t y p i c a (by original designation): *Coelonotus fissilis* MIRANDA—RIBEIRO, 1920.
1926 *Flectonotus* MIRANDA—RIBEIRO, Arch. Mus. nacion., Rio de Janeiro, **27:** 109. — S p e c i e s t y p i c a (by original designation): *Nototrema pygmaeum* BOETTGER, 1893.
1950 *Nototheca* BOKERMANN (nomen novum pro *Coelonotus* Miranda—Ribeiro), Pap. avulsos Dept. Zool., São Paulo, **9:** 217.

R a n g e: Mountains of southeastern Brasil, coastal cordillera of northern Venezuela, Taboga, and Trinidad.

Flectonotus fissilis (MIRANDA—RIBEIRO)

1920 *Coelonotus fissilis* MIRANDA—RIBEIRO, Rev. Mus. Paulista, São Paulo, **12:** 324. — T e r r a t y p i c a: Serra de Macaé, Nova Friburgo, Rio de

Janeiro, Brasil. — Lectotype: M.Z.U.S.P. no. 30A (designated by BOKERMANN, 1950, Pap. avulsos Dept. Zool., São Paulo, **9:** 218).

1926 *Flectonotus ulei* MIRANDA—RIBEIRO, Arch. Mus. nacion., Rio de Janeiro, **27:** 108. — Terra typica: Novo Friburgo, Rio de Janeiro, Brasil. — Holotype: M.N.R.J. no. 271. (Synonymy fide BOKERMANN, 1966: 41).

1950 *Nototheca fissilis* — BOKERMANN, Pap. avulsos Dept. Zool., São Paulo, **9:** 218.

1966 *Flectonotus fissilis* — BOKERMANN, Lista anot. Local. Tipo. Anf. Brasil., São Paulo: 41.

Range: Mountains of southeastern Brasil (Guanabara, Rio de Janeiro, São Paulo).

Flectonotus fitzgeraldi (PARKER)

New Combination

1933 *Gastrotheca fitzgeraldi* PARKER, Trop. Agricul. Trinidad, Port of Spain, **11:** 123. — Terra typica: Mt. Tucutche, Trinidad. — Holotype: B.M.N.H. no. 1947. 2. 22. 41.

1961 *Nototheca fitzgeraldi* — BOKERMANN, Pap. avulsos Dept. Zool., São Paulo, **9:** 218.

Range: Mountains of Trinidad.

Flectonotus pygmaeus (BOETTGER)

1893 *Nototrema pygmaeum* BOETTGER, Ber. senckenb. naturf. Ges., Frankfurt-a.-M., **1893:** 40. — Terra typica: Puerto Cabello, Estado Carabobo, Venezuela. — Lectotype: S.M.F. no. 2679 (designated by MERTENS, 1967, Senckenb. biol., Frankfurt-a.-M., **48:** 43).

1926 *Flectonotus pygmaeus* — MIRANDA—RIBEIRO, Arch. Mus. nacion., Rio de Janeiro, **27:** 109.

1961 *Nototheca pygmaeum* — BOKERMANN, Pap. avulsos Dept. Zool., São Paulo, **9:** 218.

Range: Coastal sierra of northern Venezuela, Taboga Island.

Fritziana MELLO—LEITAO

1920 *Fritzia* MIRANDA—RIBEIRO (non *Fritzia* CAMBRIDGE = Arachnida), Rev. Mus. Paulista. São Paulo, **12:** 321. — Species typica (by original designation): *Hyla goeldii* BOULENGER, 1895.

1937 *Fritziana* MELLO—LEITAO (nomen novum pro *Fritzia* MIRANDA—RIBEIRO), Brasiliana, São Paulo, (5A) **77:** 330.

Range: Mountains of southeastern Brasil (Guanabara, Minas Gerais, Rio de Janeiro, São Paulo).

Fritziana goeldii (BOULENGER)

1895 *Hyla goeldii* BOULENGER, Proc. zool. Soc. London, **1894:** 645. — Terra typica: Colônia Alpina, Terezópolis, Rio de Janeiro, Brasil. — Syntypes: B.M.N.H. nos. 1947. 2. 12. 69—70.

1920 *Fritzia goeldi* — MIRANDA—RIBEIRO, Rev. Mus. Paulista, São Paulo, **12:** **321.**

1923 *Hyla goeldii* — NIEDEN, Das Tierreich, Berlin, **46:** 298.
1937 *Fritziana goeldii* — MELLO—LEITAO, Brasiliana, São Paulo, (5A) **77:** 330.
1954 *Flectonotus goeldii* — B. LUTZ, Mem. Inst. Oswaldo Cruz, Rio de Janeiro, **52:** 158.
1955 *Hyla goeldii* — COCHRAN (partim), Bull. U.S. nation. Mus., Washington, **206:** 191.
1966 *Fritziana goeldii* — BOKERMANN, Lista anot. Local. Tipo Anf. Brasil., São Paulo: 41.

Range: Mountains of southeastern Brasil (Guanabara, Minas Gerais, Rio de Janeiro, São Paulo).

Fritziana ohausi (WANDOLLECK)

1907 *Hyla ohausi* WANDOLLECK, Abhand. Ber. Zool. Anthropol.-ethn. Mus., Dresden, **11:** 14. — Terra typica: Petrópolis, Rio de Janeiro, Brasil. — Holotype: Destroyed.
1920 *Fritzia hohausi* — MIRANDA—RIBEIRO (lapsus pro *Fritzia ohausi*) Rev. Mus. Paulista, São Paulo, **12:** 327.
1923 *Hyla ohausi* — NIEDEN, Das Tierreich, Berlin, **46:** 298.
1926 *Fritzia ohausi* — MIRANDA—RIBEIRO, Arch. Mus. nacion., Rio de Janeiro, **27:** 107.
1955 *Hyla goeldii* — COCHRAN (partim), Bull. U.S. nation. Mus., Washington, **206:** 191.
1966 *Fritziana ohausi* — BOKERMANN, Lista anot. Local. Tipo Anf. Brasil., São Paulo: 57.

Range: Mountains of central Rio de Janeiro, Brasil.

Gastrotheca FITZINGER

1843 *Gastrotheca* FITZINGER, Syst. Rept., Wien: 30. — Species typica (by monotypy): *Hyla marsupiata* DUMÉRIL & BIBRON, 1841.
1854 *Notodelphys* LICHTENSTEIN & WEINLAND (non ALLMAN 1847 = Crustacea) M.Ber k. preuss. Akad. Wiss. Berlin, **1854:** 373. — Species typica (by monotypy): *Notodelphys ovifera* LICHTENSTEIN & WEINLAND, 1854.
1859 *Nototrema* GÜNTHER (nomen substitutum pro *Gastrotheca* FITZINGER), Cat. Batr. Sal. Brit. Mus. (Nat. Hist.), London: 115.
1859 *Opisthodelphys* GÜNTHER (nomen novum pro *Notodelphys* LICHTENSTEIN & WEINLAND), Cat. Batr. Sal. Brit. Mus. (Nat. Hist.), London: 117.

Comment: Frogs of the Genus *Gastrotheca* are poorly known taxonomically. New species from Colombia, Ecuador, and Venezuela are being named by BERTHA LUTZ and CHARLES F. WALKER.

Discussion: DUELLMAN & FRITTS (1972), DUELLMAN (1974a, 1974b).

Range: Panamá, northern and western South America southward to northern Argentina; east and southeastern Brasil.

Gastrotheca angustifrons (BOULENGER)

1898 *Nototrema angustifrons* BOULENGER, Proc. zool. Soc. London, **1898:** 124. — Terra typica: Cachabe, Provincia Esmeraldas, Ecuador. — Syntypes: B.M.N.H. nos. 1947. 2. 22. 38—39.

1923 *Nototrema angustifrons* — NIEDEN, Das Tierreich, Berlin, **46:** 326.
1955 *Gastrotheca angustifrons* — PETERS, Rev. Ecuat. Entomol. Parasitol., Quito 2 (3—4): 339.

Range: Pacific lowlands of northwestern Ecuador.

Gastrotheca argenteovirens (BOETTGER)

1892 *Hyla argenteovirens* BOETTGER, Ber. senckenb. naturf. Ges., Frankfurt-a.-M., **1892:** 46. — Terra typica: Popoyán, Departamento Cauca, Colombia. — Lectotype: S.M.F. no. 2676 (designated by MERTENS, 1967, Senckenbergiana, Frankfurt-a.-M., **48:** 41).
1933 *Gastrotheca marsupiata argenteovirens* — MERTENS, Zool. Anz., Leipzig, **102:** 259.
1970 *Gastrotheca monticola argenteovirens* — COCHRAN & GOIN, Bull. U.S. nation. Mus., Washington, **288:** 185.
1972 *Gastrotheca argenteovirens* — DUELLMAN & FRITTS, Occas. Pap. Univ. Kansas Mus. nat. Hist., Lawrence, **9:** 7.

Range: Andes of southwestern Colombia.

Gastrotheca aureomaculata COCHRAN & GOIN

1970 *Gastrotheca aureomaculata* COCHRAN & GOIN, Bull. U.S. nation. Mus., Washington, **288:** 177. — Terra typica: San Antonio, 25 km. west of San Agustín, Departamento Huila, Colombia. — Holotype: F.M.N.H. no. 69701.

Range: Cordillera Central in south-central Colombia.

Gastrotheca cavia DUELLMAN

1974 *Gastrotheca cavia* DUELLMAN, Occas. Pap. Mus. nat. Hist. Univ. Kansas, Lawrence, **22:** 5. — Terra typica: Isla Pequeña, Laguna Cuicocha, 2890 m., Provincia Imbabura, Ecuador. — Holotype: K.U. no. 148532.

Range: Cordillera Occidental in northern Ecuador.

Gastrotheca ceratophrys (STEJNEGER)

1911 *Hyla ceratophrys* STEJNEGER, Proc. U.S. nation. Mus., Washington, **41:** 286. — Terra typica: Alto Río Pequeni, Provincia Panamá, Panamá. — Holotype: U.S.N.M. no. 47705.
1923 *Hyla ceratophrys* — NIEDEN, Das Tierreich, Berlin, **46:** 258.
1966 *Gastrotheca ceratophrys* — DUELLMAN, Univ. Kansas Publ. Mus. nat. Hist., Lawrence, **17:** 265.

Range: Caribbean slopes of Panamá and Pacific slopes of eastern Panamá and western Colombia.

Gastrotheca christiani LAURENT

1967 *Gastrotheca christiani* LAURENT, Acta zool. Lilloana, Tucumán, **22:** 354. — Terra typica: Monumento Ruta Valle Grande, 50 km. northwest of Calilegua, Provincia Jujuy, Argentina. — Holotype: I.M.L. no. 1369.

Range: Vicinity of type locality (Provincia Jujuy, Argentina).

Gastrotheca cornuta (Boulenger)

1898 *Nototrema cornutum* Boulenger, Proc. zool. Soc. London, **1898:** 124. — Terra typica: Cachabe, Provincia Esmeraldas, Ecuador. — Holotype: B.M.N.H. no. 1947. 2. 22. 49.
1923 *Nototrema cornutum* — Nieden, Das Tierreich, Berlin, **46:** 321.
1955 *Gastrotheca cornutum* — Peters, Rev. Ecuat. Entomol. Parasitol., Quito, **2** (3—4): 339.

Range: Pacific lowlands of northwestern Ecuador and southwestern Colombia.

Gastrotheca ernestoi Miranda—Ribeiro

1920 *Gastrotheca ernestoi* Miranda—Ribeiro, Rev. Mus. Paulista, São Paulo, **12:** 323. — Terra typica: Serra de Macaé, Novo Friburgo, Rio de Janeiro, Brasil. — Holotype: M.Z.U.S.P. no. 238.

Range: Type locality (Rio de Janeiro, Brasil).

Gastrotheca excubitor Duellman & Fritts

1972 *Gastrotheca excubitor* Duellman & Fritts, Occas. Pap. Univ. Kansas Mus. nat. Hist., Lawrence, **9:** 23. — Terra typica: Abra Acanacu, 25 km. north-northeast of Paucartambo, Departamento Cuzco, Perú. — Holotype: K.U. no. 139194.

Range: Amazonian slopes of Andes in central and southern Perú.

Gastrotheca fissipes (Boulenger)

1888 *Nototrema fissipes* Boulenger, Ann. Mag. nat. Hist., London, (6) **2:** 42. — Terra typica: Igarraçu, Pernambuco, Brasil. — Holotype: B.M.N.H. no. 1947. 2. 22. 40.
1923 *Nototrema fissipes* — Nieden, Das Tierreich, Berlin, **46:** 324.
1926 *Opisthodelphis fissipes* — Miranda—Ribeiro, Arch. Mus. nacion. Rio de Janeiro, **27:** 113.
1963 *Gastrotheca fissipes* — Gorham, Canad. field Nat., Ottawa, **77:** 21.

Range: Coastal lowlands from Pernambuco to Espírito Santo, Brasil.

Gastrotheca gracilis Laurent

1969 *Gastrotheca gracilis* Laurent, Acta zool. Lilloana, Tucumán, **25:** 146. — Terra typica: La Banderita, kilometer 51, Ruta Concepción-Andalgalá, Provincia Catamarca, Argentina. — Holotype: I.M.L. no. 1389.

Range: Eastern slopes of Sierra del Aconquija and Tafecillo (near Tucumán), northwestern Argentina.

Gastrotheca griswoldi Shreve

1941 *Gastrotheca boliviana griswoldi* Shreve, Proc. New England zool. Club, Boston, **18:** 83. — Terra typica: Marainyoc, Departamento Junín, Perú. — Holotype: M.C.Z. no. 24102.

1957 *Gastrotheca marsupiata bifasciata* VELLARD, Mem. Mus. hist. Nat. Javier Prado, Lima, **5:** 23. — Terra typica: Paccha, north of La Oroya, Departamento Junín, Perú. — Syntypes: M.J.P. no. 129 (3 specimens). (Synonymy fide DUELLMAN & FRITTS, 1972: 21).
1969 *Gastrotheca bifasciata bifasciata* — LAURENT, Acta zool. Lilloana, Tucumán, **25:** 131.
1972 *Gastrotheca griswoldi* — DUELLMAN & FRITTS, Occas. Pap. Univ. Kansa Mus. nat. Hist., Lawrence, **9:** 21.

Range: Andes of central Perú.

Gastrotheca helenae DUNN

1944 *Gastrotheca helenae* DUNN, Caldasia, Bogotá, **2:** 404. — Terra typica: Páramo de Tamá, Departamento Norte de Santander, Colombia. — Holotype: M.L.S. no. 268.

Range: Type locality (Norte de Santander, Colombia).

Gastrotheca lojana PARKER

1932 *Gastrotheca marsupiata lojana* PARKER, Ann. Mag. nat. Hist., London, (10) **9:** 25. — Terra typica: Loja, Provincia Loja, Ecuador. — Holotype: B.M.N.H. no. 1947. 2. 31. 13.
1974 *Gastrotheca lojana* — DUELLMAN, Occas. Pap. Univ. Kansas Mus. nat. Hist., Lawrence, **22:** 9.

Range: Inter-Andean valleys in southern Ecuador and northern Perú.

Gastrotheca longipes (BOULENGER)

1882 *Nototrema longipes* BOULENGER, Cat. Batr. Sal. Brit. Mus. (Nat. Hist.), London: 418. — Terra typica: Canelos and Sarayacu, Provincia Pastaza, Ecuador. — Syntypes: B.M.N.H. nos. 1947. 2. 31. 4 5.
1923 *Nototrema longipes* — NIEDEN, Das Tierreich, Berlin, **46:** 321.
1945 *Hyla capitocarinata* ANDERSSON, Arkiv Zool., Stockholm, **37A** (2): 75. — Terra typica: Río Pastaza watershed, Ecuador. — Holotype: N.H.R.M. no. 1959. (Synonymy fide DUELLMAN, 1974: 2).
1955 *Gastrotheca longipes* — PETERS, Rev. Ecuat. Entomol. Parsitol., **2** (3—4): 343.
1964 *Gastrotheca longipes* — GOIN (partim), Quart. J. Florida Acad. Sci., Gainesville, **26:** 347.
1974 *Gastrotheca longipes* — DUELLMAN, Occas. Pap. Mus. nat. Hist., Univ. Kansas, Lawrence, **27:** 2.

Range: Upper Amazon Basin in Ecuador.

Gastrotheca marsupiata (DUMÉRIL & BIBRON)

1841 *Hyla marsupiata* DUMÉRIL & BIBRON, Erpétol. gén., Paris, **8:** 593. — Terra typica: Cuzco, Departamento Cuzco, Perú. — Holotype: M.N.H.N. no. 4877.
1843 *Gastrotheca marsupiata* — FITZINGER, Syst. Rept., Wien: 30.
1859 *Nototrema marsupiatum* — GÜNTHER, Cat. Batr. Sal. Brit. Mus. (Nat. Hist.), London: 116.

1877 *Chorophilus cuzcanus* COPE, Proc. Amer. philos. Soc., Philadelphia, **17:** 37. — Terra typica: "Peru." — Holotype: Unknown. (Synonymy fide DUELLMAN & FRITTS, 1972: 17).
1882 *Chorophilus cuzcanus* — BOULENGER, Cat. Batr. Sal. Brit. Mus. (Nat. Hist.), London: 334.
1882 *Nototrema marsupiatum* — BOULENGER (partim), Cat. Batr. Sal. Brit. Mus. (Nat. Hist.), London: 416.
1892 *Nototrema bolivianum* STEINDACHNER, S.Ber. Akad. Wiss. Wien, **101:** 840. — Terra typica: Puerto de San Matéo, Departamento Cochabamba, Bolivia. — Lectotype: N.H.M.W. no. 16490 (type designation and synonymy fide DUELLMAN & FRITTS, 1972: 17).
1899 *Hylodes caeruleomaculatus* WERNER, Zool. Anz., Leipzig, **22:** 482. — Terra typica: "Bolivia." — Syntypes: N.H.M.H. no. 16496 (2 specimens). (Synonymy fide NIEDEN, 1923: 320).
1913 *Eleutherodactylus binghami* STEJNEGER, Proc. U.S. nation. Mus., Washington, **45:** 542. — Terra typica: Cuzco, Departamento Cuzco, Perú. — Holotype: U.S.N.M. no. 49559. (Synonymy fide BARBOUR & NOBLE, 1920: 611).
1913 *Eleutherodactylus footei* STEJNEGER, Proc. U.S. nation. Mus., Washington, **45:** 543. — Terra typica: Tincochaca, Departamento Cuzco, Perú. — Holotype: U.S.N.M. no. 49562. (Synonymy fide DUELLMAN & FRITTS, 1972: 17).
1920 *Gastrotheca boliviana* — BARBOUR & NOBLE, Proc. U.S. nation. Mus., Washington, **45:** 611.
1923 *Nototrema marsupiatum* — NIEDEN (partim), Das Tierreich, Berlin, **46:** 318.
1923 *Nototrema bolivianum* — NIEDEN, Das Tierreich, Berlin, **46:** 320.
1923 *Chorophilus cuzcanus* — NIEDEN, Das Tierreich, Berlin, **46:** 352.
1923 *Hylodes footei* — NIEDEN, Das Tierreich, Berlin, **46:** 456.
1923 *Hylodes binghami* — NIEDEN, Das Tierreich, Berlin, **46:** 456.
1932 *Gastrotheca marsupiata* (*marsupiata* by fiat) — PARKER, Ann. Mag. nat. Hist., London, (10) **9:** 25.
1941 *Gastrotheca boliviana* (*boliviana* by fiat) — SHREVE, Proc. New England zool. Club, Boston, **18:** 83.
1957 *Gastrotheca marsupiata marsupiata* — VELLARD, Mem. Mus. hist. Nat. Javier Prado, Lima, **5:** 19.
1969 *Gastrotheca bifasciata vellardi* LAURENT (nomen substitutum pro *Gastrotheca marsupiata marsupiata* sensu VELLARD, 1957: 19), Acta zool. Lilloana, Tucumán, **25:** 129.
1972 *Gastrotheca marsupiata* — DUELLMAN & FRITTS, Occas. Pap. Univ. Kansas Mus. nat. Hist., Lawrence, **9:** 17.

Discussion: DUELLMAN & FRITTS (1972).

Range: Amazonian drainage systems of Andes from central Perú to southern Bolivia.

Gastrotheca medemi COCHRAN & GOIN

1970 *Gastrotheca medemi* COCHRAN & GOIN, Bull. U.S. nation. Mus., Washington, **288:** 17. — Terra typica: Caño Guapayita, Serranía de la Macarena, Departmento Meta, Colombia. — Holotype: U.M.M.Z. no. 123068.

Range: Serranía de la Macarena, Colombia.

Gastrotheca mertensi Cochran & Goin

1970 *Gastrotheca mertensi* Cochran & Goin, Bull. U.S. nation. Mus., Washington, **288:** 181. — Terra typica: Moscapán, Departamento Cauca, Colombia. — Holotype: U.M.M.Z. no. 121024.

Range: High Andes of southern Colombia.

Gastrotheca microdisca (Andersson)

1910 *Nototrema microdiscus* Andersson in Lönnberg & Andersson, Arkiv Zool., Stockholm, **6** (9): 9. — Terra typica: Devio Ribas, Paraná, Brasil. — Syntypes: N.H.R.M. no. 1480 (2 specimens).
1911 *Nototrema fulvorufa* Andersson, Akriv Zool., Stockholm, **7** (17): 3. — Terra typica: near Santos, São Paulo, Brasil. — Holotype: N.H.R.M. no. 913. (Synonymy fide Cochran, 1955: 50).
1923 *Nototrema fulvorufa* — Nieden, Das Tierreich, Berlin, **46:** 322.
1923 *Nototrema microdiscus* — Nieden, Tierreich, Berlin, **46:** 325.
1926 *Gastrotheca fulvorufa* — Miranda—Ribeiro, Arch. Mus. nacion., Rio de Janeiro, **27:** 110.
1926 *Opisthodelphis microdiscum* — Miranda—Ribeiro, Arch. Mus. nacion., Rio de Janeiro, **27:** 112.
1930 *Hyla parkeri* DeWitte (non Gaige 1929), Miss. biol. Belge Bresil, Bruxelles, **2:** 226. — Terra typica: Alto da Serra, São Paulo, Brasil. — Holotype: M.R.H.N. no. 9404. (Synonymy fide Cochran, 1955: 50).
1930 *Hyla parkeriana* DeWitte (nomen novum pro *Hyla parkeri* DeWitte), Rev. zool. bot. Africaine, Tervueran, **20:** 102.
1955 *Gastrotheca microdisca* — Cochran Bull. U.S. nation. Mus., Washington, **206:** 50.

Range: Serra do Mar in Paraná and São Paulo, southeastern Brasil.

Gastrotheca monticola Barbour & Noble

1920 *Gastrotheca monticola* Barbour & Noble, Bull. Mus. comp. Zool., Cambridge (Massachusetts), **63:** 426. — Terra typica: Huancabamba, Departamento Piura, Perú. — Holotype: M.C.Z. no. 5290.
1932 *Gastrotheca marsupiata monticola* — Parker, Ann. Mag. nat. Hist., London, (10) **9:** 25.
1957 *Gastrotheca monticola monticola* — Vellard, Mem. Mus. Hist. nat. Javier Prado, Lima, **5:** 39.
1972 *Gastrotheca monticola* — Duellman & Fritts, Occas. Pap. Univ. Kansas Mus. nat. Hist., Lawrence, **9:** 7.

Range: Andean slopes in Huancabamba Depression of southern Ecuador and northern Perú.

Gastrotheca nicefori Gaige

1933 *Gastrotheca nicefori* Gaige, Occas. Pap. Mus. Zool. Univ. Michigan, Ann Arbor, **263:** 1. — Terra typica: Pensilvania, Departamento Caldas, Colombia. — Holotype: U.M.M.Z. no. 73242.

Range: Andean slopes of northern Venezuela and northern and central Colombia; highlands of eastern Panamá.

Gastrotheca ochoai DUELLMAN & FRITTS

1972 *Gastrotheca ochoai* DUELLMAN, & FRITTS, Occas. Pap. Univ. Kansas Mus. nat. Hist., Lawrence, **9:** 27. — Terra typica: East base of Cordillera Vilcanota, west of Río Runtumayo, about 3 km. north of Chilca, 10 km. (by road) northwest of Ollantaytambo, Departamento Cuzco, Perú. — Holotype: K.U. no. 139202.

Range: Amazonian slopes of Andes in southern Perú.

Gastrotheca ovifera (LICHTENSTEIN & WEINLAND)

1854 *Notodelphys ovifera* LICHTENSTEIN & WEINLAND, M.Ber. k. preuss. Akad. Wiss. Berlin, **1854:** 373. — Terra typica: Puerto Cabello, Carabobo, Venezuela. — Holotype: Z.M.B. no. 3073.
1858 *Notodelphys dorsigera* SCHLEGEL, Handl. Beoef. Dierk., Breda, **2:** 59. — Terra typica: Unknown. — Holotype: Unknown. (Synonymy fide NIEDEN, 1923: 323).
1859 *Opisthodelphys ovifera* — GÜNTHER, Cat. Batr. Sal. Brit. Mus. (Nat. Hist.), London: 117.
1882 *Nototrema oviferum* — BOULENGER (partim), Cat. Batr. Sal. Brit. Mus. (Nat. Hist.), London: 418.
1923 *Nototrema oviferum* — NIEDEN (partim), Das Tierreich, Berlin, **46:** 323.
1938 *Hyla vogli* MÜLLER, Zool. Anz., Leipzig, **121:** 284. — Terra typica: Mountains near Maracay, Venezuela. — Holotype: Z.S.M. no. 67/38. (Synonymy fide RIVERO, 1961: 143).
1961 *Gastrotheca ovifera* — RIVERO, Bull. Mus. comp. Zool., Cambridge (Massachusetts), **126:** 143.

Range: Cordillera Costal, northern Venezuela.

Gastrotheca peruana (BOULENGER)

1900 *Nototrema peruanum* BOULENGER, Ann. Mag. nat. Hist., London, (7) **6:** 181. — Terra typica: Caraz, Departamento Ancash, Perú. — Syntypes: B.M.N.H. nos. 1947. 2. 22. 42—46.
1923 *Nototrema peruanum* — NIEDEN, Das Tierreich, Berlin, **46:** 319.
1957 *Gastrotheca peruana peruana* — VELLARD, Mem. Mus. Hist. nat. Javier Prado, Lima, **5:** 27.
1957 *Gastrotheca peruana dissimilis* VELLARD, Mem. Mus. Hist. nat. Javieer Prado, Lima, **5:** 30. — Terra typica: Huamachuco, Departamento La Libertad, Perú. — Syntypes: M.J.P. no. 245 (47 specimens). (Synonymy fide DUELLMAN & FRITTS, 1972: 11).
1957 *Gastrotheca peruana junensis* VELLARD, Mem. Mus. Hist. nat. Javier Prado, Lima, **5:** 33. — Terra typica: Lago de Punrún, Departamento Pasco, Perú. — Holotype: M.J.P. no. 195. (Synonymy fide DUELLMAN & FRITTS, 1972: 11).
1972 *Gastrotheca peruana* — DUELLMAN & FRITTS, Occas. Pap. Univ. Kansas Mus. nat. Hist., Lawrence, **9:** 11.

Range: Andes and inter-Andean valleys of northern and central Perú.

Gastrotheca plumbea (BOULENGER)

1882 *Nototrema plumbeum* BOULENGER, Cat. Sal. Batr. Brit. Mus. (Nat. His.), London: 417. — Terra typica: Intac, Provincia Imbabura, Ecuador. Holotype: B.M.N.H. no. 1947. 2. 31. 19.
1923 *Nototrema plumbeum* — NIEDEN, Das Tierreich, Berlin, **46:** 319.
1955 *Gastrotheca plumbeum* — PETERS, Rev. Ecuad. Entomol. Parasitol., Quito, 2 (3—4): 346.

Range: Pacific slopes of Andes in northern and central Ecuador.

Gastrotheca psychrophila DUELLMAN

1974 *Gastrotheca psychrophila* DUELLMAN, Occas. Pap. Univ. Kansas Mus. nat. Hist., Lawrence, **22:** 15. — Terra typica: ridge between Loja and Zamora, 2850 m., 13—14 km. (by road) east of Loja, Provincia Zamora-Chinchipe, Ecuador. — Holotype: K.U. no. 120760.

Range: Cordillera Oriental of Andes east of Loja, southern Ecuador.

Gastrotheca riobambae (FOWLER)

1882 *Nototrema marsupiatum* — BOULENGER (partim), Cat. Batr. Sal. Brit. Mus. (Nat. Hist.), London: 416.
1913 *Hyla riobambae* FOWLER, Proc. Acad. nat. Sci. Philadelphia, **65:** 157. — Terra typica: Riobamba, Provincia Chimborazo, Ecuador. — Holotype: A.N.S.P. no. 16161.
1913 *Hyla quitoe* FOWLER, Proc. Acad. nat. Sci. Philadelphia, **65:** 159. — Terra typica: Quito, Provincia Pichincha, Ecuador. — Holotype: A.N.S.P. no. 18238. (Synonymy fido DUELLMAN & FRITTS, 1972: 11).
1923 *Hyla riobambae* — NIEDEN, Das Tierreich, Berlin, **46:** 274.
1923 *Hyla quitoe* — NIEDEN, Das Tierreich, Berlin, **46:** 274.
1923 *Nototrema marsupiatum* NIEDEN (partim), Das Tierreich, Berlin, **46:** 318.
1945 *Chorophilus olivaceus* ANDERSSON, Arkiv Zool., Stockholm, **37A** (2): 85. — Terra typica: "Rio Napo, 400 m" (? = Baños, Provincia Tungurahua, Ecuador). — Holotype: N.H.R.M. no. 1965. (Synonymy fide DUELLMAN & FRITTS, 1972: 11).
1957 *Gastrotheca marsupiata ecuatoriensis* VELLARD (nomen nudum), Mem. Mus. Hist. nat. Javier Prado, **5:** 43. (Synonymy fide DUELLMAN & FRITTS, 1972: 11).
1972 *Gastrotheca riobambae* — DUELLMAN & FRITTS, Occas. Pap. Univ. Kansas Mus. nat. Hist., Lawrence, **9:** 11.

Discussion: DUELLMAN 1974a).

Range: Andes and inter-Andean valleys in northern and central Ecuador and southem Colombia.

Gastrotheca splendens (SCHMIDT)

1857 *Hyla splendens* SCHMIDT, S.Ber. k. Akad. Wiss. Wien, math.-nat. Cl., **34:** 11. — Terra typica: "Chiriqui-Flusse unweit Bocca del toro," Panamá (ex errore fide DUELLMAN, 1970: 651). — Holotype: K.M. no. 1008/1340.

1923 *Hyla splendens* — NIEDEN, Das Tierreich, Berlin, **46:** 257.
1970 *Gastrotheca splendens* — DUELLMAN, Monogr. Mus. nat. Hist., Univ. Kansas, Lawrence, **1:** 651.

Range: ? Bolivia.

Gastrotheca testudinea (JIMÉNEZ DE LA ESPADA)

1871 *Nototrema testudineum* JIMÉNEZ DE LA ESPADA, J. Soc. math. phys. nat., Lisboa, **3:** 62. — Terra typica: San José de Moti, Provincia Napo, Ecuador. — Holotype: M.N.C.N. no. 155.
1882 *Nototrema testudineum* — BOULENGER, Cat. Batr. Sal. Brit. Mus. (Nat. Hist.), London: 417.
1923 *Nototrema testudineum* — NIEDEN, Das Tierreich, Berlin, **46:** 319.
1945 *Nototrema viviparum* ANDERSSON, Arkiv Zool., Stockholm, **37A** (2) 82. — Terra typica: Baños, Cerro Tungurahua, and Rio Pastaza watershed, Ecuador. — Syntypes: N.H.R.M. no. 1964 (10 specimens). (Synonymy fide DUELLMAN, 1974: 4)
1955 *Gastrotheca testudineum* — PETERS, Rev. Ecuad. Entomol. Parasit., Quito, **2** (3—4): 346.
1955 *Gastrotheca viviparum* — PETERS, Rev. Ecuad. Entomol. Parasit., Quito, **2** (3—4): 348.
1974 *Gastrotheca testudinea* — DUELLMAN, Occas. Pap. Mus. nat. Hist. Univ. Kansas, Lawrence, **27:** 4.

Range: Upper Amazon Basin in Ecuador and Perú.

Gastrotheca viridis A. LUTZ & B. LUTZ

1939 *Gastrotheca viridis* A. LUTZ & B. LUTZ, Ann. Acad. Brasil. Sci., Rio de Janeiro, **11** (1): 81. — Terra typica: Bonito, Serra da Bocaina, border of São Paulo and Guanãbara, Brasil. — Holotype: A.L.—M.N.R.J. no. 969.
1964 *Gastrotheca longipes* — GOIN (partim), Quart. J. Florida Acad. Sci., Gainesville, **26:** 347.

Range: Serra do Mar, Rio de Janeiro and São Paulo, southeastern Brasil.

Gastrotheca weinlandii (STEINDACHNER)

1892 *Nototrema weinlandii* STEINDACHNER, S.Ber. Akad. Wiss. Wien, math.-nat, kl., **101:** 837. — Terra typica: "Ecuador." — Holotype: N.H.M.W. no. 16481.
1923 *Nototrema weinlandii* — NIEDEN, Das Tierreich, Berlin, **46:** 325.
1941 *Hyla pusilla* MELIN, Kungl. Vetensk.-Vitterh.-Saml. Handl., Göteborg, (B) **1** (4): 28. — Terra typica: Roque, Departamento San Martín, Perú. — Holotype: N.H.M.G. no. 472. (Synonymy fide DUELLMAN, 1974: 5).
1955 *Gastrotheca weinlandii* — PETERS, Rev. Ecuad. Entomol. Parasitol., Quito, **2** (3—4): 340.
1970 *Gastrotheca bufona* COCHRAN & GOIN, Bull. U.S. nation. Mus., Washington, **288:** 164. — Terra typica: Ventanas, about 50 km. (by road) northwest of Yarumal, Departamento Antioquia, Colombia. — Holotype: M.L.S. no. 344. (Synonymy fide DUELLMAN, 1974: 5).

1974 *Gastrotheca weinlandii* — DUELLMAN, Occas. Pap. Mus. nat. Hist., Univ. Kansas Lawrence, **27:** 5.

Range: Northern slopes of Andes in northern Colombia and Amazonian slopes of Andes in Ecuador and northern Perú.

Gastrotheca williamsoni GAIGE

1922 *Gastrotheca williamsoni* GAIGE, Occas. Pap. Mus. Zool. Univ. Michigan, Ann Arbor, **107:** 1. — Terra typica: San Estéban, Carabobo, Venezuela. — Holotype: U.M.M.Z. no. 55559.

Range: Type locality (Carabobo, Venezuela).

Hemiphractus WAGLER

1828 *Hemiphractus* WAGLER, Isis von Oken, Leipzig, **21:** 743. — Species typica (by monotypy): *Hemiphractus spixii* WAGLER, 1828 (= *Rana scutata* SPIX, 1824).

1871 *Cerathyla* JIMÉNEZ DE LA ESPADA, J. Sci. math. phys. nat., Lisboa, **3:** 63. — Species typica (by subsequent designation: MYERS & CARVALHO, 1945, Bol. Mus. nacion. Rio de Janeiro, **35:** 21): *Cerathyla bubalus* JIMÉNEZ DE LA ESPADA, 1871.

1882 *Ceratohyla* BOULENGER (lapsus pro *Cerathyla*), Cat. Batr. Sal. Brit. Mus. (Nat. Hist.), London: 453.

Discussion: TRUEB (1974).

Range: Panamá; Pacific slopes of Colombia and northwestern Ecuador; upper Amazon Basin in Brasil, Ecuador, Perú, and Bolivia,

Hemiphractus bubalus (JIMÉNEZ DE LA ESPADA)

1871 *Cerathyla bubalus* JIMÉNEZ DE LA ESPADA, J. Sci. math. phys. nat., Lisboa, **3:** 64. — Terra typica: Archidona, Provincia Pastaza, Ecuador. — Holotype: M.N.C.N. no. 176.

1871 *Cerathyla braconnieri* JIMÉNEZ DE LA ESPADA, J. Sci. math. phys. nat., Lisboa, **3:** 64. — Terra typica: "Zarajioto, Orillas del Napo," Provincia Napo, Ecuador. — Holotype: M.N.C.N. no. 174. (Synonymy fide TRUEB, 1974: 23.

1871 *Cerathyla palmarum* JIMÉNEZ DE LA ESPADA, J. Sci. math. phys. nat., Lisboa, **3:** 64. — Terra typica: San José de Moti, Provincia Napo, Ecuador. — Holotype: M.N.C.N. no. 175. (Synonymy fide TRUEB, 1974: 23.

1882 *Ceratohyla bubalus* — BOULENGER, Cat. Batr. Sal. Brit. Mus. (Nat. Hist.), London: 453.

1882 *Ceratohyla palmarum* — BOULENGER, Cat. Batr. Sal. Brit. Mus. (Nat. Hist.), London: 455.

1882 *Ceratohyla braconnieri* — BOULENGER, Cat. Batr. Sal. Brit. Mus. (Nat. Hist.), London: 455.

1923 *Ceratohyla bubalus* — NIEDEN, Das Tierreich, Berlin, **46:** 358.

1923 *Ceratohyla palmarum* — NIEDEN, Das Tierreich, Berlin, **46:** 360.

1923 *Ceratohyla braconnieri* — NIEDEN, Das Tierreich, Berlin, **46:** 360.

1945 *Cerathyla bubalus* — MYERS & CARVALHO (partim), Bol. Mus. nacion., Rio de Janeiro, **35:** 21.

1974 *Hemiphractus bubalus* — TRUEB, Occas. Pap. Mus. nat. Hist. Univ. Kansas, Lawrence, **29**: 23.

Range: Upper Amazon Basin and lower Amazonian slopes of Andes in Ecuador.

Hemiphractus fasciatus PETERS

1862 *Hemiphractus fasciatus* PETERS, M.Ber. k. preuss. Akad. Wiss. Berlin, **1862**: 149. — Terra typica: "Pastaza Valley, Ecuador" (ex errore). — Holotype: Z.S.M. no. 36/0.
1882 *Ceratohyla fasciata* — BOULENGER, Cat. Batr. Sal. Brit. Mus. (Nat. Mus.), London: 454.
1917 *Cerathyla panamensis* STEJNEGER, Proc. biol. Soc. Washington, **30**: 31. — Terra typica: Signal Loma, 5 km. south of Santa Isabel, Provincia Colón, Panamá. — Holotype: U.S.N.M. no. 55320. (Synonymy fide TRUEB, 1974: 28.
1923 *Ceratohyla fasciata* — NIEDEN, Das Tierreich, Berlin, **46**: 359.
1970 *Hemiphractus panamensis* — DUELLMAN, Monogr. Mus. nat. Hist. Univ. Kansas, Lawrence, **1**: 140.
1974 *Hemiphractus fasciatus* — TRUEB, Occas. Pap. Mus. nat. Hist. Univ. Kansas, Lawrence, **29**: 28.

Range: Panamá, northern Colombia, and Pacific slopes of Colombia and northwestern Ecuador.

Hemiphractus johnsoni (NOBLE)

1917 *Cerathyla johnsoni* NOBLE, Bull. Amer. Mus. nat. Hist., New York, **37**: 798. — Terra typica: Santa Rita Creek, 14 m. north of Mesopotamia, Departamento Antioquia, Colombia. — Holotype: A.M.N.H. no. 1341.
1945 *Cerathyla bubalus* — MYERS & CARVALHO (partim), Bol. Mus. nacion., Rio de Janeiro, **35**: 21.
1970 *Cerathyla johnsoni* — COCHRAN & GOIN, Bull. U.S. nation. Mus., Washington, **288**: 153.
1974 *Hemiphractus johnsoni* — TRUEB, Occas. Pap. Mus. nat. Hist. Univ. Kansas, Lawrence, **29**: 35.

Range: Northern Andean slopes of Colombia; upper Amazon Basin and lower Amazonian slopes of Andes from Ecuador to northern Bolivia.

Hemiphractus proboscideus (JIMÉNEZ DE LA ESPADA)

1871 *Cerathyla proboscidea* JIMÉNEZ DE LA ESPADA, J. Sci. math. phys. nat., Lisboa, **3**: 64. — Terra typica: Sumaco, Provincia Napo, Ecuador. — Holotype: M.N.C.N. no. 173.
1882 *Ceratohyla proboscidea* — BOULENGER, Cat. Batr. Sal. Brit. Mus. (Nat. Hist.), London: 453.
1923 *Ceratohyla proboscidea* — NIEDEN, Das Tierreich, Berlin, **46**: 360.
1945 *Ceratohyla cristata* ANDERSSON, Arkiv Zool., Stockholm, **37A** (2): 18. — Terra typica: Río Pastaza watershed, Ecuador. — Holotype: N.H.R.M. no. 1911. (Synonymy fide COCHRAN & GOIN, 1970: 151).

1970 *Cerathyla proboscidea* — COCHRAN & GOIN, Bull. U.S. nation. Mus., Washington, **288:** 151.
1974 *Hemiphractus proboscideus* — TRUEB, Occas. Pap. Mus. nat. Hist. Univ. Kansas, Lawrence, **29:** 38.

Range: Upper Amazon Basin in Ecuador.

Hemiphractus scutatus (SPIX)

1824 *Rana scutata* SPIX, Spec. nov. Testud. Ran, Brasil., Monaco: 28. — Terra typica: Rio Solimoes, Amazonas, Brasil. — Holotype: Formerly in Z.S.M.; now lost.
1825 *Stombus scutatus* — GRAVENHORST, Isis von Oken, Leipzig, **1825:** 920.
1828 *Hemiphractus spixii* WAGLER (nomen substitutum pro *Rana scutata*), Isis von Oken, Leipzig, **21:** 743.
1862 *Hemiphractus scutatus* — PETERS, M.Ber. k. preuss. Akad. Wiss. Berlin, **1862:** 146.
1868 *Hemiphractus divaricatus* COPE, Proc. Acad. nat. Sci. Philadelphia, **20:** 114. — Terra typica: "Upper Amazon." — Holotype: A.N.S.P. no. 4132. (Synonymy fide TRUEB, 1974: 42).
1885 *Hemiphractus scutatus* — BOULENGER, Cat. Batr. Sal. Brit. Mus. (Nat. Hist.), London: 452.
1882 *Hemiphractus divaricatus* — BOULENGER, Cat. Batr. Sal. Brit. Mus. (Nat. Hist.), London: 452.
1923 *Hemiphractus scutatus* — NIEDEN, Das Tierreich, Berlin, **46:** 357.
1923 *Hemiphractus divaricatus* — NIEDEN, Das Tierreich, Berlin, **46:** 357.
1926 *Hemiphractus boulengeri* MIRANDA —RIBEIRO, Arch. Mus. nacion., Rio de Janeiro, **27:** 118. — Terra typica: "Ecuador." — Holotype: B.M.N.H. no. 80. 12. 5. 153. (Synonymy fide MYERS & CARVALHO, 1945: 19).
1945 *Hemiphractus scutatus* — MYERS & CARVALHO, Bol. Mus. nacion., Rio de Janeiro, **35:** 19.
1974 *Hemiphractus scutatus* — TRUEB, Occas. Pap. Mus. nat. Hist. Univ. Kansas, Lawrence, **29:** 42.

Range: Upper Amazon Basin in Ecuador, Perú, and western Brasil.

Hyla LAURENTI

1768 *Hyla* LAURENTI, Synops. Rept., Wien: 32. — Species typica (by subsequent designation: STEJNEGER, 1907, Bull. U.S. nation. Mus., Washington, **58:** 75): *Hyla viridis* LAURENTI, 1768 (= *Rana arborea* LINNAEUS, 1758).
1799 *Calamita* SCHNEIDER, Hist. Amphib., Jenae: 151. — Species typica (by subsequent designation: STEJNEGER, 1907, Bull. U.S. nation. Mus., Washington, **58:** 75): *Rana arborea* LINNAEUS, 1758.
1814 *Hylaria* RAFINESQUE (nomen substitutum pro *Hyla*), Specchio Sci., Palermo, (2) **7:** 14.
1825 *Boana* GRAY, Ann. Philos., London, (new ser.) **10:** 214. — Species typica (by monotypy): *Rana boans* LINNAEUS, 1758.
1826 *Hylaplesia* BOIE (non SCHLEGEL, 1826 = Anura), Ferussac's Bull., sect. 2, **9:** 214. — Species typica (by subsequent designation: STEJNEGER, 1937, Copeia, **1937** (2): 139): *Hyla punctata* DAUDIN, 1802 (= *Calamita punctatus* SCHNEIDER, 1799).

1830 *Hypsiboas* WAGLER, Natürl. Syst. Amphib., München: 200. — Species typica (by monotypy): *Hyla palmata* DAUDIN, 1802 (= *Rana boans* LINNAEUS, 1758).

1830 *Auletris* WAGLER, Natürl. Syst. Amphib., München: 201. — Species typica (by subsequent designation: STEJNEGER, 1907, Bull. U.S. nation. Mus., Washington, **58:** 75): *Rana boans* LINNAEUS, 1758.

1830 *Hyas* WAGLER (non LEACH, 1815 = Crustacea), Natürl. Syst. Amphib., München: 201. — Species typica (by monotypy): *Rana arborea* LINNAEUS, 1758.

1830 *Scinax* WAGLER, Natürl. Syst. Amphib., München: 201. — Species typica (by subsequent designation: STEJNEGER, 1907, Bull. U.S. nation. Mus., Washington, **58:** 75): *Hyla aurata* WIED, 1825.

1830 *Dendrohyas* WAGLER (nomen novum pro *Hyas*), Natürl. Syst. Amphib., München: 349.

1838 *Lophopus* TSCHUDI (non DUMÉRIL, 1837 = Polyzoa), Class. Batr., Neuchâtel: 32. — Species typica (by original designation): *Bufo marmoratus* LAURENTI, 1768.

1843 *Hypsipsophus* FITZINGER, Syst. Rept., Wien: 30. — Species typica (by monotypy): *Hyla xerophilla* DUMÉRIL & BIBRON, 1841 (= *Hyla crepitans* WIED, 1824).

1843 *Lobipes* FITZINGER (non CUVIER, 1817 = Aves), Syst. Rept., Wien: 30. — Species typica (by monotypy): *Hyla palmata* DAUDIN, 1802 (= *Hyla boans* LINNAEUS, 1758).

1843 *Phyllobius* FITZINGER (non SCHÖNHERR, 1824 = Coleoptera), Syst., Rept., Wien: 30. — Species typica (by monotypy): *Hyla albomarginata* SPIX, 1824.

1843 *Dendropsophus* FITZINGER, Syst. Rept., Wien: 30. — Species typica (by monotypy): *Hyla frontalis* DAUDIN, 1803 (= *Rana leucophyllata* BEREIS, 1783).

1843 *Dryophytes* FITZINGER, Syst. Rept., Wien: 31. — Species typica (by monotypy): *Hyla versicolor* LE CONTE, 1825.

1843 *Ololygon* FITZINGER, Syst., Rept., Wien: 31. — Species typica (by monotypy): *Hyla strigilata* SPIX, 1824.

1856 *Centrotelma* BURMEISTER, Erläut. Fauna Brasil., Berlin: 97. — Species typica (by monotypy): *Hyla infulata* WIED, 1825 (= *Hyla albomarginata* SPIX, 1824).

1856 *Hylomedusa* BURMEISTER, Erläut. Fauna Brasil., Berlin: 102. — Species typica (by monotypy): *Hyla crepitans* WIED, 1824.

1862 *Hylella* REINHARDT & LÜTKEN, Vidensk. Medel. naturh. Foren., Kjøbenhavn, 1: 199. — Species typica (by subsequent designation: SMITH & TAYLOR, 1948, Bull. U.S. nation. Mus., Washington, **194:** 76): *Hylella tenera* REINHARDT & LÜTKEN, 1862 (= *Hyla bipunctata* SPIX, 1824).

1867 *Cinclidium* COPE (non BLYTH, 1842 = Aves), J. Acad. nat. Sci. Philadelphia, (2) **6:** 200. — Species typica (by monotypy): *Cinclidium granulatum* COPE, 1867 (= *Hyla boans* LINNEAUS, 1758).

1870 *Cincliscopus* COPE (nomen novum pro *Cinclidium*), Proc. Amer. philos. Soc., Philadelphia, **11:** 554.

1870 *Cophomantis* PETERS, M.Ber. k. preuss. Akad. Wiss. Berlin, **1870:** 650. — Species typica (by monotypy): *Cophomatis punctillata* PETERS, 1870 (= *Hyla geographica* SPIX, 1824).

1879 *Exerodonta* BROCCHI, Bull. Soc. philomath., Paris, (7) **3:** 20. — Species typica (by monotypy): *Exerodonta sumichrasti* BROCCHI, 1879.

1882 *Hylonomus* PETERS (non DAWSON, 1860 = Amphibia), S. Ber. Ges. Naturforsch. Fr. Berlin, **1882** (7): 107. — Species typica (by monotypy): *Hylonomus bogotensis* PETERS, 1882.

1882 *Hyloscritus* PETERS (nomen novum pro *Hylonomus*), S.Ber. Ges. Naturforsch. Fr. Berlin, **1882** (8): 127.
1885 *Epedaphus* COPE, Proc. Amer. philos. Soc., Philadelphia, **22:** 383. — Species typica (by monotypy): *Hyla gratiosa* LECONTE, 1856.
1899 *Hyliola* MOCQUARD, Nouv. Arch. Mus. nation. Hist. nat., Paris, (4) **1:** 337. — Species typica (by subsequent designation: STEJNEGER, 1907, Bull. U.S. nation. Mus., Washington, **58:** 75): *Hyla regilla* BAIRD & GIRARD, 1852.
1926 *Garbeana* MIRANDA—RIBEIRO, Arch. Mus. nacion., Rio de Janeiro, **27:** 96. — Species typica (by monotypy): *Garbeana garbei* MIRANDA—RIBEIRO, 1926.
1926 *Guentheria* MIRANDA—RIBEIRO, Arch. Mus. nacion., Rio de Janeiro, **27:** 67. — Species typica (by monotypy): *Hyla dasynota* GÜNTHER, 1869 (= *Hyla senicula* COPE).

Range: Eurasia, except tropical southeastern Asia; Africa north of the Sahara; North, Central, and South America; Greater Antilles in West Indies.

Hyla acuminata COPE

1862 *Hyla acuminata* COPE, Proc. Acad. nat. Sci. Philadelphia, **14:** 354. — Terra typica: "Paraguay." — Syntypes: U.S.N.M. nos. 5843, 102700.
1874 *Scytopis acuminatus* — COPE, Proc. Acad. nat. Sci. Philadelphia, **26:** 124.
1882 *Hyla acuminata* — BOULENGER, Cat. Batr. Sal. Brit. Mus. (Nat. Hist.), London: 403.
1889 *Hyla phrynoderma* BOULENGER, An. Mus. Stor. nat. Genova, (2) **7:** 248. — Terra typica: Colonia Resistencia, Chaco, Argentina. — Syntypes: B.M.N.H. nos. 1947. 2. 12. 78—79. (Synonymy fide B. LUTZ, 1973: 132).
1923 *Hyla phrynoderma* — NIEDEN, Das Tierreich, Berlin, **46:** 280.
1923 *Hyla acuminata* — NIEDEN, Das Tierreich, Berlin, **46:** 310.
1927 *Hyla fiebrigi* AHL, Zool. Anz., Leipzig, **69:** 223. — Terra typica: "Brazil." — Lectotype: N.H.M.W. no. 20018: 2. (Synonymy fide DUELLMAN, 1974: 6).
1973 *Hyla acuminata* — B. LUTZ, Brazil. Species *Hyla*, Austin: 132.
1974 *Hyla acuminata* — DUELLMAN, Occas. Pap. Mus. nat. Hist. Univ. Kansas, Lawrence, **27:** 6.

Range: Southern Mato Grosso, Brasil, Paraguay, and northern Argentina.

Hyla albicans BOKERMANN

1967 *Hyla albicans* BOKERMANN, Neotropica, Buenos Aires, **13** (41): 64. — Terra typica: Parque Nacional da Serra dos Orgãos, Rio Beija Flor, Teresópolis, Rio de Janeiro, Brasil. — Holotype: W.C.A.B. no. 19519.

Range: Type locality (Teresópolis, Rio de Janeiro, Brasil).

Hyla albofrenata A. LUTZ

1924 *Hyla albofrenata* A. LUTZ, Compt. Rend. Soc. Biol. Paris, **90:** 241. — Terra typica: "Environs of Rio de Janeiro," Brasil. — Syntypes:

A.L.—M.N.R.J. no. 577 (2 specimens, Tijuca), U.S.N.M. nos. 96478 (Angra dos Reis), 96319 (Sumaré), 96339—45 (Paineiras).

Range: Mountain slopes of southeastern Brasil (Minas Gerais, Rio de Janeiro, Guanabara, São Paulo).

Hyla alboguttata BOULENGER

1882 *Hyla alboguttata* BOULENGER, Cat. Batr. Sal. Brit. Mus. (Nat. Hist.), London: 356. — Terra typica: Sarayacu and Canelos, Provincia Pastaza, Ecuador. — Syntypes: B.M.N.H. nos. 1947. 2. 13. 47—48 (Sarayacu), 1947. 2. 13. 49 (Canelos).
1923 *Hyla alboguttata* — NIEDEN, Das Tierreich, Berlin, **46:** 268.

Range: Amazonian Ecuador.

Hyla albolineata A. LUTZ & B. LUTZ

1939 *Hyla albolineata* A. LUTZ & B. LUTZ, Ann. Acad. Brasil. Sci., Rio de Janeiro, **11** (1): 69. — Terra typica: Teresópolis, Rio de Janeiro, Brasil. — Holotype: A.L.—M.N.R.J. no. 1778.

Range: Type locality (Teresópolis, Rio de Janeiro, Brasil).

Hyla albomarginata SPIX

1823 *Hyla lateralis* RADDI (non BOSC & DAUDIN, 1803), Mem. Soc. ital. Sci., Modena, **19** (1): 67. — Terra typica: "Vicinity of Rio de Janeiro, Brasil" (fide BOKERMANN, 1965: 9). — Holotype: Unknown. (Synonymy fide BOKERMANN, 1965: 10).
1824 *Hyla albomarginata* SPIX, Spec. nov. Testud. Ran. Brasil, Monaco: 35. — Terra typica: Bahia, Brasil. — Holotype: Formerly Z.S.M. no. 2370/0; destroyed.
1824 *Hyla cinerascens* SPIX, Spec. nov. Testud. Ran. Brazil, Monaco: 35. — Terra typica: Ega, Tefé, Amazonas, Brasil. — Syntypes: Formerly Z.S.M. no. 2498/0 (2 specimens); destroyed. (Synonymy fide NIEDEN, 1923: 260).
1824 *Hyla infulata* WIED, Isis von OKEN, Leipzig, **1824:** 671. — Terra typica: Fazeda da Vareda, Inhobim, Bahia, Brasil. — Holotype: Unknown. (Synonymy fide GÜNTHER, 1859: 98).
1826 *Hyla raddiana* FITZINGER (nomen novum pro *Hyla lateralis*), Neue Classif. Rept. Wien: 63. (Synonymy fide BOKERMANN, 1965: 10).
1830 *Hypsiboas albomarginatus* — WAGLER, Natürl. Syst. Amphob., München: 201.
1843 *Hypsiboas* (*Phyllobius*) *albomarginatus* — FITZINGER, Syst. Rept., Wien: 30.
1856 *Hyla* (*Centrotelma*) *infulata* — BURMEISTER, Erläut. Fauna Brasil., Berlin: 97.
1859 *Hyla albomarginata* — GÜNTHER, Cat. Batr. Sal. Brit. Mus. (Nat. Hist.), London: 98.
1860 *Phyllobius albomarginatus* — FITZINGER, S.Ber. Akad. Wiss., Wien, **42:** 412.
1860 *Phyllobius exanthematicus* FITZINGER, S.Ber. Akad. Wiss., Wien, **42:** 413. — Terra typica: "Brazil." — Syntypes: N.H.M.W. no. 6465 (3 specimens). (Synonymy fide NIEDEN, 1923: 260).

1882 *Hyla albomarginata* — BOULENGER, Cat. Batr. Sal. Brit. Mus. (Nat. Hist.), London: 356.
1923 *Hyla albomarginata* — NIEDEN, Das Tierreich, Berlin, **46:** 260.
1930 *Hyla massarti* DE WITTE, Miss. biol. belge Brasil, Bruxelles, **2:** 225. — Terra typica: Jardin Botanico Rio de Janeiro, Guanabara, Brasil. — Holotype: M.R.H.N. no. 75. (Synonymy fide COCHRAN, 1955: 164).
1955 *Hyla albomarginata* — COCHRAN, Bull. U.S. nation. Mus., Washington, **206:** 164.
1965 *Hyla albomarginata* — BOKERMANN, Neotropica, Buenos Aires, **11** (34): 10.

Discussion: B. LUTZ (1973).

Range: Caribbean lowlands of Colombia to Guianas, lower Amazon Basin, and coastal lowlands of eastern Brasil from Pernambuco to Paraná.

Hyla albonigra NIEDEN

1841 *Hyla zebra* DUMÉRIL & BIBRON (non SHAW 1802), Erpétol. gén., Paris, **8:** 575. — Terra typica: Buenos Aires (? Laguno), Argentina. — Syntypes: M.N.H.N. no. 4817 (2 specimens).
1882 *Hyla zebra* — BOULENGER, Cat. Batr. Sal. Brit. Mus. (Nat. Hist.), London: 375.
1923 *Hyla albonigra* NIEDEN (nomen novum pro *Hyla zebra*), Das Tierreich, Berlin, **46:** 278.

Range: ? Bolivia (fide NIEDEN, 1923: 278).

Hyla albopunctata SPIX

1801 *Hyla boans* LATREILLE in SONNINI & LATREILLE (non LINNAEUS, 1758), Hist. nat. Rept., Paris, **2:** 184. — Terra typica: Unknown. — Holotype: Unknown.
1824 *Hyla albopunctata* SPIX, Spec. nov. Testud. Ran. Brasil, Monaco: 33. — Terra typica: "Brasil." — Holotype: Formerly in Z.S.M.; now lost; neotype: K.U. no. 100000 from Belo Horizonte, Minas Gerais, Brasil (designated by DUELLMAN, 1971: 402).
1824 *Hyla nebulosa* SPIX, Spec. nov. Testud. Ran. Brasil, Monaco: 39. — Terra typica: Tefé, Amazonas, Brasil. — Holotype: formerly in Z.S.M.; now lost. (Synonymy fide BOKERMANN, 1966: 56).
1830 *Auletris boans* — WAGLER, Natürl. Syst. Amphib., München: 201.
1838 *Hypsiboas boans* — TSCHUDI, Classif. Batr., Neuchâtel: 72
1862 *Hyla oxyrhina* REINHARDT & LÜTKEN, Vid. Medd. naturh. Foren. Kjøbenhavn, **3:** 189. — Terra typica: Lagoa Santa, Minas Gerais, Brasil. — Syntypes: B.M.N.H. no. 1936. 12. 3. 144, N.H.M.W. (1 specimen, no number), S.M.F. no. 4772 (2 specimens), U.Z.M. nos. 1433—35. (Synonymy fide DUELLMAN, 1971: 401).
1862 *Hyla spectrum* REINHARDT & LÜTKEN, Vid. Medd. naturh. Foren. Kjøbenhavn, **3:** 195. — Terra typica: Lagôa Santa, Minas Gerais, Brasil. — Holotype: U.Z.M. no. 3432. (Synonymy fide DUELLMAN, 1971: 401).
1863 *Hyla (Hypsiboas) oxyrhina* — COPE, Proc. Acad. nat. Sci. Philadelphia, **15:** 48.
1867 *Hypsiboas spectrum* — COPE, J. Acad. nat. Sci. Philadelphia, (2) **6:** 200.
1867 *Hypsiboas albipunctatus* COPE (lapsus pro *albopunctatus*), J. Acad. nat. Sci. Philadelphia, (2) **6:** 201.

1882 *Hyla boans* — BOULENGER (partim), Cat. Batr. Sal. Brit. Mus. (Nat. Hist.), London: 360.
1882 *Hyla spectrum* — BOULENGER, Cat. Batr. Sal. Brit. Mus. (Nat. Hist.), London: 361.
1882 *Hyla nebulosa* — BOULENGER, Cat. Batr. Sal. Brit. Mus. (Nat. Hist.), London: 397.
1923 *Hyla spectrum* — NIEDEN, Das Tierreich, Berlin, **46:** 286.
1923 *Hyla nebulosa* — NIEDEN, Das Tierreich, Berlin, **46:** 295.
1923 *Hyla boans* — NIEDEN (partim), Das Tierreich, Berlin, **46:** 307.
1961 *Hyla albopunctata albopunctata* — RIVERO, Bull. Mus. comp. Zool., Cambridge (Massachusetts), **126:** 105.
1966 *Hyla albopunctata* — BOKERMANN, Lista anot. Local. Tipo Anfib. Brasil, São Paulo: 56.
1971 *Hyla albopunctata* — DUELLMAN, Herpetologica, Chicago etc., **27:** 401.

Discussion: DUELLMAN (1971: 401).

Range: Central and southeastern Brasil.

Hyla albopunctulata BOULENGER

1882 *Hyla albopunctalata* BOULENGER, Cat. Batr. Sal. Brit. Mus. (Nat. Hist.), London: 385. — Terra typica: Sarayacu, Provincia Pastaza, Ecuador (ex errore ?). — Syntypes: B.M.N.H. no. 80. 12. 5. 159—162, 230.
1908 *Hyla palmeri* BOULENGER, Ann. Mag. nat. Hist., London, (8) **2:** 515 — Terra typica: Jiménez, Departamento Valle, Colombia. — Syntypes: B.M.N.H. nos. 1947. 2. 13. 32—33. (Synonymy fide COCHRAN & GOIN, 1970: 220).
1923 *Hyla palmeri* — NIEDEN, Das Tierreich, Berlin, **46:** 264.
1923 *Hyla albopunctulata* — NIEDEN, Das Tierreich, Berlin, **46:** 271.
1970 *Hyla albopunctulata* — COCHRAN & GOIN, Bull. U.S. nation. Mus., Washington, **288:** 220.

Discussion: COCHRAN & GOIN (1970: 220).

Range: Pacific slopes of southwestern Colombia.

Hyla albosignata A. LUTZ & B. LUTZ

1938 *Hyla albosignata* A. LUTZ & B. LUTZ, Ann. Acad. Brasil. Sci., Rio de Janeiro, **10** (2): 185. — Terra typica: Alto da Serra, Paranapiacaba, São Paulo, Brasil. — Holotype: A.L.—M.N.R.J. no. 722.

Discussion: COCHRAN (1955: 168).

Range: Serra do Mar and Serra da Mantiquira in southeastern Brasil.

Hyla albovittata LICHTENSTEIN & MARTENS

1856 *Hyla albovittata* LICHTENSTEIN & MARTENS, Nomencl. Rept. Amph. Mus. Zool., Berlin: 37. — Terra typica: Brasil. — Holotype: Unknown.
1966 *Hyla albovitata* BOKERMANN (lapsus pro *Hyla albovittata*), Lista anot. Local. Tipo Anf. Brasil., São Paulo: 44.

Range: Unknown (probably in Brasil).

Hyla alemani RIVERO

1964 *Hyla alemani* RIVERO, Carib. J. Sci., Mayagüez, **4** (1): 302. — Terra typica: Cagua, Estado Aragua, Venezuela. — Holotype: S.C.N. no. 238.

Range: Type locality (Aragua, Venezuela).

Hyla altipotens DUELLMAN

1968 *Hyla altipotens* DUELLMAN, Univ. Kansas Publ. Mus. nat. Hist., Lawrence, **17:** 572. — Terra typica: 37 km. (by road) north of San Gabriel Mixtepec (kilometer post 183 on road from Oaxaca to Puerto Escondido), 1869 m., Oaxaca, México. — Holotype: K.U. no. 101001.

Discussion: DUELLMAN (1970b: 450).

Range: Pacific slopes of Sierra Madre del Sur in Oaxaca, México.

Hyla alvarengai BOKERMANN

1956 *Hyla alvarengai* BOKERMANN, Pap. avuls. Dept. Zool., São Paulo,. **12:** 357. — Terra typica: Santa Bárbara, Minas Gerais, Brasil. — Holotype: M.Z.U.S.P. no. 1680.

Discussion: BOKERMANN (1964: 75).

Range: Central mountains of Minas Gerais, Brasil.

Hyla alytolylax DUELLMAN

1972 *Hyla alytolylax* DUELLMAN, Occas. Pap. Mus. nat. Hist. Univ. Kansas, Lawrence, **11:** 15. — Terra typica: Tandapi, 1460 m., Provincia Pichincha, Ecuador. — Holotype: K.U. no. 111903.

Range: Pacific slopes of Andes in southern Colombia and Ecuador.

Hyla americana (DUMÉRIL & BIBRON)

1841 *Litoria americana* DUMÉRIL & BIBRON, Erpétol. gén., Paris, **8:** 506. — Terra typica: New Orleans, Orleans Parish, Louisiana, U.S.A. — Holotype: Unknown.

1882 *Litoria americana* — BOULENGER, Cat. Batr. Sal. Brit. Mus. (Nat. Hist.), London: 337.

1923 *Hyla americana* — NIEDEN, Das Tierreich, Berlin, **46:** 316.

Range: Unknown.

Hyla anataliasiasi BOKERMANN

1973 *Hyla anataliasiasi* BOKERMANN, Rev. Brasil. Biol., Rio de Janeiro, **34:** 593. — Terra typica: 80 km. north of Paraiso do Norte, Municipio de Brejinho do Nazaré, Goiás, Brasil. — Holotype: W.C.A.B. no. 45272.

Range: South-central Brasil (upper Rio Araguaia and Rio Tocantins).

Hyla anceps A. LUTZ

1929 *Hyla anceps* A. LUTZ, Compt. Rend. Soc. Biol. Paris, **101:** 943. — Terra typica: Estrela, Magé, Rio de Janeiro, Brasil. — Syntypes: A.L.— M.N.R.J. nos. 1776—77, U.S.N.M. nos. 96441—42.

Discussion: COCHRAN (1955: 188).

Range: Lowlands of Rio de Janeiro and Guanabara in southeastern Brasil.

Hyla andersonii BAIRD

1854 *Hyla andersonii* BAIRD, Proc. Acad. nat. Sci. Philadelphia, **7:** 60. — Terra typica: "ANDERSON, S.C.," U.S.A. (ex errore; see GOSNER & BLACK, 1967). — Holotype: U.S.N.M. no. 3600.
1882 *Hyla andersonii* — BOULENGER, Cat. Batr. Sal. Brit. Mus. (Nat. Hist.), London: 378.
1923 *Hyla andersonii* — NIEDEN, Das Tierreich, Berlin, **46:** 238.
1967 *Hyla andersonii* — GOSNER & BLACK, Cat. Amer. Amph. Rept., New York: 54.

Range: Atlantic Coastal Plain in central New Jersey and North Carolina, U.S.A.

Hyla angustilineata TAYLOR

1952 *Hyla angustilineata* TAYLOR, Univ. Kansas Sci. Bull., Lawrence, **35:** 850. — Terra typica: La Palma, Provincia San José, Costa Rica. — Holotype: U.S.N.M. no. 75060.

Discussion: DUELLMAN (1970b: 273).

Range: Cordillera Central in Costa Rica.

Hyla anisitzi (MÉHELY)

1904 *Hylella anisitzi* MÉHELY, Ann. Mus. Hungar., Budapest, **2:** 229. — Terra typica: ?Asuncion or Villa Sana, Paraguay. — Holotype: in M.N.H.
1923 *Hyla anisitzi* — NIEDEN, Das Tierreich, Berlin, **46:** 282.

Range: Type locality (Paraguay).

Hyla annectans (JERDON)

1870 *Polypedates annectans* JERDON, Proc. Asiat. Soc. Bengal, Calcutta, **1870:** 84. — Terra typica: Khasi Hills, Assam, India. — Holotype: Z.M.B. no. 8500.
1875 *Hyla annectens* GÜNTHER (lapsus pro *Hyla annectans*), Proc. Zool. Soc. London, **1875:** 576.
1882 *Hyla annectens* — BOULENGER, Cat. Batr. Sal. Brit. Mus. (Nat. Hist.), London: 382.
1923 *Hyla annectens* — NIEDEN, Das Tierreich, Berlin, **46:** 201.

Range: Southern Asia (south of Himalayas) from Assam, India, through northern Burma, Thailand, and Vietnam to western China.

Hyla arborea (LINNAEUS)

1758 *Rana arborea* LINNAEUS (partim), Syst. Nat., Ed. 10, Stockholm, **1:** 213. — Terra typica: "Sub foliis arborum Europae, Americae." — Holotype: Unknown.

1758 *Rana hyla* LINNAEUS, Syst. Nat., Ed. 10, Stockholm, **1:** 213. — Terra typica: Unknown. — Holotype: Unknown. (Synonymy fide MERTENS & WERMUTH, 1960: 49).

1768 *Hyla viridis* LAURENTI, Synops. Rept., Wien: 33. — Terra typica: Europe. — Holotype: Unknown (based on RÖSEL, 1758, Hist. nat. Ranar., Nürnberg, pls. 9—11 and frontispiece). (Synonymy fide DAUDIN, 1802: 14).

1799 *Calamita arboreus* — SCHNEIDER, Hist. Amphib., Jena, **1:** 153.

1802 *Hyla viridis* — DAUDIN, Hist. nat. Rain. Gren. Crap., Paris: 14.

1882 *Hyla arborea* — BOULENGER (partim), Cat. Batr. Sal. Brit. Mus. (Nat. Hist.), London: 379.

1923 *Hyla arborea* — NIEDEN (partim), Das Tierreich, Berlin, **46:** 195.

1960 *Hyla arborea* — MERTEMS & WERMUTH, Amph. Rept. Europas, Frankfurt-a.-M.: 49.

Comment: Two of LINNAEUS' type specimens (N.H.R.M. no. 155) are syntypes of *Hyla punctata* (SCHNEIDER). ANDERSSON (1900, Bih. Svensk. Vet. Akad. Handl., Stockholm, 26: 17) noted a third specimen in the same jar that "seems to me to be *Hyla inframaculata*." The third specimen was not found by the author when he examined specimens in the N.H.R.M. in July 1969. Thus, it seems as though no European specimen is now listed as a type specimen.

Range: Central and southern Europe, Mediterranean islands, Asia (north of the Himalayas), and Japanese Archipelago.

Hyla arborea arborea (LINNAEUS)

1758 *Rana arborea* LINNAEUS (partim), Syst. Nat., Ed. 10, Stockholm, **1:** 213. — Terra typica: "Sub foliis arborum Europae, Americae." — Holotype Unknown.

1758 *Rana hyla* LINNAEUS, Syst. Nat., Ed. 10, Stockholm, **1:** 213. — Terra typica: Unknown. — Holotype: Unknown. (Synonymy fide MERTENS & WERMUTH, 1960: 49).

1768 *Hyla viridis* LAURENTI, Synops. Rept., Wien: 33. — Terra typica: Europe. — Holotype: Unknown (based on RÖSEL, 1758, Hist. nat. Ranar., Nürnberg, pls. 9—11 & frontispiece). (Synonymy fide DAUDIN, 1802: 14).

1799 *Calamita arboreus* — SCHNEIDER, Hist. nat. Amphib., Jena, **1:** 153.

1802 *Hyla viridis* — DAUDIN, Hist. nat. Rain. Gren. Crap., Paris: 14.

1838 *Dendrohyas arborea* — TSCHUDI, Classif. Batr., Neuchâtel: 74.

1868 *Dendrohyas arborea* var. *daudinii* GISTEL, Die Lurche Europa's: 161. Terra typica: Southern France. — Holotype: Unknown. (Synonymy fide MERTENS & WERMUTH, 1960: 49).

1882 *Hyla arborea* var. *intermedia* BOULENGER, Cat. Batr. Sal. Brit. Mus. (Nat. Hist.), London: 381. — Terra typica: Bononia and Palermo, Sicily. — Syntypes: B.M.N.H. nos. 52. 12. 11. 55 (Bononia), 82. 7. 13. 6 (Palermo). (Synonymy fide BOULENGER, 1898: 248).

1889 *Hyla arborea* var. *orientalis* BEDRIAGA, Bull. Soc. Natural., Moscow, **3:** 473. — Terra typica: Tultscha and Kharkov, Ukraine, U.S.S.R. — Syntypes: Unknown. (Synonymy fide BOULENGER, 1898: 248).

1898 *Hyla arborea* — BOULENGER, Tailless Batr. Europe, London, **2:** 247.
1918 *Hyla arborea arborea* — NIKOL'SKIJ, Fauna Rossii, Zermnov., Petrograd: 132.
1923 *Hyla arborea arborea* — NIEDEN, Das Tierreich, Berlin, **46:** 197.
1960 *Hyla arborea arborea* — MERTENS & WERMUTH, Amph. Rept. Europas, Frankfurt-a.-M.: 49.

Range: Central Europe (north to southern Sweden) and western Asia (east to western Turkestan).

Hyla arborea japonica GÜNTHER

1859 *Hyla viridis japonica* GÜNTHER, Cat. Batr. Sal. Brit. Mus. (Nat. Hist.), London: 81. — Terra typica: Japan. — Syntypes: B.M.N.H. no. 44. 2. 22. 107 (3 specimens).
1859 *Hyla arborea* var. *japonica* — GÜNTHER, Cat. Batr. Sal. Brit. Mus. (Nat Hist.), London: 109.
1879 *Hyla japonica* — CAMERANO, Atti Accad. Sci., Torino, **14:** 895.
1882 *Hyla arborea* var. *japonica* — BOULENGER (partim), Cat. Batr. Sal. Brit. Mus. (Nat. Hist.), London: 381.
1882 *Hyla arborea* var. *immaculata* BOETTGER, Ber. Senckenberg. naturf. Ges., Frankfurt-a.-M., **1882:** 189. — Terra typica: Shanghai, Chekiang, China. — Holotype: S.M.F. no. 2310. Synonymy (fide SHANNON, 1956: 31).
1887 *Hyla stepheni* BOULENGER, Proc. Zool. Soc. London, **1887:** 579. — Terra typica: Port Hamilton, Korea. — Holotype: B.M.N.H. no. 1947. 2. 30. 99. (Synonymy fide POPE & BORING, 1940: 35).
1892 *Hyla arborea immaculata* — BOETTGER, Kat. Batr.-Samml. Mus. Senckenberg. naturf. Ges., Frankfurt-a.-M.: 43.
1907 *Hyla arborea japonica* — STEJNEGER, Bull. U.S. nation. Mus., Washington, **58:** 76.
1919 *Hyla arborea ussuriensis* NIKOL'SKIJ, Fauna Rossii, Zemmov., Petrograd: 107. — Terra typica: Environs of Chernigovka, Maritime Territory, U.S.S.R. — Holotype: Unknown. (Synonymy fide POPE & BORING, 1940: 36).
1923 *Hyla arborea savignyi* — NIEDEN (partim), Das Tierreich, Berlin, **46:** 199.
1923 *Hyla arborea immaculata* — NIEDEN, Das Tierreich, Berlin, **46:** 199.
1931 *Hyla arborea japonica* — OKADA, Tail. Batr. Japan. Emp., Tokyo: 57.
1935 *Hyla sodei-campi* KOSTEN, Annot. Zool. Japon., Tokyo, **15:** 30. — Terra typica: Mankou, western line of North Manchurian Railway in Soda Steppe, Manchuria, China. — Holotype: in N.M.M. *New Synonym.*
1940 *Hyla arborea immaculata* — POPE & BORING, Peking nat. Hist. Bull., **15:** 35.
1956 *Hyla arborea japonica* — SHANNON, Herpetologica, Chicago etc., **12:** 31.

Range: Japan, Korea, Mongolia, central and northern China, and U.S.S.R. from east coast westward to eastern Turkestan.

Hyla arborea kretensis AHL

1931 *Hyla arborea kretensis* AHL, Ann. nat.—hist. Mus., Wien, **45:** 161. — Terra typica: Crete, Greece—Syntypes: Z.M.B. 31569 (29 specimens).

Range: Southern islands of Greece (Crete, Rhodes, Agais, Peloppones) and western Turkey.

Hyla arborea molleri Bedriaga

1890 *Hyla arborea* var. *molleri* Bedriaga, Bull. Soc. nat. Moscow, **3:** 474. — Terra typica: Coimbra, Provincia Beira Litoral, Portugal. — Syntype: B.M.N.H. no. 1947. 2. 23. 44; other syntype unknown.
1923 *Hyla arborea arborea* — Nieden (partim), Das Tierreich, Berlin, **46:** 198.
1940 *Hyla arborea molleri* — Mertens & Müller, Abhand. Senckenberg. naturf. Ges., Frankfurt-a.-M., **451:** 17.
1956 *Hyla meridionalis molleri* — Parker, Syst. Assoc. Publ., London, **2:** 11.
1960 *Hyla arborea molleri* — Mertens & Wermuth, Amph. Rept. Europas, Frankfurt-a.-M.: 50.

Range: Northwestern Spain and Portugal.

Hyla arborea sarda (de Betta)

1853 *Hyla viridis* var. *sarda* Bonelli (nomen nudum), Cat. Syst. Rer. nat. Mus. extant. I. Rept. Europae, Verona: 24.
1857 *Dendrohyas sarda* de Betta, Mem. Accad. Agric. Commerc. Art., Verona, **35:** 284. — Terra typica: Sardinia, Italy. — Holotype: Unknown.
1882 *Hyla arborea* var. *savignyi* — Boulenger (partim), Cat. Batr. Sal. Brit. Mus. (Nat. Hist.), London: 380.
1923 *Hyla arborea savignyi* — Nieden (partim), Das Tierreich, Berlin, **46:** 199.
1955 *Hyla arborea sarda* — Mertens, Senckenberg. Biol., Frankfurt-a.-M., 30: 288.

Range: Italian Mediterranean islands (Corsica, Elba, and Sardinia).

Hyla arborea savignyi Audouin

1827 *Hyla savignyi* Audouin, Descr. Egypt, **1:** 183. — Terra typica: Western Syria. — Holotype: Unknown.
1882 *Hyla arborea* var. *savignyi* — Boulenger (partim), Cat. Batr. Sal. Brit. Mus. (Nat. Hist.), London: 380.
1923 *Hyla arborea savignyi* — Nieden (partim), Das Tierreich, Berlin, **46:** 199.
1949 *Hyla arborea savignyi* — Terentjev & Chernov, Opred. Presmykay. Zemnov., Moscow, Ed. 3: 88.

Range: Southwestern Asia: Syria, southern Turkey, northern Iran, and southern Turkestan in U.S.S.R.

Hyla arborea schelkownikowi Chernov

1926 *Hyla arborea schelkownikowi* Chernov, Bull. Sci. Inst. Explor. Caucase Nord, Wladikawkas, **1:** 70. — Terra typica: Stepanowan, Armenia, and Kutaissi, Georgia, U.S.S.R. — Syntypes: Unknown.

Range: West-central U.S.S.R. (Caucasus to Transcaucasia).

Hyla arborescandens Taylor

1939 *Hyla arborescandens* Taylor, Univ. Kansas Sci. Bull., Lawrence, **25:** 388. — Terra typica: 3 km. southwest of Acultzingo, Veracruz, México. — Holotype: U.I.M.N.H. no. 25045.

1940 *Hyla forbesi* TAYLOR, Univ. Kansas Sci. Bull., Lawrence, **26:** 513. — Terra typica: 3 mi. southwest of Acultzingo, Veracruz, México. — Holotype: U.I.M.N.H. no. 25048. (Synonymy fide DUELLMAN, 1970: 380).
1970 *Hyla arborescandens* — DUELLMAN, Monogr. Mus. nat. Hist. Univ. Kansas, Lawrence, **1:** 380.

Range: Sierra Madre Oriental in eastern México (Puebla, Oaxaca, and Veracruz).

Hyla arenicolor COPE

1854 *Hyla affinis* BAIRD (non SPIX 1824), Proc. Acad. nat. Sci. Philadelphia, **7:** 61. — Terra typica: "Northern Sonora," México. — Syntypes: U.S.N.M. no. 11410 (5 specimens).
1866 *Hyla arenicolor* COPE (nomen novum pro *Hyla affinis*), J. Acad. nat. Sci. Philadelphia, (2) **6:** 84.
1882 *Hyla arenicolor* — BOULENGER, Cat. Batr. Sal. Brit. Mus. (Nat. Hist.), London: 373.
1887 *Hyla copii* BOULENGER, Ann. Mag. nat. Hist., London (5) **20:** 53. — Terra typica: El Paso, Texas, U.S.A. — Syntypes: B.M.N.H. nos. 1947. 2. 23. 26—27. (Synonymy fide KELLOGG, 1932: 156).
1888 *Hyla coper* COPE (lapsus pro *Hyla copii*), Amer. Natural., Philadelphia, **22:** 80.
1899 *Hyliola digueti* MOCQUARD, Bull. Soc. philomath. Paris, (9) **1:** 165. — Terra typica: "Territory of Tepic" (= Nayarit), México. — Syntypes: M.N.H.N. no. 492 (5 specimens). (Synonymy fide KELLOGG, 1932: 157).
1923 *Hyla arenicolor* — NIEDEN (partim), Das Tierreich, Berlin, **46:** 241.
1932 *Hyla arenicolor* — KELLOGG (partim), Bull. U.S. nation. Mus., Washington, **160:** 156.

Discussion: DUELLMAN (1970b: 514).

Range: Mountains and plateau areas of U.S.A. (southern Utah and Colorado southward through eastern Arizona, New Mexico, and western Texas) southward in México to Michoacán, Guerrero, and Oaxaca.

Hyla argyreornata (MIRANDA—RIBEIRO)

1926 *Hylodes argyreornatus* MIRANDA—RIBEIRO, Arch. Mus. nacion., Rio de Janeiro, **27:** 57. — Terra typica: Rio Mutum, Colatina, Espírito Santo, Brasil. — Syntypes: M.N.R.J. no. 114 (2 specimens).
1966 *Hyla argyreornata* — BOKERMANN, Rev. Brasil. Biol., Rio de Janeiro, **26** (1): 31.

Range: Coastal region of Espírito Santo, southeastern Brasil.

Hyla ariadne BOKERMANN

1967 *Hyla ariadne* BOKERMANN, Neotropica, Buenos Aires, **13** (41): 61. — Terra typica: Campo de Fruticultura de Serra de Bocaina, São Paulo do Barreiro, São Paulo, Brasil. — Holotype: W.C.A.B. no. 29492.

Range: Serra de Bocaina, São Paulo, southeastern Brasil.

Hyla armata BOULENGER

1902 *Hyla armata* BOULENGER, Ann. Mag. nat. Hist., London (7) **10:** 394. — Terra typica: La Paz, Bolivia. — Syntypes: B.M.N.H. nos. 1947. 2. 13. 59—60.
1923 *Hyla armata* — NIEDEN, Das Tierreich, Berlin, **46:** 276.

Range: Type locality (La Paz, Bolivia).

Hyla astartea BOKERMANN

1967 *Hyla astartea* BOKERMANN, Rev. Brasil. Biol., Rio de Janeiro, 27 (2): 157. — Terra typica: Paranapiacaba, São Paulo, Brasil. — Holotype: W.C.A.B. no. 1019.

Range: Serra do Mar, southeastern Brasil.

Hyla auraria PETERS

1873 *Hyla auraria* PETERS, M.Ber. k. preuss. Akad. Wiss. Berlin, **1873:** 615. — Terra typica: "South America." — Holotype: Formerly in Z.S.M.; now lost.
1882 *Hyla auraria* — BOULENGER, Cat. Batr. Sal. Brit. Mus. (Nat. Hist.), London: 397.
1923 *Hyla auraria* — NIEDEN, Das Tierriech, Berlin, **46:** 297.

Range: Unknown.

Hyla aurata WIED

1821 *Hyla aurata* WIED, Reise nach Brasil., Frankfurt-a.-M., **2:** 249. — Terra typica: Santa Inês, Bahia, Brasil. — Holotype: Unknown.
1966 *Hyla aurata* — BOKERMANN, Lista anot. Local. Tipo Anf. Brasil., São Paulo: 45.

Range: Eastern Bahia, Brasil.

Hyla avivoca VIOSCA

1928 *Hyla avivoca* VIOSCA, Proc. biol. Soc. Washington, **41:** 89. — Terra typica: "Outskirts of Mandeville," St. Tammany Parish, Louisiana, U.S.A. — Holotype: U.S.N.M. no. 75017.

Discussion: SMITH (1966b).

Range: Southeastern North America (Mississippi River drainage from southern Illinois southward; eastern Georgia and adjacent South Carolina).

Hyla avivoca avivoca VIOSCA

1928 *Hyla avivoca* VIOSCA, Proc. biol. Soc. Washington, **41:** 89. — Terra typica: "Outskirts to Mandeville," St. Tammany Parish, Louisiana, U.S.A. — Holotype: U.S.N.M. no. 75017.
1948 *Hyla phaeocrypta phaeocrypta* — NEILL, Herpetologica, Chicago etc., **4:** 175.
1953 *Hyla avivoca avivoca* — SMITH, Herpetologica, Chicago etc., **9:** 172.

R a n g e: Mississippi River Drainage of south-central U.S.A. from southern Illinois to Gulf of Mexico.

Hyla avivoca ogechiensis NEILL

1948 *Hyla phaeocrypta ogechiensis* NEILL, Herpetologica, Chicago etc., **4:** 175. — T e r r a t y p i c a: Ogeechee River at Midville, Burke County, Georgia U.S.A. H o l o t y p e: W.T.N. no. 18007.
1953 *Hyla avivoca ogechiensis* — SMITH, Herpetologica, Chicago etc., **9:** 172.

R a n g e: Coastal plain of northeastern Georgia and adjacent South Carolina in southeastern U.S.A.

Hyla baileyi COCHRAN

1953 *Hyla goughi baileyi* COCHRAN, Herpetologica, Chicago etc., **8:** 114. — T e r r a t y p i c a: Fazenda Poço Grande, 8 km. north of Juquiá, São Paulo, Brasil. — H o l o t y p e: U.M.M.Z. no. 106737.
1966 *Hyla baileyi* — BOKERMANN, Lista anot. Local, Tipo Anf. Brasil., São Paulo: 45.

R a n g e: Type locality (São Paulo, Brasil).

Hyla balzani BOULENGER

1898 *Hyla balzani* BOULENGER, Ann. Mus. Stor. nat., Genova, (2) **19:** 132. — T e r r a t y p i c a : "Prov. Yungas, at 1600 metres altitude," Bolivia. — H o l o t y p e: M.C.S.N. no. 28872.
1923 *Hyla balzani* — NIEDEN, Das Tierreich, Berlin, **46:** 280.

R a n g e: Amazon slopes of Bolivia and Perú.

Hyla battersbyi RIVERO

1961 *Hyla battersbyi* RIVERO, Bull. Mus. comp. Zool., Cambridge (Massachusetts), **126:** 138. — T e r r a t y p i c a: Caracas, Venezuela. — H o l o - t y p e: B.M.N.H. no. 53. 2. 4. 165.

R a n g e: Type locality (Caracas, Venezuela).

Hyla baumgardneri RIVERO

1961 *Hyla baumgardneri* RIVERO, Bull. Mus. comp. Zool., Cambridge (Massachusetts), **126:** 123. — T e r r a t y p i c a: Casa de Julián, Territorio Amazonas, Venezuela. — H o l o t y p e: M.C.Z. no. 28563.

R a n g e: Amazonas, Venezuela, and lower Amazon Basin in Brasil.

Hyla benitezi RIVERO

1961 *Hyla benitezi* RIVERO, Bull. Mus. comp. Zool., Cambridge (Massachusetts); **126:** 116. — T e r r a t y p i c a: Caño Wanadi, Cerro Marahuaca, Territorio Amazonas, Venezuela. — H o l o t y p e: M.C.Z. no. 28564.

R a n g e: Western part of Guyana Highlands in Amazonas, Venezuela.

Hyla berthae BARRIO

1962 *Hyla berthae* BARRIO, Physis, Buenos Aires, **23:** 137. — T e r r a t y p i c a: Punta Lara, Departmento Buenos Aires, Argentina. — H o l o t y p e: L.I.H. — U.B.A. no. 1080.

R a n g e: Northeastern Argentina and ? adjacent Uruguay and southern Brasil.

Hyla berthalutzae BOKERMANN

1962 *Hyla berthalutzae* BOKERMANN, Neotropica, Buenos Aires, 8 (27): 84. — T e r r a t y p i c a: Paranapiacaba, São Paulo, Brasil. — H o l o t y p e: W.C.A.B. no. 6597.

R a n g e: Coastal lowlands from Espírito Santo to São Paulo, and Serra do Mar, São Paulo, Brasil.

Hyla bifurca ANDERSSON

1954 *Hyla (Hylella) bifurca* ANDERSSON, Arkiv Zool., Stockholm, **37** A (2): 79. — T e r r a t y p i c a: Río Pastaza, Provincia Pastaza, Ecuador. — H o l o - t y p e: N.H.R.M. no. 1962.
1974 *Hyla bifurca* — DUELLMAN, Occas. Pap. Mus. nat. Hist., Lawrence, **27:** 15.

R a n g e: Upper Amazon Basin in Ecuador, Perú, and Acre, Brasil.

Hyla biobeba BOKERMANN & SAZIMA

1974 *Hyla biobeba* BOKERMANN & SAZIMA, Rev. Brasil. Biol., Rio de Janeiro, 33: 329. — T e r r a t y p i c a: Usina, Serra do Cipó, Jaboticatubas, Minas Gerais, Brasil. — H o l o t y p e: W.C.A.B. no. 46249.

R a n g e: Type locality (Minas Gerais, Brasil).

Hyla bipunctata SPIX

1824 *Hyla bipunctata* SPIX, Spec. nov. Testud. Ran. Brasil., Monaco: 36. — T e r r a t y p i c a: "Bahia," Brasil. — S y n t y p e s: Formerly Z.S.M. no. 2497/0 (4 specimens); destroyed.
1830 *Scinax bipunctata* — WAGLER, Natürl. Syst. Amphob., München: 201.
1834 *Hyla capistrata* REUSS, Mus. Senckenb., Frankfurt-a.-M., **1:** 58. — T e r r a t y p i c a: "Brazil." — H o l o t y p e: Unknown. (Synonymy fide PETERS, 1872: 214).
1841 *Hyla pumila* DUMÉRIL & BIBRON, Erpétol. gén., Paris. **8:** 565. — T e r r a t y p i c a: "Brasil." — S y n t y p e s: M.N.H.N. no. 4802 (2 specimens). (Synonymy fide GÜNTHER, 1859: 106).
1859 *Hyla capistrata* — GÜNTHER, Cat. Batr. Sal. Brit. Mus. (Nat. Hist.), London: 106.

1862 *Hylella tenera* REINHARDT & LÜTKEN, Vid. Medd. naturh. Foren. Kjøbenhavn, **3:** 200. — Terra typica: Lagôa Santa, Minas Gerais, Brasil (ex errore, fide BOKERMANN, 1968). — Holotype: U.Z.M. no. 1438. (Synonymy fide BOKERMANN, 1968: 328).
1872 *Hyla bipunctata* — PETERS, M.Ber. k. preuss Akad. Wiss. Berlin, **1872:** 214.
1882 *Hyla bipunctata* — BOULENGER, Cat. Batr. Sal. Brit. Mus. (Nat. Hist.), London: 389.
1882 *Hyllela tenera* — BOULENGER, Cat. Batr. Sal. Brit. Mus. (Nat. Hist.), London: 419.
1923 *Hyla bipunctata* — NIEDEN, Das Tierreich, Berlin, **46:** 287.
1923 *Hyla tenera* — NIEDEN, Das Tierreich, Berlin, **46:** 292.
1948 *Hyla bipunctata bipunctata* — COCHRAN, J. Washington Acad. Sci., **38:** 316.
1966 *Hyla bipunctata* — BOKERMANN, Lista anot. Local. Tipo Anfib. Brasil., São Paulo: 46.
1968 *Hyla bipunctata* — BOKERMANN, Rev. Brasil. Biol., Rio de Janeiro, **28:** 328.

Range: Coastal region of eastern Brasil from Bahia to Rio de Janeiro.

Hyla bischoffi BOULENGER

1887 *Hyla bischoffi* BOULENGER, Ann. Mag. nat. Hist., London, (5) **20:** 298. — Terra typica: Mundo Novo, Taquara, Rio Grande do Sul, Brasil. — Syntypes: B.M.N.H. no. 1947. 2. 12. 81—82.

Discussion: B. LUTZ (1973).

Range: Southeastern Brasil from São Paulo to Rio Grande do Sul.

Hyla bischoffi bischoffi BOULENGER

1887 *Hyla bischoffi* BOULENGER, Ann. Mag. nat. Hist., London, (5) **20:** 298. — Terra typica: Mundo Novo, Taquara, Rio Grande do Sul, Brasil. — Syntypes: B.M.N.H. nos. 1947. 2. 12. 81—82.
1894 *Hyla vittigera* WERNER, Zool. Anz., Leipzig, **17:** 412. — Terra typica: Blumenau, Santa Catarina, Brasil. — Holotype: Unknown. (Synonymy fide BOKERMANN, 1966: 64).
1923 *Hyla bischoffi* — NIEDEN, Das Tierreich, Berlin, **46:** 292.
1955 *Hyla bischoffi* (*bischoffi* by fiat) — COCHRAN, Bull. U.S. nation. Mus., Washington, **206:** 84.
1966 *Hyla bischoffi* — BOKERMANN, Lista anot. Local. Tipo Anf. Brasil., São Paulo: 64.
1973 *Hyla bischoffi bischoffi* — B. LUTZ, Brazil. Species *Hyla*, Austin: 116.

Range: Extreme southeastern Brasil (Rio Grande do Sul and Santa Catarina).

Hyla bischoffi multilineata A. LUTZ & B. LUTZ

1939 *Hyla multilineata* A. LUTZ & B. LUTZ, Ann. Acad. Brasil. Sci., Rio de Janeiro, **11:** 72. — Terra typica: Alto da Serra, Paranapiacaba, São Paulo, Brasil. — Holotype: A.L.—M.N.R. no. 726.

1955 *Hyla bischoffi multilineata* — COCHRAN, Bull. U.S. nation. Mus., Washington, **206:** 84.

Range: Serra do Mar, São Paulo and Paraná, southeastern Brasil.

Hyla bistincta COPE

1877 *Hyla bistincta* COPE, Proc. Amer. philos. Soc., Philadelphia, **17:** 87. — Terra typica: "Vera Cruz most probably," México. — Holotype: U.S.N.M. no. 32261.

1882 *Hyla bistincta* — BOULENGER, Cat. Batr. Sal. Brit. Mus. (Nat. Hist.), London: 401.

1951 *Hyla bistincta labeculata* SHANNON, Proc. U.S. nation. Mus., Washington, **101:** 470. — Terra typica: San Lucas Camotlán, Oaxaca, México. — Holotype: U.S.N.M. no. 123689. (Synonymy fide DUELLMAN, 1964: 475).

1951 *Hyla bistincta bistincta* — SHANNON, Proc. U.S. nation. Mus., Washington, **101:** 472.

1964 *Hyla bistincta* — DUELLMAN, Univ. Kansas Publ. Mus. nat. Hist., Lawrence, **15:** 475.

Discussion: DUELLMAN (1970b: 457).

Range: Mountains of México from Durango and Veracruz to Oaxaca.

Hyla blairi FOUQUETTE & PYBURN

1972 *Hyla blairi* FOUQUETTE & PYBURN, Herpetologica, Chicago etc., **28:** 176. — Terra typica: Near junction of Río Guaviare and Río Ariari, Comisaría Vaupés, Colombia. — Holotype: A.M.N.H. no. 84585.

Range: Llanos of central Colombia.

Hyla boans (LINNAEUS)

1758 *Rana boans* LINNAEUS, Syst. Nat., Ed. 10, **1:** 213. — Terra typica: "America." — Holotype: Z.M.U.U. no. 27. (Designation of R.M.N.H. no. 16603 as neotype by DUELLMAN, 1971: 399, invalid).

1768 *Rana maxima* LAURENTI, Synops. Rept., Wien: 32. — Terra typica: "America." — Holotype: None designated; based on SEBA, 1734, Thesaurus, pl. 72, fig. 3; neotype: Z.M.U.U. no. 27 herein designated. (Synonym fide DUELLMAN, 1971: 398).

1799 *Calamita maxima* — SCHNEIDER, Hist. Amphib. Jena: 163.

1802 *Rana zebra* SHAW (nomen substitutum pro *Rana maxima*), Gen. Zool. London, **3:** 123. (Synonymy fide GÜNTHER, 1859: 100).

1803 *Hyla boans* — DAUDIN, Hist. nat. Rept., Paris, **8:** 64.

1803 *Hyla palmata* DAUDIN, Hist. nat. Rept., Paris, **8:** 79. — Terra typica: "Virginia and Carolina" (ex errore). — Holotype: Unknown. (Synonymy fide GÜNTHER, 1859: 99).

1820 *Calamita palmatus* — MERREM, Syst. Amphib., Marburg: 173.

1825 *Boana boans* — Gray, Ann. Philos., London, (new ser.) **10:** 214.

1830 *Hypsiboas palmata* — WAGLER, Natürl. Syst. Amphib., München: 200.

1843 *Lobipes palmata* — FITZINGER, Syst. Rept., Wien: 30.

1859 *Hyla maxima* — GÜNTHER (partim), Cat. Batr. Sal. Brit. Mus. (Nat.Hist.), London: 99.
1867 *Cinclidium granulatum* COPE, J. Acad. nat. Sci. Philadelphia, (2) **5**: 202. — Terra typica: Surinam. — Holotype: Formerly in A.N.S.P.; now lost. (Synonymy fide BOULENGER, 1882: 349).
1882 *Hyla maxima* — BOULENGER (partim), Cat. Batr. Sal. Brit. Mus. (Nat. Hist.), London: 349.
1896 *Hyla lactea* LÖNNBERG (nomen substitutum pro *Rana boans*), Bih. Svenska. Vet.-akad. Handl., Stockholm, **22**: 13. (Synonymy fide ANDERSSON, 1900: 17).
1900 *Hyla boans* — ANDERSSON, Bih. Svenska. Vet.-akad. Handl., Stockholm, **26** (4): 17.
1923 *Hyla maxima* — NIEDEN (partim), Das Tierreich, Berlin, **46**: 300.
1936 *Hyla wavrini* PARKER, Bull., Mus. roy. Hist. nat. Belgique, **12**: 2. — Terra typica: Upper Orinoco, Amazonas, Venezuela. — Holotype: I.R.S.N.B. no. 459. (Synonymy fide COCHRAN & GOIN, 1970: 199).
1941 *Hyla mirandaribeiri* MELIN, Medd. Mus. Zool. Avd., Göteborg, **88**: 20. — Terra typica: Taracuá, Rio Uaupés, Amazonas, Brasil. — Holotype: N.H.M.G. no. 466. (Synonymy fide DUELLMAN, 1971: 398).
1970 *Hyla maxima* — COCHRAN & GOIN, Bull. U.S. nation. Mus., Washington, **288**: 199.
1971 *Hyla boans* — DUELLMAN, Herpetologica, Chicago etc., **27**: 398.

Discussion: DUELLMAN (1971: 398) and Mertens (1972: 197).

Range: Upper Amazon Basin, upper Orinoco Basin, Guianas, and Pacific lowlands of Colombia in South America; eastern Panamá; Trinidad.

Hyla boesemani GOIN

1966 *Hyla boesemani* GOIN, Zool. Mededel. Leiden, **41** (15): 229. — Terra typica: Zanderij, Suriname District, Surinam. — Holotype: R.M.N.H. no. 12601.

Range: Northern Guyana and Surinam and Amazonas, Venezuela, to Belém, Brasil.

Hyla bogertae STRAUGHAN & WRIGHT

1969 *Hyla bogertae* STRAUGHAN & WRIGHT, Contr. Sci. Los Angeles Co. Mus., **169**: 1. — Terra typica: Tributary of Río Atoyac, below Vivero El Tapanal, 1.6 km. south of La Cofradia, Distrito Sola de Vega, Oaxaca, México. — Holotype: L.A.C.M. no. 44400.

Discussion: DUELLMAN (1970b: 479).

Range: Type locality (Oaxaca, México).

Hyla bogotensis (PETERS)

1882 *Hylonomus bogotensis* PETERS, S.Ber. Ges. naturforsch. Fr. Berlin, **1882** (7): 107. — Terra typica: Bogotá, Departamento Cundinamarca, Colombia. — Holotype: Z.M.B. no. 10209.
1882 *Hyloscirtus bogotensis* — PETERS, S.Ber. Ges. naturforsch Fr. Berlin, 1882 (8): 127.

1970 *Hyla bogotensis* — DUELLMAN, Monogr. Mus. nat. Hist. Univ. Kansas, Lawrence, **1:** 327.

Discussion: DUELLMAN (1972: 19).

Range: Andes in central and southern Colombia.

Hyla bokermanni GOIN

1960 *Hyla bokermanni* GOIN, Ann. Mag. nat. Hist., London, (13) **2:** 721. — Terra typica: Tarauacá, Acre, Brasil. — Holotype: W.C.A.B. no. 2881.
1963 *Hyla rondoniae* BOKERMANN, Rev. Brasil. Biol., Rio de Janeiro, **23** (3): 247. — Terra typica: Rondônia, Rondônia, Brasil. — Holotype: W.C.A.B. no. 7845. (Synonymy fide DUELLMAN & CRUMP, 1974: 14).
1974 *Hyla bokermanni* - DUELLMAN & CRUMP, Occas. Pap. Mus. nat. Hist. Univ. Kansas, Lawrence, **23:** 14.

Range: Upper Amazon Basin in Colombia, Ecuador, Perú, and western Brasil.

Hyla boulengeri (COPE)

1887 *Scytopis boulengeri* COPE, Bull. U.S. nation. Mus., Washington, **32:** 12. — Terra typica: "Nicaragua." — Holotype: U.S.N.M. no. 13974.
1901 *Hyla boulengeri* — GÜNTHER, Biol. Centr. Amer., Rept. Batr., London: 267.
1923 *Hyla boulengeri* — NIEDEN, Das Tierreich, Berlin, **46:** 251.

Discussion: DUELLMAN (1970b: 200).

Range: Caribbean lowlands of Central America from Nicaragua to Panamá; Pacific lowlands of southeastern Costa Rica and eastern Panamá.

Hyla brevifrons DUELLMAN & CRUMP

1974 *Hyla brevifrons* DUELLMAN & CRUMP, Occas. Pap. Mus. nat. Hist. Univ. Kansas, Lawrence, **23:** 15. — Terra typica: Santa Cecilia, Provincia Napo, Ecuador. — Holotype: K.U. no. 126370.

Range: Amazon Basin and French Guiana.

Hyla bromeliacia SCHMIDT

1933 *Hyla bromeliacia* SCHMIDT, Publ. Field Mus. nat. Hist., Zool., Chicago, **20:** 19. — Terra typica: "Mountains west of San Pedro Sula," Cortés, Honduras. — Holotype: F.M.N.H. no. 4718.

Discussion: DUELLMAN (1970b: 429).

Range: Atlantic slopes of Guatemala and Honduras.

Hyla cadaverina COPE

1854 *Hyla nebulosa* HALLOWELL (non SPIX 1824), Proc. Acad. nat. Sci. Phily, delphia, **7:** 96. — Terra typica: Tejon Pass, Los Angeles Counta-California, U.S.A. — Syntypes: A.N.S.P. nos. 1987—88.

1866 *Hyla cadaverina* COPE (nomen novum pro *Hyla nebulosa*), Proc. Acad. nat. Sci. Philadelphia, **18:** 84.
1923 *Hyla arenicolor* — NIEDEN (partim), Das Tierreich, Berlin, **46:** 241.
1958 *Hyla californiae* BOGERT (nomen nudum), Folkways Rec., New York, FX 6166: 11.
1960 *Hyla californiae* GORMAN, Herpetologica, Chicago etc., **16:** 214. — Terra typica: Cañon de Llanos, 9 mi. south-southwest of Alaska (La Rumorosa), Baja California del Norte, México. — Holotype: M.V.Z. no. 31773. (Synonymy fide DUELLMAN, 1968: 200).
1968 *Hyla cadaverina* — DUELLMAN, Herpetologica, Chicago etc., 24: 200.

Discussion: DUELLMAN (1970b: 493).

Range: Southern California, U.S.A. and northern Baja California, México.

Hyla calcarata TROSCHEL

1848 *Hyla calcarata* TROSCHEL, Amphib. in SCHOMBURGK, Reisen. Brit.-Guiana, Leipzig: 660. — Terra typica: "Britisch-Guiana." — Holotype: Unknown.
1867 *Hypsiboas calcaratus* — COPE, J. Acad. nat. Sci. Philadelphia, (2) **6:** 200.
1882 *Hyla fasciata* — BOULENGER (partim), Cat. Batr. Sal. Brit. Mus. (Nat. Hist.), London: 359.
1918 *Hyla leptoscelis* BOULENGER, Ann. Mag. nat. Hist., London, (9) **2:** 432. — Terra typica: Lago do Tachy, Rio Solimoes, above São Paulo Olivença, Amazonas, Brasil. — Holotype: B.M.N.H. no. 1947. 2. 23. 10. (Synonymy fide DUELLMAN, 1973: 522).
1923 *Hyla calcarata* — NIEDEN (partim), Das Tierreich, Berlin, **46:** 306.
1973 *Hyla calcarata* — DUELLMAN, Copeia, New York etc., **1973** (3): 522.

Range: Guianas, northern Amazon Basin, and upper Orinoco Basin.

Hyla callipleura BOULENGER

1902 *Hyla callipleura* BOULENGER, Ann. Mag. nat. Hist., London, (7) **10:** 394. — Terra typica: Charuplaya (1350 m.) and San Ernesto, Mapiri District (500 m.), Bolivia. — Syntypes: B.M.N.H. nos. 1947. 2. 13. 64—73 (Charuplaya), 1947. 2. 13. 74 (San Ernesto).
1923 *Hyla callipleura* — NIEDEN, Das Tierreich, Berlin, **46:** 279.

Range: Amazon slopes of Andes in southern Perú and Bolivia.

Hyla carinata ANDERSSON

1938 *Hyla carinata* ANDERSSON, Arkiv Zool., Stockholm, **30A** (23): 22. — Terra typica: San José, Tarraco, Bolivia. — Syntypes: N.H.R.M. no. 1874 (3 specimens).

Range: Type locality (Tarraco, Bolivia).

Hyla carnifex DUELLMAN

1969 *Hyla carnifex* DUELLMAN, Herpetologica, Chicago etc., **25:** 242. — Terra typica: Tandapi, 1460 m., Provincia Pichincha, Ecuador. — Holotype: K.U. no. 117993.

1970 *Hyla bogerti* COCHRAN & GOIN, Bull. U.S. nation. Mus., Washington, **288:** 261. — Terra typica: Medellín, Departamento Antioquia, Colombia. — Holotype: U.S.N.M. no. 118731. (Synonymy fide DUELLMAN, 1974: 7).
1970 *Hyla charlesbogerti* GOIN (nomen substitutum pro *Hyla bogerti* COCHRAN & GOIN), Copeia, New York etc., **1970** (4): 788. (Synonymy fide DUELLMAN, 1974: 7).
1974 *Hyla carnifex* — DUELLMAN, Occas. Pap. Mus. nat. Hist. Univ. Kansas, Lawrence, **27:** 7.

Range: Pacific slopes of Andes in Colombia and Ecuador.

Hyla catharinae BOULENGER

1888 *Hyla catharinae* BOULENGER, Ann. Mag. nat. Hist., London, (6) **1:** 417. — Terra typica: "Serra do Catharina," Santa Catarina, Brasil. — Syntypes: B.M.N.H. no. 1947. 2. 12. 65—66.
1923 *Hyla catharinae* — NIEDEN, Das Tierreich, Berlin, **46:** 291.

Discussion: B. LUTZ (1973).

Range: Mountains of eastern and southeastern Brasil.

Hyla catharinae catharinae BOULENGER

1888 *Hyla catharinae* BOULENGER, Ann. Mag. nat. Hist., London, (6) **1:** 417. — Terra typica: "Serra do Catharina," Santa Catarina, Brasil. — Syntypes: B.M.N.H. nos. 1947. 2. 12. 65—66.
1961 *Hyla s[trigilata] catharinae* — GALLARDO, Comun. Mus. Argentino Cienc. Nat., Zool., Buenos Aires, **3:** 152.
1968 *Hyla [catharinae] catharinae* — B. LUTZ, Pearce-Sellard Ser., Austin, **12:** 3.
1973 *Hyla catharinae catharinae* — B. LUTZ, Brazil. Species *Hyla*, Austin: 184.

Range: Serra do Mar and Serra Geral in Santa Catarina and Rio Grande do Sul, southeastern Brasil.

Hyla catharinae alcatraz B. LUTZ

1973 *Hyla catharinae alcatraz* B. LUTZ, Bol. Mus. nacion. Rio de Janeiro, Zool., **288:** 2. — Terra typica: Ilha dos Alcatrazes, São Paulo, Brasil. — Syntypes: M.N.R.J. nos. 4085—6.

Range: Type locality (São Paulo, Brasíl).

Hyla catharinae angrensis B. LUTZ

1973 *Hyla catharinae angrensis* B. LUTZ, Bol. Mus. nacion. Rio de Janeiro, Zool., **288:** 1. — Terra typica: Angra dos Reis, Rio de Janeiro, Brasil. — Syntypes: M.N.R.J. nos. 2018 and 2512.

Range: Type locality (Rio de Janeiro, Brasil).

Hyla catharinae bocainensis B. LUTZ

1968 *Hyla catharinae bocainensis* B. LUTZ, Pearce-Sellard Ser., Austin, **12:** 3. — Terra typica: Fazendo do Bonito, Serre da Bocaina, São Paulo, Brasil. — Holotype: M.Z.U.S.P. no. 56.

Range: Type locality (São Paulo, Brasil).

Hyla catharinae brieni DEWITTE

1930 *Hyla brieni* DEWITTE, Miss. biol. Belge Brésil, Bruxelles, **2:** 227. — Terra typica: Paranapiacaba, São Paulo, Brasil. — Holotype: M.R.H.N. no. IG9404, Reg. 76.

1955 *Hyla strigilata brieni* — COCHRAN, Bull. U.S. nation. Mus., Washington, **206:** 154.

1973 *Hyla catharinae brieni* — B. LUTZ, Brazil. Species *Hyla*, Austin: 186.

Range: Serra do Mar, São Paulo, Brasil.

Hyla catharinae opalina B. LUTZ

1968 *Hyla catharinae opalina* B. LUTZ, Pearce-Sellards Ser., Austin, **12:** 6. — Terra typica: Serra dos Orgãos, Teresópolis, Rio de Janeiro, Brasil. — Syntypes: M.N.R.J. nos. 4037—8.

Range: Serra do Mar, Rio de Janeiro, Brasil.

Hyla catharinae trapicheiroi B. LUTZ

1954 *Hyla trapicheiroi* B. LUTZ, Mem. Inst. Oswaldo Cruz, Rio de Janeiro, **52:** 159. — Terra typica: Açude da Solidão, Serra Tijuca, Guanabara, Brasil. — Holotype: M.N.R.J. no. 3615.

1973 *Hyla catharinae trapicheiroi* — B. LUTZ, Brazil. Species *Hyla*, Austin: 187.

Range: Mountains of Guanabara, southeastern Brasil.

Hyla cembra CALDWELL

1974 *Hyla cembra* CALDWELL, Occas. Pap. Mus. nat. Hist. Univ. Kansas, Lawrence, **28:** 16. — Terra typica: Campamento Río Molino, 2160 m., Oaxaca, México. — Holotype: K.U. no. 137035.

Range: Type locality (Oaxaca, México).

Hyla chaneque DUELLMAN

1961 *Hyla chaneque* DUELLMAN, Herpetologica, Chicago etc., **17:** 1. — Terra typica: Stream above (6.2 km. south of) Rayón Mescalapa, Chiapas, México, 1670 m. — Holotype: K.U. no. 58439.

1966 *Hyla duellmani* LYNCH & SMITH, Trans. Kansas Acad. Sci., Lawrence, **69:** 60. — Terra typica: Sierra Madre north of Zanatepec, Oaxaca, México, 1550 m. — Holotype: U.I.M.N.H. no. 56821. (Synonymy fide DUELLMAN, 1970: 440).

1970 *Hyla chaneque* DUELLMAN, Monogr. Mus. nat. Hist. Univ. Kansas, Lawrence, **1:** 440.

Discussion: DUELLMAN (1970b: 440).

Range: Atlantic slopes in Oaxaca and Chiapas and Pacific slopes in Chiapas in southern México.

Hyla charadricola DUELLMAN

1964 *Hyla charadricola* DUELLMAN, Univ. Kansas Publ. Mus. nat. Hist., Lawrence, **15:** 478. — Terra typica: Río Totolapa, 14.4. km. (by road) west of Huachinango, Puebla, México, 2280 m. — Holotype: K.U. no. 58414.

Discussion: DUELLMAN (1970b: 466).

Range: High mountains of Hidalgo and Puebla in eastern México.

Hyla charazani VELLARD

1970 *Hyla charazani* VELLARD, Rev. Mus. Argent. Cien. Nat., Buenos Aires, **10:** 16. — Terra typica: Charazani, Departamento Munecas, Bolivia. — Holotype: In M.A.C.N.

Range: Type locality (Munecas, Bolivia).

Hyla cherrei COPE

1894 *Hyla cherrei* COPE, Proc. Acad. nat. Sci. Philadelphia, **34:** 195. — Terra typica: Alajuela, Costa Rica. — Holotype: Unknown.
1923 *Hyla cherrei* — NIEDEN, Das Tierreich, Berlin, **46:** 253.
1968 *Hyla microcephala microcephala* — DUELLMAN & FOUQUETTE (partim), Univ. Kansas Publ. Mus. nat. Hist., Lawrence, **17:** 526.
1970 *Hyla cherrei* — DUELLMAN, Monogr. Mus. nat. Hist. Univ. Kansas, Lawrence, **1:** 650.

Range: ? Costa Rica.

Hyla chinensis GÜNTHER

1859 *Hyla arborea* var. *chinensis* GÜNTHER, Cat. Batr. Sal. Brit. Mus. (Nat. Hist.), London: 108. — Terra typica: "China." — Holotype: B.M.N.H. no. 1947. 2. 23. 93.
1864 *Hyla chinensis* GÜNTHER, Rept. Brit. India, London: 436.
1882 *Hyla chinensis* — BOULENGER, Cat. Batr. Sal. Brit. Mus. (Nat. Hist.), London: 308.
1901 *Hyla chinensis* (*chinensis* by fiat) — BOETTGER, Ber. Senckenberg. naturf. Ges., Frankfurt-a.-M., **1901:** 53.
1919 *Hyla arborea* var. *sinensis* GEE (nomen emendatum), J. N. China Asiat. Soc., Shanghai, **50:** 184.
1923 *Hyla chinensis chinensis* — NIEDEN, Das Tierreich, Berlin, **46:** 201.
1931 *Hyla chinensis* — POPE, Bull. Amer. Mus. nat. Hist., New York, **61:** 466.
1950 *Hyla chinensis* — LIU. Fieldiana, Zool. Mem., Chicago, **2:** 225.

Range: Southeastern China, Formosa.

Hyla chryses Adler

1956 *Hyla chryses* Adler, Occas. Pap. Mus. zool. Univ. Michigan, Ann Arbor, **642:** 1. — Terra typica: Between "Puerto Chico" and "Asoleadero" (about 45 km. airline west-northwest of Chilpancingo), Guerrero, México, 2540—2600 m. — Holotype: U.M.M.Z. no. 125374.

Discussion: Duellman (1970b: 468).

Range: Sierra Madre del Sur in Guerrero, México.

Hyla chrysocelis Cope

1880 *Hyla femoralis chrysocelis* Cope, Bull. U.S. nation. Mus., Washington, **17:** 29. — Terra typica: Dallas, Texas, U.S.A. — Holotype: A.N.S.P. no. 13672.
1889 *Hyla versicolor chrysocelis* Cope, Bull. U.S. nation. Mus., Washington, **34:** 375.
1947 *Hyla versicolor sandersi* Smith & Brown, Proc. biol. Soc. Washington, **60:** 48. — Terra typica: 8 mi. southwest of Somerset, Atascosa County, Texas, U.S.A. — Holotype: U.S.N.M. no. 123978. (Synonymy fide Johnson, 1966: 361).
1963 *Hyla chrysocelis* — Dunlop, Proc. S. Dakota Acad. Sci., Pierre, **42:** 131.
1966 *Hyla chrysocelis* — Johnson, Texas J. Sci., Austin, **18:** 361.

Discussion: Johnson (1966).

Range: Southeastern North America from eastern North Dakota and Delaware to southern Texas and northern Florida (U.S.A.).

Hyla cinerea (Schneider)

1792 *Calamita carolinensis* Pennant, Arctic Zool., **2:** 331. — Terra typica: Unknown. — Holotype: Unknown. (Synonymy fide Stejneger & Barbour, 1917: 32).
1799 *Calamita cinereus* Schneider, Hist. Amphib., Jena, 1: 174. — Terra typica: "Carolina"; restricted to Charleston, South Carolina, U.S.A. by Schmidt, 1953, Check list N. Amer. Amph. Rept., Chicago, Ed. 6: 69. — Holotype: Unknown.
1800 *Hyla lateralis* Bosc & Daudin, in Daudin, Hist. Nat. Quadr. ovip., Paris, **1:** 21. — Terra typica: Charleston, South Carolina, U.S.A. — Holotype: Unknown. (Synonymy fide Günther, 1859: 105).
1802 *Rana bilineata* Shaw, Gen. Zool., London, **3:** 136. — Terra typica: "Warm and temperate parts of North America"; restricted to Charleston, South Carolina, U.S.A., by Schmidt, 1953, Check list N. Amer. Amph. Rept., Chicago, Ed. 6: 70. — Holotype: Based on pl. 71 in Catesby, 1754, Nat. Hist. Caro. Fla. Bahama Isl., London. (Synonymy fide Günther 1859: 105).
1820 *Calamita lateralis* — Merrem, Tent. Syst. Amphib., Marburg: 171.
1856 *Hyla semifasciata* Hallowell, Proc. Acad. nat. Sci. Philadelphia, 8: 307. — Terra typica: "Texas"; restricted to vicinity of Houston, Texas, U.S.A., by Schmidt, 1953, Check list N. Amer. Amph. Rept., Chicago, Ed. 6: 70. — Syntypes: A.N.S.P. nos. 2024—25. (Synonymy fide Boulenger, 1882: 377).
1859 *Hyla carolinensis* — Günther, Cat. Batr. Sal. Brit. Mus. (Nat. Hist.), London: 105.

1882 *Hyla carolinensis* — BOULENGER, Cat. Batr. Sal. Brit. Mus. (Nat. Hist.), London: 377.
1891 *Hyla cinerea* — GARMAN, Bull. Illinois St. Lab. nat. Hist., Champaign, **3:** 189.
1895 *Hyla cinerea semifasciata* — RHOADS, Proc. Acad. nat. Sci. Philadelphia, **32:** 397.
1899 *Hyla evittata* MILLER, Proc. biol. Soc. Washington, **13:** 75. — Terra typica: Four Mile Run, Fairfax County, Virginia, U.S.A. — Holotype: U.S.N.M. no. 26291. (Synonymy fide DUELLMAN & SCHWARTZ (1958: 241)).
1917 *Hyla cinerea* — STEJNEGER & BARBOUR, Check list N. Amer. Amph. Rept., Cambridge (Massachusetts): 32.
1918 *Hyla cinerea evittata* — DUNN, Copeia, New York etc., **1918:** 21.
1923 *Hyla cinerea cinerea* — STEJNEGER & BARBOUR, Check list N. Amer. Amph. Rept., Ed. 2, Cambridge (Massachusetts): 30.
1923 *Hyla evittata* — NIEDEN, Das Tierreich, Berlin, **46:** 238.
1923 *Hyla cinerea* — NIEDEN, Das Tierreich, Berlin, **46:** 239.
1958 *Hyla cinerea* — DUELLMAN & SCHWARTZ, Bull. Florida St. Mus., Gainesville, **3:** 241.

Range: Southeastern U.S.A.

Hyla circumdata (COPE)

1867 *Hypsiboas circumdatus* COPE (nomen nudum), J. Acad. nat. Sci. Philadelphia, (2) **6:** 200.
1871 *Hypsiboas circumdatus* COPE, Proc. Amer. philos. Soc., Philadelphia, **11:** 555. — Terra typica: Rio de Janeiro, Guanabara, Brasil. — Syntype: M.C.Z. no. 1508; other syntype not traced.
1882 *Hyla circumdata* — BOULENGER, Cat. Batr. Sal. Brit. Mus. (Nat. Hist.), London: 353.
1923 *Hyla circumdata* — NIEDEN, Das Tierreich, Berlin, **46:** 305.
1955 *Hyla crepitans* — COCHRAN (partim), Bull U.S. nation. Mus., Washington, **206:** 66.
1966 *Hyla circundata* BOKERMANN (lapsus pro *Hyla circumdata*), Lista anot. Local. Tipo Anf. Brasil. São Paulo: 68.

Range: Mountains of Guanabara, Rio de Janeiro, and São Paulo in southeastern Brasil.

Hyla claresignata A. LUTZ & B. LUTZ

1939 *Hyla claresignata* A. LUTZ & B. LUTZ, Ann. Acad. Brasil. Sci. Rio de Janeiro **11** (1): 67. — Terra typica: Teresópolis, Rio de Janeiro, Brasil. — Holotype: A.L.—M.N.R.J. no. 1971.

Discussion: COCHRAN (1955: 86).

Range: Serra do Mar in Rio de Janeiro, São Paulo, and Paraná, southeastern Brasil.

Hyla clepsydra A. LUTZ

1925 *Hyla clepsydra* A. LUTZ Compt. Rend. Soc. Biol., Paris, **93:** 211. — Terra typica: Serra da Bocaina, São Paulo, Brasil. — Holotype: A.L.—M.N.R.J. no. 976.

Range: Type locality (São Paulo, Brasil).

Hyla columbiana BOETTGER

1892 *Hyla columbiana* BOETTGER, Kat. Batr.-Samml. Mus. Senckenberg. naturf. Ges., Frankfurt-a.-M.: 41. — Terra typica: Popayán, Departamento Cauca, Colombia. — Lectotype: S.M.F. no. 2365 (designation by MERTENS, 1967, Senckengergiana, Frankfurt-a.-M., 48A: 41).
1923 *Hyla columbiana* — NIEDEN, Das Tierreich, Berlin, **46:** 261.
1944 *Hyla colombiana* — DUNN (nomen emendatum), Rev. Acad. Colomb., Bogotá, **6:** 77.

Discussion: COCHRAN & GOIN (1970: 266).

Range: Highlands of southern Colombia.

Hyla colymba DUNN

1931 *Hyla colymba* DUNN, Occas. Pap. Boston Soc. nat. Hist., **5:** 400. — Terra typica: La Loma, Provincia Bocas del Toro, Panamá. — Holotype: M.C.Z. no. 10234.
1952 *Hyla alvaradoi* TAYLOR, Univ. Kansas Sci. Bull., Lawrence, **35:** 882. — Terra typica: Moravia, Provincia Cartago, Costa Rica. — Holotype: K.U. no. 30886. (Synonymy fide DUELLMAN, 1966: 267).
1966 *Hyla colymba* — DUELLMAN, Univ. Kansas Publ. Mus. nat. Hist., Lawrence, **17:** 267.

Range: Caribbean slopes of Costa Rica and western Panamá and Pacific slopes of central and eastern Panamá.

Hyla crassa (BROCCHI)

1877 *Cauphias crassus* BROCCHI, Bull. Soc. philom., Paris (7) **1:** 130. — Terra typica: "Mexico." — Holotype: M.N.H.N. no. 6331.
1882 *Cauphias crassum* BROCCHI (nomen emendatum), Miss. Sci. Mex. Amer. Centr., Batr., Paris, **3:** 64.
1882 *Hyla crassa* — BOULENGER, Cat. Batr. Sal. Brit. Mus. (Nat. Hist.), London: 396.
1887 *Hypsiboas crassus* — COPE, Bull. U.S. nation. Mus., Washington, **32:** 14.
1923 *Hyla crassa* — NIEDEN, Das Tierreich, Berlin, **46:** 248.
1940 *Hyla robustofemora* TAYLOR, Univ. Kansas Sci. Bull., Lawrence, **26:** 398. — Terra typica: Cerro San Felipe, 15 km. northeast of Oaxaca, Oaxaca, México. — Holotype: U.I.M.N.H. no. 25050. (Synonymy fide DUELLMAN, 1964: 486).
1941 *Plectrohyla crassa* — HARTWEG, Occas. Pap. Mus. zool., Univ. Michigan, Ann Arbor, **437:** 1.
1964 *Hyla crassa* — DUELLMAN, Univ. Kansas Publ. Mus. nat. Hist., Lawrence, **15:** 486.

Discussion: CALDWELL (1974).

Range: Cerro San Felipe, Oaxaca, México.

Hyla crepitans WIED

1824 *Hyla crepitans* WIED, Abbild. Naturgesch. Brasil, Weimar, pl. 47, fig. 1. — Terra typica: Tamburil, Jiboya, and Areal da Conquista, Bahia, Brasil (restricted to Tamburil, Bahia, Brasil, by BOKERMANN, 1966: 48). — Syntypes: A.M.N.H. no. 785; other syntypes not traced.

1830 *Hypsiboas crepitans* — WAGLER, Natürl. Syst. Amphib., München: 200.
1841 *Hyla xerophylla* DUMÉRIL and BIBRON, Erpétol. gén., Paris, 8: 549. — Terra typica: "Cayenne." — Holotype: M.N.H.N. no. 752. (Synonymy fide GUIBÉ, 1949: 24).
1841 *Hyla levaillantii* DUMÉRIL & BIBRON, Erpétol. gén., Paris, 8: 550.— Terra typica: "Surinam." — Holotype: M.N.H.N. no. 764. (Synonymy fide BOULENGER, 1882: 352).
1841 *Hyla doumericii* DUMÉRIL and BIBRON, Erpétol. gén., Paris, 8: 551. — Terra typica: "Surinam." — Holotype: M.N.H.N. no. 766. (Synonymy fide BOULENGER, 1882: 352).
1843 *Hypsiboas (Hypsipsophus) xerophyllum* — FITZINGER, Syst. Rept., Wien, 1: 30.
1856 *Hyla (Hylomedusa) crepitans* — BURMEISTER, Erläut, Fauna Brasil, Berlin: 103.
1857 *Hyla pugnax* SCHMIDT, S.Ber. k. Akad. Wiss., math.-nat. Cl., Wien, **24**: 11. — Terra typica: Rio Chiriqui "near" Bocas del Toro, Panamá (ex errore). — Holotype: Unkown. (Synonymy fide BOULENGER 1882: 352).
1867 *Hypsiboas levaillantii* — COPE, J. Acad. nat. Sci., Philadelphia, (2) **6**: 200.
1867 *Hypsiboas xerophyllum* — COPE J. Acad. nat. Sci., Philadelphia, (2) **6**: 200.
1867 *Hypsiboas pugnax* — COPE, J. Acad. nat. Sci. Philadelphia, (2) **6**: 200.
1867 *Hypsiboas doumericii* — COPE, J. Acad. nat. Sci. Philadelphia, (2) **6**: 200.
1867 *Hypsiboas indris* COPE, J. Acad. nat. Sci. Phiadelphia, (2) **6**: 200. — Terra typica: Unknown. "Surinam." Holotype: K.M. no. 1009. (Synonymy fide COCHRAN & GOIN, 1970: 193).
1882 *Hyla crepitans* — BOULENGER (partim), Cat. Batr. Sal. Brit. Mus. (Nat. Hist.), London: 352.
1882 *Hyla indris* — BOULENGER, Cat. Batr. Sal. Brit. Mus. (Nat. Hist.), London: 353.
1923 *Hyla crepitans* — NIEDEN, Das Tierreich, Berlin, **46**: 304.
1923 *Hyla indris* — NIEDEN, Das Tierreich, Berlin, **46**: 305.
1949 *Hyla crepitans* — GUIBÉ, Publ. Mus. nation. Hist. nat., Paris: 24.
1955 *Hyla crepitans* — COCHRAN (partim), Bull. U.S. nation. Mus., Washington, **206**: 66.
1966 *Hyla crepitans* — BOKERMANN, Lista anot. Local. Tipo Anf. Brasil., São Paulo: 48.
1970 *Hyla crepitans* — COCHRAN & GOIN, Bull. U.S. nation. Mus., Washington, **288**: 192.

Discussion: COCHRAN & GOIN (1970: 192) and DUELLMAN (1970b: 247).

Range: Central and northeastern Brasil, Guianas, northern Colombia and Venezuela, eastern Panamá, northern Honduras.

Hyla crospedospila A. LUTZ

1925 *Hyla crospedospila* A. LUTZ, Compt. Rend. Soc. Biol., Paris, **93**: 211. — Terra typica: "Estado do Rio e São Paulo"; restricted to Campo Belo, Itatiaia, Rio de Janeiro, Brasil, by BOKERMANN, (1966: 48). — Syntypes: A.L.—M.N.R.J. nos. 654—55, U.S.N.M. nos. 96926—32, 96934 (M.N.R.J. no. 655 designated as lectotype by BOKERMANN, 1966: 48).
1966 *Hyla crospedospila* — BOKERMANN, Lista anot. Local. Tipo Anf. Brasil., São Paulo: 48.
1973 *Hyla craspedospila* B. LUTZ (nomen emendatum), Brazil. Species *Hyla*, Austin: 151.

Range: Coastal mountains of Rio de Janeiro and São Paulo in southeastern Brasil.

Hyla crucifer Wied

1839 *Hyla crucifer* Wied, Reise N.-Amer., Coblenz, 1: 249. — Terra typica: "Cantonment Leavenworth" (= Fort Leavenworth, Leavenworth County, Kansas, U.S.A.). — Holotype: Unknown.

Range: Eastern North America.

Hyla crucifer crucifer Wied

1839 *Hyla crucifer* Wied, Reise N.-Amer., Coblenz, 1: 249. — Terra typica: "Cantonment Leavenworth" (= Fort Leavenworth, Leavenworth County, Kansas, U.S.A.). — Holotype: Unknown.
1839 *Hylodes pickeringii* Storer, Rep. Comm. Zool. Surv. Massachusetts, Reptiles, Boston: 240. — Terra typica: Danvers, Essex County, Massachusetts, U.S.A. — Holotype: Unknown. (Synonymy fide Stejneger & Barbour, 1917: 32).
1840 *Hyla pickeringii* — Holbrook, N. Amer. Herpetol., Philadelphia, 4: 135.
1859 *Acris pickeringii* — Günther, Cat. Batr. Sal. Brit. Mus. (Nat. Hist.), London: 71.
1882 *Hyla pickeringii* — Boulenger, Cat. Batr. Sal. Brit. Mus. (Nat. Hist.), London: 399.
1917 *Hyla crucifer* — Stejneger & Barbour, Check List N. Amer. Amph. Rept., Cambridge (Massachusetts): 32.
1923 *Hyla pickeringii* — Nieden, Das Tierreich, Berlin, 46: 236.
1939 *Hyla crucifer crucifer* — Harper, Notulae Nat., Acad. nat. Sci. Philadelphia, 27: 1.

Range: Eastern North America from St. Lawrence River and Minnesota southward to eastern Texas and northern Georgia.

Hyla crucifer bartramiana Harper

1939 *Hyla crucifer bartramiana* Harper, Notulae Nat., Acad. nat. Sci. Philadelphia, 27: 1. — Terra typica: Folkston, Charleston County, Georgia, U.S.A. — Holotype: A.N.S.P. no. 21526.

Range: Southeastern U.S.A. in southern Georgia and northern Florida.

Hyla cruentomma Duellman

1972 *Hyla cruentomma* Duellman, Copeia, New York etc., 1972 (2): 266. — Terra typica: Santa Cecilia, Provincia Napo, Ecuador. — Holotypes K.U. no. 126587.

Range: Upper Amazon Basin in Ecuador and Perú.

Hyla cuspidata A. LUTZ

1925 *Hyla cuspidata* A. LUTZ, Compt. Rend. Soc. Biol., Paris, **93:** 211. — Terra typica: Rio de Janeiro, Guanabara, Brasil. — Syntypes: A.L.—M.N.R.J. no. 299—302.

Range: Coastal lowlands of Guanabara and Espírito Santo in southeastern Brasil.

Hyla cyanomma CALDWELL

1974 *Hyla cyanomma* CALDWELL, Occas. Pap. Mus. nat. Hist., Univ. Kansas, Lawrence, **28:** 8. — Terra typica: 1.2 km. north of Cerro Pelón, 1650 m. Oaxaca, México. Holotype: K.U. no. 137014.

Range: Vicinity of type locality (Oaxaca, México).

Hyla cymbalum BOKERMANN

1963 *Hyla cymbalum* BOKERMANN, Neotropica, Buenos Aires, 9 (28): 27. — Terra typica: Campo Grande, Santo Andre, São Paulo, Brasil. — Holotype: W.C.A.B. no. 9153.

Range: Type locality (São Paulo, Brasil).

Hyla debilis TAYLOR

1952 *Hyla debilis* TAYLOR, Univ. Kansas Sci. Bull., Lawrence, **35:** 880. — Terra typica: Isla Bonita, eastern slope of Volcán Poas, Provincia Heredia, Costa Rica, 5600 ft. — Holotype: K.U. no. 28184.

Discussion: DUELLMAN (1970b: 289).

Range: Caribbean slopes of Costa Rica and western Panamá.

Hyla decipiens A. LUTZ

1925 *Hyla decipiens* A. LUTZ, Compt. Rend. Soc. Biol. Paris, **93:** 212. — Terra typica: Rio de Janeiro, Guanabara, Brasil. — Syntypes: A.L.—M.N.R.J. nos. 90—91, U.S.N.M. no. 96194.

Range: Coastal region of eastern Brasil from Pernambuco to Rio de Janeiro.

Hyla decipiens decipiens A. LUTZ

1925 *Hyla decipiens* A. LUTZ, Compt. Rend. Soc. Biol. Paris, **93:** 212. — Terra typica: Rio de Janeiro, Guanabara, Brasil. — Syntypes: A.L.—M.N.R.J. nos. 90—91, U.S.N.M. no. 96194.
1973 *Hyla decipiens decipiens* — B. LUTZ, Brazil. Species *Hyla*, Austin: 208.

Range: Coastal lowlands of Espírito Santo, Rio de Janeiro, and Guanabara, southeastern Brasil.

Hyla decipiens branneri Cochran

1948 *Hyla bipunctata branneri* Cochran, J. Washington Acad. Sci., **38: 316.** — Terra typica: Bonito, Pernambuco, Brasil. — Holotype: U.S.N.M. no. 48861.
1966 *Hyla branneri* — Bokermann, Lista anot. Local. Tipo Brasil., São Paulo: 46.
1973 *Hyla decipiens branneri* — B. Lutz, Brazil. Species *Hyla*, Austin: 212.
1973 *H[yla] scrobiculata* B. Lutz (nomen nudum), Brazil. Species *Hyla*, Austin: 213. *New synonym.*

Range: Coastal region of northeastern Brasil.

Hyla dendroscarta Taylor

1940 *Hyla dendroscarta* Taylor, Proc. U.S. nation. Mus., Washington, **89:** 45. — Terra typica: Cuautlapan, Veracruz, México. — Holotype: U.S.N.M. no. 108679.

Discussion: Duellman (1970b: 434).

Range: Mountains of central Veracruz and northern Oaxaca, México.

Hyla dentei Bokermann

1967 *Hyla dentei* Bokermann, Rev. Brasil. Biol., Rio de Janeiro, **27** (1): 109. — Terra typica: Serra do Navio, Amapá, Brasil. — Holotype: W.C.A.B. no. 35880.

Range: Type locality (Amapá, Brasil).

Hyla denticulenta Duellman

1972 *Hyla denticulenta* Duellman, Occas. Pap. Mus. nat. Hist. Univ. Kansas, Lawrence, **11:** 22. — Terra typica: Charta, 2400 m., Departamento Santander, Colombia. — Holotype: K.U. no. 133451.

Range: Andes of northern Colombia.

Hyla dolloi Werner

1903 *Hyla dolloi* Werner, Zool. Anz., Leipzig, **26:** 253. — Terra typica: "Brasil." — Syntypes: M.R.H.N. no. 6481 (2 specimens).
1923 *Hyla dolloi* — Nieden, Das Tierreich, Berlin, **46:** 297.

Range: Unknown.

Hyla duartei B. Lutz

1951 *Hyla rubra duartei* B. Lutz, O Hospital, Rio de Janeiro, May, **1951:** 705. — Terra typica: Itatiaia, Rio de Janeiro, Brasil. — Holotype: M.N.R.J. no. 3257.
1966 *Hyla duartei* — Bokermann, Lista anot. Local. Tipo Anf. Brasil., São Paulo: 61.

Range: Mountains of southeastern Brasil.

Hyla duartei duartei B. LUTZ

1951 *Hyla rubra duartei* B. LUTZ, O Hospital, Rio de Janeiro, May, **1951:** 705. — Terra typica: Itatiaia, Rio de Janeiro, Brasil. — Holotype: M.N.R.J. no. 3257.
1968 *Hyla [duartei] duartei* — B. LUTZ, Pearce-Sellards Ser., Austin, **10:** 11.
1973 *Hyla duartei duartei* — B. LUTZ, Brazil. Species *Hyla*, Austin: 161.

Range: Serra da Bocaina and Serra da Mantiqueira, southeastern Brasil.

Hyla duartei caldarum B. LUTZ

1968 *Hyla duartei caldrum* B. LUTZ, Pearce-Sellards Ser., Austin, **10:** 11. — Terra typica: Poços de Caldas, Minas Gerais, Brasil. — Holotype: M.N.R.J. no. 4002.

Range: Type locality (Minas Gerais, Brasil).

Hyla ebraccata COPE

1874 *Hyla ebraccata* COPE, Proc. Acad. nat. Sci. Philadelphia, **26:** 69. — Terra typica: Machuca, Departamento Zelaya, Nicaragua. — Holotype: A.N.S.P. no. 2079.
1882 *Hyla leucophyllata* — BOULENGER (partim), Cat. Batr. Sal. Brit. Mus. (Nat. Hist.), London: 387.
1923 *Hyla leucophyllata* — NIEDEN (partim), Das Tierreich, Berlin, **46:** 259.
1954 *Hyla weyerae* TAYLOR, Univ. Kansas Sci. Bull., Lawrence, **36:** 633. — Terra typica: Esquinas Forest Preserve, Las Esquinas, between Palmar and Golfito, Provincia Puntarenas, Costa Rica — Holotype: K.U. no. 34850. (Synonymy fide DUELLMAN, 1966: 267).
1966 *Hyla ebraccata* — DUELLMAN, Univ. Kansas Publ. Mus. nat. Hist., Lawrence, **17:** 267.

Discussion: DUELLMAN (1970b: 227).

Range: Lowlands of southern México and Central America to northwestern Colombia.

Hyla echinata DUELLMAN

1962 *Hyla echinata* DUELLMAN, Trans. Kansas Acad. Sci., **64:** 349. — Terra typica: Campamento Vista Hermosa, 1500 m., Oaxaca, México. — Holotype: U.I.M.N.H. no. 49339.

Discussion: DUELLMAN (1970b: 346).

Range: Sierra de Juárez in northern Oaxaca, México.

Hyla egleri B. LUTZ

1968 *Hyla egleri* B. LUTZ, Pearce-Sellards Ser., Austin, **10:** 8. — Terra typica: Belém, Pará, Brasil. — Holotype: M.N.R.J. no. 4055.

Range: Lowlands from Guyana southeastward to Alagoas. Brasil.

Hyla ehrhardti Müller

1924 *Hyla ehrhardti* Müller, Zool. Anz., Leipzig, **59:** 233. — Terra typica: Humboldt, Santa Catarina, Brasil. — Holotype: Formerly Z.S.M. no. 80/1921; destroyed.

Range: Type locality (Santa Catarina, Brasil).

Hyla elaeochroa Cope

1876 *Hyla elaeochra* Cope, J. Acad. nat. Sci. Philadelphia, (2) **8:** 105. — Terra typica: East foot of mountains near Sipurio, Provincia Limón, Costa Rica. — Lectotype: U.S.N.M. no. 30689 (designated by Cochran, 1961, Bull. U.S. nation. Mus., Washington, **220:** 53).
1882 *Hyla elaeochroa* — Boulenger, Cat. Batr. Sal. Brit. Mus. (Nat. Hist.), London: 399.
1886 *Hyla quinquevittata* Cope, Proc. Amer. philos. Soc., Philadelphia, **23:** 273. — Terra typica: "Nicaragua." — Holotype: U.S.N.M. no. 14187. (Synonymy fide Taylor, 1952: 859).
1923 *Hyla quinquevittata* — Nieden (partim), Das Tierreich, Berlin, **46:** 251.
1923 *Hyla elaeochroa* — Nieden (partim), Das Tierreich, Berlin, **46:** 256.
1932 *Hyla rubra* — Dunn & Emlen (partim), Proc. Acad. nat. Sci. Philadelphia, **84:** 25.
1952 *Hyla elaeochroa* — Taylor, Univ. Kansas Sci. Bull., Lawrence, **35:** 859.
1958 *Hyla dulcensis* Taylor, Univ. Kansas Sci. Bull., Lawrence, **39:** 37. — Terra typica: Golfito, Provincia Puntarenas, Costa Rica. — Holotype: K.U. no. 32168. (Synonymy fide Duellman, 1966: 270).
1966 *Hyla elaeochroa* — Duellman, Univ. Kansas Publ. Mus. nat. Hist., Lawrence, 17: 270.

Discussion: Duellman (1970b: 188).

Range: Caribbean lowlands from Nicaragua to western Panamá; Pacific lowlands of Golfo Dulce region in Costa Rica and Panamá.

Hyla epacrorhina Duellman

1972 *Hyla epacrorhina* Duellman, Zool. Meded., Leiden, **47:** 182. — Terra typica: Pilcopata, Departamento Cuzco, Perú. — Holotype: K.U. no. 139247.

Range: Amazonian lowlands of southeastern Perú and northeastern Bolivia.

Hyla erythromma Taylor

1937 *Hyla erythromma* Taylor, Proc. biol. Soc. Washington, **50:** 48. — Terra typica: Agua del Obispo, Guerrero, México. — Holotype: F.M.N.H. no. 100083.

Discussion: Duellman (1970b: 292).

Range: Mountains of southern México (Sierra Madre del Sur in Guerrero; Sierra de Juárez in Oaxaca).

Hyla euphorbiacea GÜNTHER

1859 *Hyla euphorbiacea* GÜNTHER, Cat. Batr. Sal. Brit. Mus. (Nat. Hist.). London: 109. — Terra typica: "Mexico"; Córdoba, Veracruz, México; and "Cordilleras," México. — Syntypes: B.M.N.H. nos. 1947. 2. 24. 15—16 (México), 1947. 2. 24. 17 (Córdoba), 1947. 2. 24. 18—19 (Cordilleras).
1899 *Hyliola bocourti* MOCQUARD, Nour. Arch. Mus. Paris, (4) **1:** 341. — Terra typica: Alta Verapaz, Guatemala. — Syntypes: M.N.H.N. no. 1266 (2 specimens), 6370 (6 specimens), 6371 (6 specimens). (Synonymy fide DUELLMAN, 1970: 505).
1901 *Hyla bocourti* — GÜNTHER, Biol. Centr. Amer., Rept. Batr. London: 263.
1923 *Hyla euphorbiacea* — NIEDEN Das Tierreich, Berlin, **46:** 245.
1923 *Hyla bocourti* — NEIDEN, Das Tierreich, Berlin, **46:** 249.
1970 *Hyla euphorbiacea* — DUELLMAN, Monogr. Mus. nat. Hist. Univ. Kansas, **1:** 105.

Range: Highlands of southern México (central Veracruz to Oaxaca) and Alta Verapaz, Guatemala.

Hyla eurydice BOKERMANN

1968 *Hyla eurydice* BOKERMANN, J. Herpetol., **1:** 29. — Terra typica: Fazenda Santa Onofre, 10 km. east of Maracás, Brasil. — Holotype: W.C.A.B. no. 31795.

Range: Type locality (Maracás, Brasil).

Hyla eximia BAIRD

1854 *Hyla eximia* BAIRD, Proc. Acad. nat. Sci. Philadelphia **7:** 61. — Terra typica: "Valley of Mexico," México. — Syntypes: U.S.N.M. no. 3248 (2 specimens).
1865 *Hyla gracilipes* COPE, Proc. Acad. nat. Sci. Philadelphia, **17:** 194. — Terra typica: Mirador, Veracruz, México. — Syntypes: U.S.N.M. nos. 15318—21. (Synonymy fide GÜNTHER, 1901: 262).
1882 *Hyla eximia* — BOULENGER, Cat. Batr. Sal. Brit. Mus. (Nat. Hist.), London: 378.
1882 *Hyla gracilipes* — BOULENGER, Cat. Batr. Sal. Brit. Mus. (Nat. Hist.) London: 378.
1887 *Hyla eximia eximia* — COPE, Bull. U.S. nation. Mus., Washington, **32:** 14.
1901 *Hyla eximia* — GÜNTHER, Biol. Centr. Amer., Rept. Batr., London: 261.
1923 *Hyla eximia* — NIEDEN, Das Tierreich, Berlin, **46:** 245.
1932 *Hyla eximia* — KELLOGG (partim), Bull. U.S. nation. Mus., Washington, **160:** 164.
1932 *Hyla gracilipes* — KELLOGG (partim), Bull. U.S. nation. Mus., Washington, **160:** 168.
1939 *Hyla cardenasi* TAYLOR, Univ. Kansas Sci. Bull., Lawrence, **25:** 430. — Terra typica: Puebla, Puebla, México. — Holotype: U.S.N.M. no. 84403. (Synonymy fide DUELLMAN, 1970: 499).
1939 *Hyla wrightorum* TAYLOR, Univ. Kansas Sci. Bull., Lawrence, 25: 436. — Terra typica: 11 mi. south of Springerville, Apache County, Arizona, U.S.A. — Holotype: U.M.M.Z. no. 79141. (Synonymy fide DUELLMAN, 1970: 499).

1941 *Hyla arboricola* TAYLOR, Univ. Kansas Sci. Bull., Lawrence, **27:** 118. — Terra typica: 6 mi. east of Omilteme, Guerrero, México. — Holotype: F.M.N.H. no. 100131. (Synonymy fide DUELLMAN, 1970: 499).
1953 *Hyla eximia wrightorum* — SCHMIDT, Check list N. Amer. Amph. Rept., Chicago, Ed. 6: 71.
1957 *Hyla microeximia* MASLIN, Herpetologica, Chicago etc., **13:** 81. — Terra typica: 3 mi. northwest of Jocotepec, Jalisco, México. — Holotype: U.S.N.M. no. 139246. (Synonymy fide DUELLMAN, 1961: 49).
1961 *Hyla eximia* — DUELLMAN, Univ. Kansas Publ. Mus. nat. Hist., Lawrence, **15:** 49.
1966 *Hyla regilla wrightorum* — JAMESON, MACKEY & RICHMOND, Proc. Californ. Acad Sci., San Francisco, (4) **33:** 594.
1970 *Hyla eximia* — DUELLMAN, Monogr. Mus. nat. Hist. Univ. Kansas, Lawrence, **1:** 499.

Range: Highlands of southwestern United States (Arizona and New Mexico) and México southward to Guerrero, Morelos, and Puebla.

Hyla faber WIED

1821 *Hyla faber* WIED, Reise nach Brasilien, Frankfurt-a.-M., **2:** 249. — Terra typica: Santa Inês ("Fazenda St. Agnes"), Bahia, Brasil. — Holotype: Unknown.
1859 *Hyla maxima* — GÜNTHER (partim), Cat. Batr. Sal. Brit. Mus. (Nat. Hist.), London: 99.
1882 *Hyla faber* — BOULENGER, Cat. Batr. Sal. Brit. Mus. (Nat. Hist.), London: 351.
1911 *Hyla wachei* NIEDEN, S.Ber. Ges. naturf. Fr. Berlin, **1911:** 285. — Terra typica: Dire Daua, Abyssinia (ex errore). — Holotype: Z.M.B. no. 21901. (Synonymy fide NOBLE, 1926: 15).
1923 *Hyla wachei* NIEDEN, Das Tierreich, Berlin, **46:** 202.
1923 *Hyla faber* — NIEDEN, Das Tierreich, Berlin, **46:** 283.
1926 *Hyla faber* — NOBLE, Amer. Mus. Novit., New York, **212:** 15.
Discussion: B. LUTZ (1973: 11).

Range: Eastern and southeastern Brasil.

Hyla fasciata GÜNTHER

1859 *Hyla fasciata* GÜNTHER, Cat. Batr. Sal. Brit. Mus. (Nat. Hist.), London: 100. — Terra typica: "Andes of Ecuador." — Holotype: B.M.N.H. no. 58. 4. 25. 22.
1862 *Hypsiboas fasciatus* — COPE, Proc. Acad. nat. Sci. Philadelphia, **14:** 354.
1882 *Hyla fasciata* — BOULENGER (partim), Cat. Batr. Sal. Brit. Mus. (Nat. Hist.), London: 359.
1923 *Hyla calcarata* — NIEDEN (partim), Das Tierreich, Berlin, **46:** 306.
1973 *Hyla fasciata* — DUELLMAN, Copeia, New York etc., **1973** (3): 323.
Comment: *Calamita fasciatus* SCHNEIDER (1799, Hist. Amphib., Jenae, **1:** 172) is a name that has been questionably associated with *Hyla* (NIEDEN, 1923, Das Tierreich, Berlin, **46:** 316). The poor description and the absence of a type specimen does not permit the association of this name with a known population. The name *Calamita fasciatus* SCHNEIDER, 1799, qualifies as a nomen oblitum.

Range: Guianas and upper Amazon Basin from Ecuador to Bolivia.

Hyla favosa Cope

1886 *Hyla favosa* Cope, Proc. Amer. philos. Soc., Philadelphia, **23:** 95. — Terra typica: Pebas, Departamento Loreto, Perú. — Holotype: A.N.S.P. no. 11398.
1923 *Hyla favosa* — Nieden, Das Tierreich, Berlin, **46:** 269.
1970 *Hyla reticulata* — Cochran & Goin (partim), Bull. U.S. nation. Mus., Washington, **288:** 306.
1974 *Hyla favosa* — Duellman, Occas. Pap. Mus. nat. Hist. Univ. Kansas, Lawrence, 27: 17.

Range: Upper Amazon Basin in Ecuador, Perú, Bolivia, and western Brasil.

Hyla femoralis Bosc

1800 *Hyla femoralis* Bosc, in Daudin, Hist. Nat. Quadrup. ovip., Paris, **1:** 10. — Terra typica: "La Caroline"; restricted to Charleston, South Carolina, U.S.A., by Schmidt, 1953, Check List N. Amer. Amph. Rept., Chicago, Ed. 6: 71. — Holotype: Unknown.
1820 *Calamita femoralis* — Merrem, Syst. Amphib. Marburg: 171.
1830 *Auletris femoralis* — Wagler, Natürl. Syst. Amphib., München: 201.
1882 *Hyla femoralis* — Boulenger, Cat. Batr. Sal. Brit. Mus. (Nat. Hist.), London: 398.
1923 *Hyla femoralis* — Nieden, Das Tierreich, Berlin, **46:** 240.

Range: Southeastern U.S.A. (Atlantic Coastal Plain from Virginia to Louisiana).

Hyla fimbrimembra Taylor

1948 *Hyla richardi* Taylor (non Baird 1854), Copeia, New York etc., **1948** (4): 233. — Terra typica: American Cinchona Plantation, Provincia Alajuela, Costa Rica. — Holotype: R.C.T. no. 761. (Synonymy fide Duellman, 1970: 348).
1948 *Hyla fimbrimembra* Taylor, Copeia, New York etc., **1948** (4): 235. — Terra typica: Isla Bonita, Provincia Heredia, Costa Rica. — Holotype: R.C.T. no. 764.
1954 *Hyla richardtaylori* Taylor (nomen novum pro *Hyla richardi*), Univ. Kansas Sci. Bull., Lawrence, **36:** 624. (Synonymy fide Duellman, 1970: 348).
1970 *Hyla fimbrimembra* — Duellman, Monogr. Mus. nat. Hist., Univ. Kansas, Lawrence, **1:** 348.

Range: Caribbean slopes of Volcán Poas, Costa Rica.

Hyla flavoguttata A. Lutz & B. Lutz

1939 *Hyla flavoguttata* A. Lutz & B. Lutz, Ann. Acad. Brasil. Sci., Rio de Janeiro, **11:** 75. — Terra typica: Fazenda do Bonito, Serra da Bocaina, São José do Barreiro, São Paulo, Brasil. — Holotype: A.L.—M.N.R.J. no. 2090.
1955 *Hyla strigilata flavoguttata* — Cochran, Bull. U.S. nation. Mus., Washington, **206:** 156.
1966 *Hyla flavoguttata* — Bokermann, Lista anot. Tipo Anf. Brasil., São Paulo: 50.

Range: Mountains of Rio de Janeiro and São Paulo in southeastern Brasil.

Hyla fuentei C. Goin & O. Goin

1968 *Hyla fuentei* C. Goin & O. Goin, Copeia, New York etc., **1968** (3): 581. — Terra typica: Powakka, Suriname District, Surinam. — Holotype: C.M. no. 44218.

Range: Type locality (Suriname District, Surinam).

Hyla funerea (Cope)

1874 *Scytopis funereus* Cope, Proc. Acad. nat. Sci. Philadelphia, **25:** 123. — Terra typica: Moyobamba, Departamento San Martín, Perú. — Syntypes: A.N.S.P. nos. 11396—97.
1882 *Hyla depressiceps* Boulenger, Cat. Batr. Sal. Brit. Mus. (Nat. Hist.), London: 402. — Terra typica: "Ecuador." — Syntypes: B.M.N.H. nos. 1947. 5. 13. 52—53. (Synonymy fide Duellman, 1971: 218).
1882 *Hyla funerea* — Boulenger, Cat. Batr. Sal. Brit. Mus. (Nat. Hist.) London: 404.
1923 *Hyla depressiceps* — Nieden, Das Tierreich, Berlin, **46:** 273.
1923 *Hyla funerea* — Nieden, Das Tierreich, Berlin, **46:** 276.
1941 *Hyla rubra inconspicua* Melin, Kungl. Vetensk.-Vitterh.-Saml. Handl., Göteborg, (B) **1** (4): 34. — Terra typica: Roque, Departamento San Martín, Perú. — Holotype: N.H.M.G. no. 480. (Synonymy fide Duellman, 1971: 218).
1971 *Hyla funerea* — Duellman, Herpetologica, Chicago etc., **27:** 218.

Range: Upper Amazon Basin in Ecuador and northern Perú.

Hyla fusca Laurenti

1768 *Hyla fusca* Laurenti, Synops. Rept., Wien: 34. — Terra typica: Unknown. — Holotype: Unknown.
1799 *Calamita fuscus* — Schneider, Hist. Amphib., Jenae, 1: 174.
1803 *Hyla fusca* — Daudin, Hist. nat. Rain. Gren. Crap., Paris: 40.
1882 *Hyla fusca* — Boulenger, Cat. Batr. Sal. Brit. Mus. (Nat. Hist.), London: 374.
1923 *Hyla fusca* — Nieden, Das Tierreich, Berlin, **46:** 315.

Range: Unknown.

Hyla fuscomarginata A. Lutz

1925 *Hyla fuscomarginata* A. Lutz, Compt. Rend. Soc. Biol. Paris, **93:** 138. — Terra typica: "São Paulo and Belo Horizonte," Brasil; restricted to Belo Horizonte, Minas Gerais, Brasil, by B. Lutz (1973: 165). — Syntypes: A.L.—M.N.R.J. nos. 845—6, U.S.N.M. no. 96964.
1929 *Hyla parkeri* Gaige, Occas. Pap. Mus. Zool. Univ. Michigan, Ann Arbor, **207:** 1. — Terra typica: Buena Vista, Departamento Santa Cruz, Bolivia. — Holotype: U.M.M.Z. no. 67460. (Synonymy fide B. Lutz, 1973: 165).

1936 *Hyla lindneri* MÜLLER & HELLMICH, Wissensch. Ergebn. deutsch. Gran Chaco-Exped. Amphib. Rept., München, **1:** 63. — Terra typica: Formosa, Departamento Formosa, Argentina. — Holotype: Formerly in Z.S.M.; destroyed. (Synonymy fide B. LUTZ, 1973: 165).
1951 *Hyla rubra fuscomarginata* — B. LUTZ, O Hospital, Rio de Janeiro, May, **1951:** 706.
1961 *Hyla squalirostris* — GALLARDO (partim), Comun. Mus. Argentino Cien. Nat., Zool., Buenos Aires, **3:** 155.
1964 *Hyla madeirae* BOKERMANN, Neotropica, Buenos Aires, **10** (31): 5. — Terra typica: Porto Velho, Rondônia, Brasil. — Holotype: W.C.A.B. no. 10768. (Synonymy fide B. LUTZ, 1973: 165).
1973 *Hyla fuscomarginata* — B. LUTZ, Brazil. Species *Hyla*, Austin: 164.

Range: Southern and eastern Brasil, eastern Bolivia, Paraguay and northwestern Argentina.

Hyla fuscovaria A. LUTZ

1925 *Hyla fuscovaria* A. LUTZ, Compt. Rend. Soc. Biol. Paris, **93:** 212. — Terra typica: Água Branca (= Água Limpia), Juiz de Fora, Minas Gerais, Brasil. — Syntypes: A.L.—M.N.R. no. 76, M.C.Z. nos. 15851—2, U.S.N.M. nos. 96988, 96992—4, 97001—5.
1926 *Hyla megapodia* MIRANDA—RIBEIRO (nomen nudum), Arch. Mus. nac., Rio de Janeiro, **27:** pl. V. (Synonymy fide B. LUTZ, 1973: 127).
1936 *Hyla trachythorax* MÜLLER & HELLMICH, Wissensch. Ergebn. deutsch. Gran Chaco-Exped. Amphib. Rept., München, **1:** 73. — Terra typica: San Luis, Apa-Bergland, Paraguay. — Syntypes: Z.S.M. no. 156 (2 specimens): destroyed. (Synonymy fide B. LUTZ, 1973: 127).
1937 *Hyla megapodia* MIRANDA—RIBEIRO, O Campo, Rio de Janeiro, May, **1937:** 67. — Terra typica: São Luis de Cáceres, Mato Grosso, Brasil. — Syntypes: M.N.R.J. no. 223 (2 specimens). (Synonymy fide B. LUTZ, 1973: 127).
1955 *Hyla raniceps* — COCHRAN (partim), Bull. U.S. nation. Mus., Washington, **206:** 96.
1955 *Hyla fuscovaria* — COCHRAN, Bull. U. S. nation. Mus., Washington, **206:** 137.
1973 *Hyla fuscovaria* — B. LUTZ, Brazil. Species *Hyla*, Austin, 127.

Range: Southern and southeastern Brasil, northern Argentina, Paraguay, and eastern Bolivia.

Hyla garbei (MIRANDA—RIBEIRO)

1926 *Garbeana garbei*, MIRANDA—RIBEIRO, Arch. Mus. nacion. Rio de Janeiro, **27:** 96. — Terra typica: Eirunepé, Rio Juruá, Amazonas, Brasil. — Holotype: M.Z.U.S.P. no. 277.
1941 *Hyla lutzi* MELIN, Kungl. Vetensk.-Vitterh.-Same. Handl., Göteborg, (B) **1** (4): 36. — Terra typica: Manáus, Amazonas, Brasil. — Holotype: N.H.M.G. no. 481. (Synonymy fide DUELLMAN, 1970: 536).
1952 *Hyla (Garbeana) garbei* — B. LUTZ & KLOSS, Mem. Inst. Oswaldo Cruz, Rio de Janeiro, **50:** 648.
1961 *Osteocephalus garbei* — GOIN, Ann. Carnegie Mus., Pittsburgh, **36:** 13.
1966 *Osteocephalus planiceps* — BOKERMANN (partim), Lista anot. Local. Tipo Anf. Brasil., São Paulo: 41.

1968 *Hyla rostrata* — RIVERO (partim), Acta biol. Venez., Caracas, **6:** 133.
1970 *Hyla garbei* — DUELLMAN, Copeia, New York etc., **1970** (3): 536.

Discussion: DUELLMAN (1970a: 536).

Range: Middle and upper Amazon Basin in Colombia, Ecuador, northern Perú, and Brasil.

Hyla geographica SPIX

1824 *Hyla geographica* SPIX, Spec. nov. Testud. Ran. Brasil., Monaco: 39. — Terra typica: Rio Tefé, Amazonas, Brasil. — Holotype: Formerly in Z.S.M.; now lost.

1824 *Hyla geographica* var. *semilineata* SPIX, Spec. nov. Testud. Ran. Brasil., Monaco: 40. — Terra typica: Rio de Janeiro, Guanabara, Brasil. — Holotype: Formerly in Z.S.M.; now lost. (Synonymy fide BOKERMANN, 1966: 51).

1830 *Hypsiboas geographica* — WAGLER, Natürl. Syst. Amphib., München: 200.

1856 *Hyla (Centrotelma) geographica* — BURMEISTER, Erläut. Fauna Brasil., Berlin: 99.

1862 *Hylella punctatissima* REINHARDT & LÜTKEN, Vidensk. Meddel. naturhist. Foren Kjøbenhavn; **1:** 200. — Terra typica: Tabuleiro Grande near Lagôa Santa, Minas Gerais, Brasil. — Holotype: Z.S.M. no. R1436. (Synonymy fide Müller, 1922: 170).

1867 *Centrotelma geographica* — COPE, J. Acad. nat. Sci. Philadelphia, (2) **6:** 204.

1867 *Centrotelma cryptomelan* COPE, J. Acad. nat. Sci. Philadelphia, (2) **6:** 204. — Terra typica: "Bahia," Brasil. — Holotype: M.C.Z. no. 1530. (Synonymy fide DUELLMAN, 1973: 526).

1870 *Cophomantis punctillata* PETERS, M.Ber. k. preuss. Akad. Wiss. Berlin, **1870:** 651. — Terra typica: Santa Catarina, Brasil. — Holotype: Z.M.B. no. 6953. (Synonymy fide DUELLMAN, 1973: 526).

1873 *Hyla maxima* — PETERS (partim), M.Ber. k. preuss. Akad. Wiss. Berlin, **1873:** 218.

1873 *Hyla faber* — PETERS (partim), M.Ber. k. preuss. Akad. Wiss. Berlin, **1873:** 218.

1882 *Hyla maxima* — BOULENGER (partim), Cat. Batr. Sal. Brit. Mus. (Nat. Hist.), London: 349.

1882 *Hyla appendiculata* BOULENGER, Cat. Batr. Sal. Brit. Mus. (Nat. Hist.), London: 349. — Terra typica: "Bahia. Santarem. interior of Brazil. Brazil. Canelos, Ecuador. Sarayacu, Ecuador"; restricted to Canelos, Ecuador, by COCHRAN & GOIN (1970, Bull. U.S. nation. Mus., Washington, 288: 204). — Syntypes: B.M.N.H. nos. 1947. 2. 13. 1 (Canelos), 1947. 2. 13. 2—3 (Santarém), 1947. 2. 13. 4—5 (Canelos), 1947. 2. 13. 6 (Bahia), 1947. 2. 13. 7 (interior of Brasil), 1947. 2. 13. 8 (Brasil), 1947. 2. 13. 9 (Sarayacu); B.M.N.H. no. 1947. 2. 13. 1 designated as lectotype by PARKER (1933, Trop. Agric. Trinidad, Port of Spain, 10: 5). (Synonymy fide DUELLMAN, 1973: 526).

1882 *Hyla cryptomelas* — BOULENGER, Cat. Batr. Sal. Brit. Mus. (Nat. Hist.), London: 350.

1882 *Hyla faber* — BOULENGER (partim), Cat. Batr. Sal. Brit. Mus. (Nat. Hist.), London: 351.

1882 *Hyla punctillata* — BOULENGER, Cat. Batr. Sal. Brit. Mus. (Nat. Hist.), London: 359.

1882 *Hyla punctatissima* — BOULENGER, Cat. Batr. Sal. Brit. Mus. (Nat. Hist.), London: 395.

1922 *Hyla geographica* — MÜLLER, Blätter Aqu.-Terr.-Kurde, Stuttgart, **33:** 170.
1923 *Hyla faber* — NIEDEN (partim), Das Tierreich, Berlin, **46:** 283.
1923 *Hyla punctillata* — NIEDEN, Das Tierreich, Berlin, **46:** 286.
1923 *Hyla punctatissima* — NIEDEN, Das Tierreich, Berlin, **46:** 286.
1923 *Hyla maxima* — NIEDEN (partim), Das Tierreich, Berlin, **46:** 300.
1923 *Hyla appendiculata* — NIEDEN, Das Tierreich, Berlin, **46:** 301.
1923 *Hyla cryptomelas* — NIEDEN, Das Tierreich, Berlin, **46:** 302.
1933 *Hyla punctatissima appendiculata* — PARKER, Trop. Agric. Trinidad, Port of Spain, **10:** 5.
1933 *Hyla punctatissima punctatissima* — PARKER, Trop. Agric. Trinidad, Port of Spain. **10:** 5.
1935 *Hyla geographica geographica* — PARKER, Proc. Zool. Soc. London, **1935:** 512.
1935 *Hyla geographica punctatissima* — PARKER, Proc. zool. Soc. London, **1935:** 512.
1966 *Hyla geographica* — BOKERMANN, Lista anot. Local. Tipo Anf. Brasil., São Paulo: 51.
1973 *Hyla geographica* — DUELLMAN, Copeia, New York etc., **1973** (3): 526.

R a n g e: Tropical South America east of the Andes; Trinidad.

Hyla ginesi RIVERO

1961 *Hyla loveridgei* RIVERO (non NEILL 1954), Bull. Mus. comp. Zool., Cambridge (Massachusetts), **126:** 108. — T e r r a t y p i c a: Pico Culebra, Cerro Duida, Territorio Amazonas, Venezuela. — H o l o t y p e: M.C.Z. no. 28565.
1963 *Hyla ginesi* RIVERO (nomen novum pro *Hyla loveridgei*), Carib. J. Sci., Mayagüez, **3:** 28.

R a n g e: Type locality (Amazonas, Venezuela).

Hyla godmani GÜNTHER

1901 *Hyla godmani* GÜNTHER, Biol. Centr. Amer., Rept. Batr., London: 275. — T e r r a t y p i c a: Misantla, Veracruz, México. — L e c t o t y p e: B.M.N.H. no. 1901. 12. 19. 96 (designated by DUELLMAN, **1964: 455**).
1939 *Hyla rickardsi* TAYLOR, Univ. Kansas Sci. Bull., Lawrence, **25:** 385. — T e r r a t y p i c a: Potrero Viejo, Veracruz, México. — H o l o t y p e: F.M.N.H. no. 100077. (Synonymy fide DUELLMAN, **1964:** 455.)
1964 *Hyla godmani* — DUELLMAN, Copeia, New York etc., **1964** (2): 455.

D i s c u s s i o n: DUELLMAN (1970b: 356).

R a n g e: Lowlands of Veracruz, México.

Hyla goinorum BOKERMANN

1962 *Hyla goinorum* BOKERMANN, Neotropica, Buenos Aires, 8 (27): 86. — T e r r a t y p i c a: Tarauacá, Acre, Brasil. — H o l o t y p e: W.C.A.B. no. 1401.

R a n g e: Type locality (Acre, Brasil).

Hyla grandisonae Goin

1966 *Hyla grandisonae* Goin, Quart. J. Florida Acad. Sci., Gainesville, **29** (1): 39. — Terra typica: Mazaruni, Guyana. — Holotype: B.M.N.H. no. 1938. 10. 3. 25.

Range: Type locality (Mazaruni, Guyana).

Hyla granosa Boulenger

1882 *Hyla granosa* Boulenger, Cat. Batr. Sal. Brit. Mus. (Nat. Hist.), London: 358. — Terra typica: Demerara Falls, Guyana; Santarém, Pará, Brasil; "Interior of Brasil"; Canelos, Provincia Pastaza, Ecuador (restricted to Canelos by Duellman, 1974: 8). — Syntypes: B.M.N.H. nos. 1947. 2. 12. 93 (Demerara Falls), 1947. 2. 12. 94—96 (Santarém), 1947. 2. 12. 97—98 ("Interior of Brasil"), 1947. 2. 12. 99 (Canelos); 1947. 212. 99 designated lectotype by Duellman (1974: 8).

1923 *Hyla granosa* — Nieden, Das Tierreich, Berlin, **46**: 301.

1923 *Hyla ornatissima* Noble, Zoologica, New York, **3**: 291. — Terra typica: Meamu, Mazaruni River, Guyana. — Holotype: A.M.N.H. no. 13491. (Synonymy fide Rivero, 1971: 181).

1941 *Hyla granosa gracilis* Melin, Kungl. Vetensk.-Vitterh.-Saml. Handl., Göteborg, (B) **1** (4): 21. — Terra typica: Rio Uaupés, north of Ipanoré, Amazonas, Brasil. — Syntypes: N.H.M.G. no. 467 (2 specimens). (Synonymy fide Rivero, 1971: 181).

1941 *Hyla granosa* (*granosa* by fiat) — Melin, Kungl. Vetensk.-Vitterh.-Saml. Handl., Göteborg, (B) **1** (4): 21.

1970 *Hyla punctata* — Cochran & Goin (partim), Bull. U.S. nation. Mus., Washington, **288**: 222.

1970 *Hyla granosa* — Cochran & Goin, Bull. U.S. nation. Mus., Washington, **288**: 231.

1971 *Hyla granosa* — Rivero, Carib. J. Sci., Mayagüez, **11**: 181.

1973 *Hyla inornata* Lutz (nomen nudum), Brazil. Species *Hyla*, Austin: 70. (Synonymy fide Duellman, 1974: 8).

1974 *Hyla granosa* — Duellman, Occas. Pap. Mus. nat. Hist. Univ. Kansas, Lawrence, **27**: 8.

Range: Guianas and Amazon Basin in Brasil, Colombia, Venezuela, Ecuador, and Perú.

Hyla gratiosa LeConte

1856 *Hyla gratiosa* LeConte, Proc. Acad. nat. Sci. Philadelphia, **8**: 146. — Terra typica: "Lower part of Georgia;" restricted to Liberty County, Georgia, U.S.A., by Schmidt (1953, Check list N. Amer. Amph. Rept., Chicago, Ed. 6: 71). — Holotype: A.N.S.P. no. 2089.

1882 *Hyla gratiosa* — Boulenger, Cat. Batr. Sal. Brit. Mus. (Nat. Hist.), London: 337.

1885 *Epedaphus gratiosus* — Cope, Proc. Amer. philos. Soc., Philadelphia, **22**: 383.

1923 *Hyla gratiosa* — Nieden, Das Tierreich, Berlin, **46**: 241.

Range: Southeastern U.S.A. (North Carolina to eastern Louisiana).

Hyla gryllata DUELLMAN

1973 *Hyla gryllata* DUELLMAN, Herpetologica, Chicago etc., **29:** 219. — Terra typica: Estación Biológica Río Palenque, 56 km. north of Quevedo, Provincia Los Ríos, Ecuador. — Holotype: K.U. no. 146452.

Range: Pacific lowlands of northwestern Ecuador.

Hyla guentheri BOULENGER

1868 *Hyla leucotaenia* GÜNTHER (non BURMEISTER, 1861), Proc. zool. Soc. London, **1868:** 489. — Terra typica: "Rio Grande do Sul," Brasil. — Holotype: B.M.N.H. no. 62. 5. 8. 9.
1882 *Hyla bracteator* — BOULENGER, Cat. Batr. Sal. Brit. Mus. (Nat. Hist.), London: 395.
1886 *Hyla guentheri* BOULENGER (nomen novum pro *Hyla leucotaenia* GÜNTHER), Ann. Mag. nat. Hist., London (5) **18:** 445.
1923 *Hyla guentheri* — NIEDEN, Das Tierreich, Berlin, **46:** 295.

Discussion: B. LUTZ (1973).

Range: Southeastern Brasil (Rio Grande do Sul and Santa Catarina) and northeastern Argentina.

Hyla hallowelli THOMPSON

1912 *Hyla hallowelli* THOMPSON, Herpetol. Not., San Francisco, **2:** 2. — Terra typica: Kikaigashima, Loo Choo Islands, Japan. — Holotype: C.A.S. no. 23808.
1912 *Hyla hallowelli* VAN DENBURGH, Advanc. Diagn., new Rept. Amph., San Francisco: 3. — Terra typica: Kikaigashima, Loo Choo Islands, Japan. — Holotype: C.A.S. no. 23806. (Synonymy fide BARBOUR, 1917: 1).
1917 *Hyla hallowelli* — BARBOUR, Occas. Pap. Mus. zool. Univ. Michigan, Ann Arbor, **11:** 1.
1923 *Hyla hallowelli* — NIEDEN, Das Tierreich, Berlin, **46:** 200.
1947 *Hyla hallowelli hallowelli* — INGER, Fieldiana, Zool., Chicago, **32:** 322.
1947 *Hyla hallowelli schmidti* INGER, Fieldiana, Zool., Chicago, **32:** 322. — Terra typica: Naze, Amamishima, Riu Kiu Islands, Japan. — Holotype: C.A.S. no. 23852. (Synonymy fide NAKAMURA & UENO, 1963: 35).
1963 *Hyla hallowelli* — NAKAMURA & UENO, Japan. Rept. Amphib. Color, Tokyo: 35.

Range: Riu Kiu Islands, Japan.

Hyla haraldschultzi BOKERMANN

1962 *Hyla haraldschultzi* BOKERMANN, Neotropica, Buenos Aires, 8 (27): 88. — Terra typica: Santa Rita do Weill, São Paulo de Olivença, Amazonas, Brasil. — Holotype: W.C.A.B. no. 2896.

Range: Eastern Perú and western Brasil.

Hyla hayii BARBOUR

1909 *Hyla hayii* BARBOUR, Proc. New England Zool. Club, Boston, **4:** 51. —

T e r r a t y p i c a: Petrópolis, Rio de Janeiro, Brasil. — H o l o t y p e: M.C.Z. no. 2513.
1923 *Hyla hayii* — NIEDEN, Das Tierreich, Berlin, **46:** 287.

R a n g e: Serra do Mar from Rio de Janeiro to Santa Catarina in southeastern Brasil.

Hyla hazelae TAYLOR

1940 *Hyla hazelae* TAYLOR, Univ. Kansas Sci. Bull., Lawrence, **26:** 385. — T e r r a t y p i c a: Cerro San Felipe, 15 km northeast of Oaxaca, Oaxaca, México, — H o l o t y p e: F.M.N.H. no. 100047.

D i s c u s s i o n: DUELLMAN (1970b: 385).

R a n g e: Mountains of central Oaxaca, México.

Hyla heilprini NOBLE

1923 *Hyla heilprini* NOBLE, Amer. Mus. Novitates, New York, **61:** 1. — T e r r a t y p i c a: Lo Bracito, Provincia Pacificador, Dominican Republic. — H o l o t y p e: A.M.N.H. no. 11401.

R a n g e: Hispaniola, West Indies.

Hyla helenae RUTHVEN

1919 *Hyla helenae* RUTHVEN, Occas. Pap. Mus. zool. Univ. Michigan, Ann Arbor, **69:** 10. — T e r r a t y p i c a: Valley of the Demerara River, Guyana. — H o l o t y p e: U.M.M.Z. no. 52681.

R a n g e: Type locality (Demerara River, Guyana).

Hyla humilis B. LUTZ

1954 *Hyla humilis* B. LUTZ, Mem. Inst. Oswaldo Cruz, Rio de Janeiro, **52:** 160. — T e r r a t y p i c a: Rio Babí, Nova Igaçu, Rio de Janeiro, Brasil. — H o l o t y p e: M.N.R.J. no. 2248.

R a n g e: Coastal lowlands of Guanabara and Rio de Janeiro in southeastern Brasil.

Hyla hypselops (COPE)

1870 *Hypsiboas hypselops* COPE, Proc. Amer. philos. Soc., Philadelphia, **11:** 554. — T e r r a t y p i c a: Pebas, Departamento Loreto, Perú. — H o l o t y p e: Unknown.
1882 *Hyla hypselops* — BOULENGER, Cat. Batr. Sal. Brit. Mus. (Nat. Hist.), London: 353.
1923 *Hyla hypselops* — NIEDEN, Das Tierreich, Berlin, **46:** 268.

R a n g e: Type locality (Loreto, Perú).

Hyla imitator (BARBOUR & DUNN)

1921 *Paludicola imitator* BARBOUR & DUNN, Proc. biol. Soc. Washington, **34:** 160. — Terra typica: Lake Cudajaz (= Lagôa Codojás), Amazonas, Brasil. — Holotype: M.C.Z. no. 345.
1974 *Hyla imitator* — DUELLMAN, Occas. Pap. Mus. nat. Hist. Univ. Kansas, Lawrence, **27:** 8.

Range: Type locality (Amazonas, Brasil).

Hyla inframaculata BOULENGER

1882 *Hyla inframaculata* BOULENGER, Cat. Batr. Sal. Brit. Mus. (Nat. Hist.), London: 354. — Terra typica: Santarém, Pará, Brasil. — Holotype: B.M.N.H. no. 1947. 2. 13. 10.
1923 *Hyla inframaculata* — NIEDEN, Das Tierreich, Berlin, **46:** 302.

Range: Type locality (Pará, Brasil).

Hyla intermixta DAUDIN

1803 *Hyla intermixta* DAUDIN, Hist. nat. Rain. Gren. Crap., Paris: 21. — Terra typica: Unknown. — Holotype: Formerly in M.N.H.N.; now lost.
1923 *Hyla intermixta* — NIEDEN, Das Tierreich, Berlin, **46:** 316.

Range: Unknown.

Hyla juanitae SNYDER

1972 *Hyla juanitae* SNYDER, J. Herpetol., **6:** 5. — Terra typica: 15 km. (by road) northeast of San Vicente de Benítez, 1070 m., Guerrero, México. — Holotype: K.U. no. 128736.

Range: Pacific slopes of Sierra Madre del Sur in Guerrero and Oaxaca, México.

Hyla kennedyi PYBURN

1973 *Hyla kennedyi* PYBURN, J. Herpetol., **7:** 297. — Terra typica: about 110 mi. east-southeast of Puerto Gaitán, Departamento Meta, Colombia. — Holotype: U.T.A. no. 3697.

Range: Llanos of eastern Colombia.

Hyla labialis PETERS

1863 *Hyla labialis* PETERS, M.Ber. k. preuss. Akad. Wiss. Berlin, **1863:** 463. — Terra typica: "Mountains surrounding Bogotá," Departamento Cundinamarca, Colombia. — Holotype: Z.M.B. no. 4913.
1873 *Hyla phaeota* — PETERS (partim), M.Ber. k. preuss. Akad. Wiss. Berlin, **1873:** 618.
1882 *Hyla labialis* — BOULENGER, Cat. Batr. Sal. Brit. Mus. (Nat. Hist.), London: 397.
1923 *Hyla phaeota* — NIEDEN (partim), Das Tierreich, Berlin, **46:** 261.

1966 *Smilisca phaeota* — DUELLMAN & TRUEB (partim), Univ. Kansas Publ. Mus. nat. Hist., Lawrence, **17:** 609.
1970 *Hyla labialis* — COCHRAN & GOIN, Bull. U.S. nation. Mus., Washington, **288:** 251.

Range: Andes of central and northeastern Colombia and western Venezuela.

Hyla labialis labialis PETERS

1863 *Hyla labialis* PETERS, M.Ber. k. preuss. Akad. Wiss. Berlin, **1863:** 463. — Terra typica: "Mountains surrounding Bogotá," Departamento, Cundinamarca, Colombia. — Holotype: Z.M.B. no. 4913.
1882 *Hyla labialis* — BOULENGER, Cat. Batr. Sal. Brit. Mus. nat. Hist., London: 397.
1899 *Hyla vilsoniana* COPE, Philadelphia Mus. Sci. Bull., **1:** 3. — Terra typica: "Neighborhood of Bogota," Departamento Cundinamarca, Colombia. — Syntypes: A.M.N.H. nos. 5456—61, 53822—24. (Synonymy fide DUNN, 1944: 72).
1899 *Hyla creolica* WERNER, Verh. zool.-bot. Ges. Wien, **49:** 483. — Terra typica: Savana near Bogotá and Hacienda Otoño near Bogotá, Departamento Cundinamarca, Colombia. — Syntypes: B.M.N.H. no. 1947. 2. 24. 14, in Z.I.U.G. (Savana); in Z.I.U.G. (Otoño). (Synonymy fide NIEDEN, 1923: 263).
1899 *Hyla servalina* WERNER, Verh. zool.-bot. Ges. Wien, **49:** 483. — Terra typica: Boquerón near Bogotá, Departamento Cundinamarca, Colombia. — Holotype: In Z.I.U.G. (Synonymy fide DUNN, 1944: 72).
1914 *Hyla wilsoniana* PERACCA (nomen emendatum), Mem. Soc. Sci. nat., Neuchâtel, **5:** 108.
1916 *Hyla gularis* WERNER, Zool. Anz., Leipzig, **47:** 302. — Terra typica: Bogotá, Departamento Cundinamarca, Colombia. — Syntypes: In L.M.B. (Synonymy fide DUNN, 1944: 72).
1923 *Hyla phaeota* — NIEDEN (partim), Das Tierreich, Berlin, **46:** 261.
1923 *Hyla vilsoniana* — NIEDEN, Das Tierreich, Berlin, **46:** 263.
1923 *Hyla servalina* — NIEDEN, Das Tierreich, Berlin, **46:** 263.
1940 *Hyla vilsoniana vilsoniana* — HELLMICH, Zool. Anz., Leipzig, **129:** 2.
1944 *Hyla labialis* — DUNN, Rev. Acad. Colomb. Cien. exac., fis., nat., Bogotá, **6:** 72.
1970 *Hyla labialis labialis* — COCHRAN & GOIN, Bull. U.S. nation. Mus., Washington, **288**: 251.

Range: Cordillera Oriental and Bogotá depression in Central Colombia.

Hyla labialis krausi HELLMICH

1940 *Hyla vilsoniana krausi* HELLMICH, Zool. Anz., Leipzig, **129:** 8. — Terra typica: Laguna de la Guitarra, Páramo de Sumapaz, Departamento Cundinamarca, Colombia. — Holotype: Z.S.M. no. 102/1937.
1970 *Hyla labialis krausi* — COCHRAN & GOIN, Bull. U.S. nation. Mus., Washing ton, **288:** 254.

Range: Vicinity of type locality.

Hyla labialis meridensis RIVERO

New Combination

1961 *Hyla vilsoniana meridensis* RIVERO, Bull. Mus. comp. Zool., Cambridge (Massachusetts), **126:** 131. — Terra typica: Mérida, Estado Mérida, Venezuela. — Holotype: M.C.Z. no. 2527.
1970 *Hyla labialis platydactyla* — COCHRAN & GOIN (partim), Bull. U.S. nation. Mus., Washington, **288:** 256.

Range: Mérida Andes of western Venezuela and adjacent northeastern Colombia.

Hyla lancasteri BARBOUR

1928 *Hyla lancasteri* BARBOUR, Proc. New Engl. zool. Club, Boston, **10:** 31. — Terra typica: Peralta, Provincia Cartago, Costa Rica. — Holotype: M.C.Z. no. 13062.
1932 *Hyla boulengeri* — DUNN & EMLEN (partim), Proc. Acad. nat. Sci. Philadelphia, **83:** 25.
1952 *Hyla moraviaensis* TAYLOR, Univ. Kansas Sci. Bull., Lawrence, **35:** 865. — Terra typica: Moravia, Provincia Cartago, Costa Rica. — Holotype: K.U. no. 30284. (Synonymy fide DUELLMAN, 1966: 271).
1966 *Hyla lancasteri* — DUELLMAN, Univ. Kansas Publ. Mus. nat. Hist., Lawrence, **17:** 271.

Discussion: TRUEB (1968: 285) and DUELLMAN (1970b: 312).

Range: Caribbean slopes of Costa Rica and Panamá.

Hyla lanciformis (COPE)

1870 *Hypsiboas lanciformis* COPE, Proc. Amer. philos. Soc., Philadelphia, **11:** 556. — Terra typica: "Ecuador." — Holotype: Unknown.
1882 *Hyla lanciformis* — BOULENGER, Cat. Batr. Sal. Brit. Mus. (Nat. Hist.), London: 361.
1923 *Hyla lanciformis* — NIEDEN, Das Tierreich, Berlin, **46:** 268.

Range: Middle and upper Amazon Basin and north-central Venezuela.

Hyla lanciformis lanciformis (COPE)

1870 *Hypsiboas lanciformis* COPE, Proc. Amer. philos. Soc., Philadelphia, **11:** 556. — Terra typica: "Ecuador." — Holotype: Unknown.
1882 *Hyla lanciformis* — BOULENGER, Cat. Batr. Sal. Brit. Mus. (Nat. Hist.), London: 361.
1921 *Hyla microcentra* WERNER, Zool. Anz., Leipzig, **52:** 180. — Terra typica: "Colombia." — Holotype: Unknown. (Synonymy fide COCHRAN & GOIN, 1970: 189).
1923 *Hyla lanciformis* — NIEDEN, Das Tierreich, Berlin, **46:** 268.
1926 *Hyla hypocellata* MIRANDA-RIBEIRO, Arch. Mus. nacion., Rio de Janeiro, 27: 70. — Terra typica: Eirunepé, Rio Juruá, Amazonas, Brasil. — Holotype: M.Z.U.S.P. no. 236. (Synonymy fide BOKERMANN, 1966: 52).
1966 *Hyla lanciformis* — BOKERMANN, Lista anot. local. Tipo Anf. Brasil., São Paulo: 52.

1970 *Hyla lanciformis* — COCHRAN & GOIN, Bull. U.S. nation. Mus., Washington, **288:** 189.
1971 *Hyla lanciformis lanciformis* — RIVERO, Carib. J. Sci., Mayagüez, **11:** 5.

Range: Middle and upper Amazon Basin in Brasil, Colombia, Ecuador, Perú, and Bolivia.

Hyla lanciformis guerreroi RIVERO

1971 *Hyla lanciformis guerreroi* RIVERO, Carib. J. Sci., Mayagüez, **11:** 4. — Terra typica: Guatopo, Estado Miranda, Venezuela. — Holotype: U.P.R.—M. no. 2635.

Range: Type locality (Miranda, Venezuela).

Hyla langei BOKERMANN

1965 *Hyla langei* BOKERMANN 1965, J. Ohio Herp. Soc., Cincinnati, **5:** 49. — Terra typica: Marumbi, Morretes, Paraná, Brasil. — Holotype: W.C.A.B. no. 30428.

Range: Type locality (Paraná, Brasil).

Hyla larinopygion DUELLMAN

1973 *Hyla larinopygion* DUELLMAN, Herpetologica, Chicago etc., **29:** 224. — Terra typica: Quebrada Santa Tereza, between Popoyán and Quintana, Departamento Cauca, Colombia. — Holotype: K.U. no. 144127.

Range: Type locality (Cauca, Colombia).

Hyla lascinia RIVERO

1969 *Hyla lascinia* RIVERO, Carib. J. Sci., Mayagüez, **9:** 145. — Terra typica: Tabor, above Delicias (opposite Herrán, Colombia), Páramo de Tama, Táchira, Venezuela. — Holotype: M.C.Z. no. 65901.

Range: Type locality (Táchira, Venezuela).

Hyla legleri TAYLOR

1958 *Hyla legleri* TAYLOR, Univ. Kansas Sci. Bull., Lawrence, **39:** 33. — Terra typica: 15 km. west-southwest of San Isidro el General, Provincia San José, Costa Rica. — Holotype: K.U. no. 32932.

Discussion: DUELLMAN (1970b: 333).

Range: Pacific slopes of eastern Costa Rica and western Panamá.

Hyla lemai RIVERO

1971 *Hyla lemai* RIVERO, Carib. J. Sci., Mayagüez, **11:** 183. — Terra typica: Paso del Danto, La Escalera, between El Dorado and Santa Elena de Uairén, 1300—1400 m., Serranía de Lema, Estado Bolívar, Venezuela. — Holotype: U.P.R.-M. no. 3179.

Range: Type locality (Bolívar, Venezuela).

Hyla leucophyllata (BEREIS)

1783 *Rana leucophyllata* BEREIS, Schr. Ges. naturf. Fr. Berlin, **4:** 182. — Terra typica: "Surinam." — Holotype: N.H.R.M. no. 157.
1789 *Hyla leucophylla* GMELIN (lapsus pro *Hyla leucophyllata*), LINN. Syst. Nat., Ed. 13, Leipzig: 1055.
1789 *Rana variegata* BONNATERRE (non LINNAEUS, 1758), Encyclop. method., Erpétol., Paris: 8. — Terra typica: Not designated. — Holotype: Unknown. (Synonymy fide COCHRAN, 1955: 115).
1799 *Calamita leucophyllata* — SCHNEIDER, Hist. Amphib., Jena: 168.
1802 *Hyla frontalis* DAUDIN, Hist. nat. Rain. Gren. Crap., Paris: 17. — Terra typica: "Surinam." — Holotype: M.N.H.N. no. 4868. (Synonymy fide GÜNTHER, 1859: 112).
1820 *Calamita leucophyllatus* — MERREM, Syst. Amphib., Marburg: 173.
1824 *Hyla elegans* WIED, Isis von OKEN, Leipzig, **1824:** 671. — Terra typica: Ponte de Gentio, Rio Alcobaça, Caravelos, Bahia, Brasil. — Holotype: A.M.N.H. no. 784. (Synonymy fide GÜNTHER, 1859: 112).
1829 *Hyla leucophyllata* — GRAVENHORST, Delic. Mus. zool. Vratislav., Leipzig: 31.
1838 *Hypsiboas leucophyllatus* — TSCHUDI, Class. Batr., Neuchâtel: 72.
1843 *Dendropsophus frontalis* — FITZINGER, Syst. Rept., Wien: 31.
1859 *Hyla leucophyllata* — GÜNTHER (partim), Cat. Batr. Sal. Brit. Mus. (Nat. Hist.), London: 112.
1870 *Hyla leucophyllata* (*leucophyllata* by fiat) — COPE, Proc. Amer. philos. Soc., Philadelphia, **11:** 155.
1882 *Hyla leucophyllata* — BOULENGER (partim), Cat. Batr. Sal. Brit. Mus. (Nat. Hist.), London: 387.
1923 *Hyla leucophyllata* — NIEDEN (partim), Das Tierreich, Berlin, **46:** 259.
1955 *Hyla leucophyllata* — COCHRAN (partim), Bull. U.S. nation. Mus., Washington, **206:** 115.

Discussion: DUELLMAN (1974b: 18).

Range: The Amazon Basin, Guianas, and east coast of Brasil southward to São Paulo.

Hyla limai BOKERMANN

1962 *Hyla limai* BOKERMANN, Neotropica, Buenos Aires, 8 (27): 81. — Terra typica: São Vicente, São Paulo, Brasil. — Holotype: W.C.A.B. no. 4.

Range: Type locality (São Paulo, Brasil).

Hyla longilinea B. LUTZ

1968 *Hyla longilinea* B. LUTZ, Pearce-Sellards Ser., Austin, **10:** 5. — Terra typica: Morro de São Domingos, Poços de Caldas, Minas Gerais, Brasil. — Holotype: M.N.R.J. no. 4060.

Range: Type locality (Minas Gerais, Brasil).

Hyla loquax GAIGE & STUART

1934 *Hyla loquax* GAIGE & STUART, Occas. Pap. Mus. Zool., Univ. Michigan, Ann Arbor, **281:** 1. — Terra typica: Ixpuc Aguada, north of La Libertad, Departamento El Petén, Guatemala. — Holotype: U.M.M.Z. no. 75446.
1936 *Hyla stadelmani* SCHMIDT, Proc. biol. Soc. Washington, **49:** 45. — Terra typica: Subirana Valley, Departamento Yoro, Honduras. — Holotype: M.C.Z. no. 21310. (Synonymy fide DUELLMAN, 1966: 271).
1955 *Hyla axillamembrana* SHANNON & WERLER, Trans. Kansas Acad. Sci., Lawrence, **58:** 383. — Terra typica: 5 mi. south of Lago Catemaco on San Andrés Tuxtla-Minatitlan road, Veracruz, México. — Holotype: U.I.M.N.H. no. 67059. (Synonymy fide DUELLMAN, 1960: 62).
1960 *Hyla loquax* — DUELLMAN, Univ. Kansas Publ. Mus. nat. Hist., Lawrence, **13:** 62.
1966 *Hyla loquax* — DUELLMAN, Univ. Kansas Publ. Mus. nat. Hist., Lawrence, **17:** 271.

Discussion: DUELLMAN (1970b: 359).

Range: Atlantic lowlands from southern Veracruz, México, to Costa Rica.

Hyla luteocellata ROUX

1927 *Hyla luteo-ocellata* ROUX, Verh. Naturf. Gesell. Basel, **38:** 260. — Terra typica: El Mene, Estado Falcón, Venezuela. — Holotype: N.H.M.B. no. 3900.

Discussion: RIVERO (1969a: 126).

Range: Northern Venezuela (Lago Maracaibo to Unare Depression).

Hyla machadoi BOKERMANN & SAZIMA

1973 *Hyla machadoi* BOKERMANN & SAZIMA, Rev. Brasil. Biol., Rio de Janeiro, 33: 521. — Terra typica: Kilometer 121, Serra do Cipó, Jaboticatubas, Minas Gerais, Brasil. — Holotype: W.C.A.B. no. 46847.

Range: Type locality (Minas Gerais, Brasil).

Hyla marginata BOULENGER

1887 *Hyla marginata* BOULENGER, Ann. Mag. nat. Hist., London, (5) **20:** 298. — Terra typica: Mundo Nova, Tacuara, Rio Grande do Sul, Brasil. — Holotype: B.M.N.H. no. 1947. 2. 12. 80.
1923 *Hyla marginata* — NIEDEN, Das Tierreich, Berlin, **46:** 292.

Range: Southeastern Brasil (northern Rio Grande do Sul and southern Santa Catarina).

Hyla marianae DUNN

1926 *Hyla marianae* DUNN, Proc. Boston Soc. nat. Hist., **38:** 129. — Terra typica: Spaldings, Clarendon Parish, Jamaica. — Holotype: M.C.Z. no. 11122.

Range: Jamaica, West Indies.

Hyla marmorata (LAURENTI)

1768 *Bufo marmoratus* LAURENTI, Synops. Rept., Wien: 29. — Terra typica: "Surinam." — Holotype: Unknown.
1803 *Hyla marmorata* — DAUDIN, Hist. nat. Rain. Gren. Crap., Paris: 34.
1820 *Calamita marmoratus* — MERREM, Syst. Amphib., Marburg: 174.
1838 *Lophopus marmoratus* — TSCHUDI, Classif. Batr., Neuchâtel: 73.
1843 *Hyla (Lophopus) marmorata* — FITZINGER, Syst. Rept., Wien: 30.
1882 *Hyla marmorata* — BOULENGER, Cat. Batr. Sal. Brit. Mus. (Nat. Hist.), London: 391.
1923 *Hyla marmorata* — NIEDEN, Das Tierreich, Berlin, **46:** 270.
1955 *Hyla marmorata* (*marmorata* by fiat) — COCHRAN, Bull. U.S. nation Mus., Washington, **206:** 174.
1964 *Hyla marmorata* — BOKERMANN, Senck. Biol., Frankfurt-a.-M., **45:** 250.

Range: Upper Amazon Basin in Brasil, Colombia, Ecuador, and Perú; southern Venezuela; Guianas.

Hyla martinsi BOKERMANN

1964 *Hyla martinsi* BOKERMANN, Neotropica, Buenos Aires, **10** (32): 67. — Terra typica: Serra do Caraça, Santa Barbara, Minas Gerais, Brasil. — Holotype: W.C.A.B. no. 14759.

Range: Mountains of central Minas Gerais, Brasil.

Hyla mathiassoni COCHRAN & GOIN

1970 *Hyla mathiassoni* COCHRAN & GOIN, Bull. U.S. nation. Mus., Washington, **288:** 286. — Terra typica: Villavicencio, Departamento Meta, Colombia. — Holotype: F.M.N.H. no. 81779.

Range: Llanos of central Colombia.

Hyla melanomma TAYLOR

1940 *Hyla melanomma* TAYLOR, Univ. Kansas Sci., Bull., Lawrence, **26:** 508. — Terra typica: 7 mi. east of Chilpancingo, Guerrero, México. — Holotype: F.M.N.H. no. 100074.

Range: Pacific slopes of Sierra Madre del Sur in Guerrero and Oaxaca; Atlantic slopes of Chiapas in southern México.

Hyla melanomma melanomma TAYLOR

1940 *Hyla melanomma* TAYLOR, Univ. Kansas Sci., Bull., Lawrence, **26:** 508. — Terra typica: 7 mi. east of Chilpancingo, Guerrero, México. — Holotype: F.M.N.H. no. 100074.

1964 *Hyla bivocata oaxacae* LYNCH in SMITH, LANGEBARTEL & WILLIAMS (nomen nudum), Illinois biol. Monog., Urbana, **32:** 23. — Terra typica:

4 mi. north of El Candelaria, Oaxaca, México. — Holotype: U.I.M.N.H. no. 9121. (Synonymy fide DUELLMAN, 1970: 398).

1966 *Hyla melanomma melanomma* — DUELLMAN, Univ. Kansas Publ. Mus. nat. Hist., Lawrence, **17:** 273.

1970 *Hyla melanomma melanomma* — DUELLMAN, Monog. Mus. nat. Hist. Univ. Kansas, Lawrence, **1:** 398.

Discussion: DUELLMAN (1970b: 398).

Range: Pacific slopes of Sierra Madre del Sur in Guerrero and Oaxaca, México.

Hyla melanomma bivocata DUELLMAN & HOYT

1961 *Hyla bivocata* DUELLMAN & HOYT, Copeia, New York etc., **1969** (4): 414. — Terra typica: Stream above (6.2 km. by road south of) Rayón Mescalapa, Chiapas, México. — Holotype: K.U. no. 58446.

1966 *Hyla melanomma bivocata* — DUELLMAN, Univ. Kansas Publ. Mus. nat. Hist., Lawrence, **17:** 272.

Range: Atlantic slopes of the central highlands of Chiapas, México.

Hyla melanopleura BOULENGER

1912 *Hyla melanopleura* BOULENGER, Ann. Mag. nat. Hist., London, (8) **10:** 185.— Terra typica: Huancabamba, Departamento Pasco, Perú. — Syntypes: B.M.N.H. nos. 1947. 2.13. 54—58.

1923 *Hyla melanopleura* — NIEDEN, Das Tierreich, Berlin, **46:** 276.

Range: Lower Andean slopes in central Perú.

Hyla melanorhabdota (SCHNEIDER)

1799 *Calamita melanorhabdotus* SCHNEIDER, Hist. Amphib., Jena, **1:** 173. — Terra typica: "Brasil." — Holotype: Unknown.

1803 *Hyla melanorhabdota* — DAUDIN, Hist. nat. Rain. Gren. Crap., Paris: 43.

1923 *Hyla melanorhabdota* — NIEDEN, Das Tierreich, Berlin, **46:** 316.

Range: ? Brasil.

Hyla meridionalis BOETTGER

1874 *Hyla arborea* var. *meridionalis* BOETTGER, Abhandl. Senckenberg. naturf. Ges., Frankfurt-a.-M., **9:** 186. — Terra typica: Orotava Valley Tenerife, Canary Islands. — Holotype: S.M.F. no. 1872.

1880 *Hyla perezi* BOSCA, Ann. Soc. Espan. Hist. nat., Madrid, **9:** 181. — Terra typica: Vicinity of Ortez Cabeza del Buey, Provincia Badajoz, Spain. Holotype: Unknown. (Synonymy fide BOULENGER, 1898: 247).

1882 *Hyla arborea* var. *meridionalis* — BOULENGER, Cat. Batr. Sal. Brit. Mus. (Nat. Hist.), London: 380.

1884 *Hyla barytonus* HÉRON-ROYER, Bull. Soc. zool., France, Paris, **9:** 220. — Terra typica: Gironde, France; restricted to Cadillac-sur-Garonne, Gironde, France, by MERTENS & WERMUTH (1960: 50). — Holotype: M.N.H.N. no. 84—787. (Synonymy fide BOULENGER, 1898: 248).

1898 *Hyla arborea* — BOULENGER (partim), Tailless Batr. Europe, London, **2:** 247.

1923 *Hyla arborea meridionalis* — NIEDEN, Das Tierreich, Berlin, **46:** 198.

1924 *Hyla africana* AHL, Arch. Naturgesch., Berlin, (A) **90:** 254. — Terra typica: "Misahohe," Togoland (? ex errore). — Holotype: Z.M.B. no. 27012. (Synonymy fide NOBLE, 1926: 16).
1926 *Hyla arborea meridionalis* — NOBLE, Amer. Mus. Novit., New York, **212:** 16.
1956 *Hyla meridionalis meridionalis* — PARKER, Syst. Assoc. Publ., London, **2:** 11.
1960 *Hyla arborea meridionalis* — MERTENS & WERMUTH, Amph. Rept. Europas, Frankfurt-a.-M.: 49.
1972 *Hyla meridionalis* — HOTZ, Salamandra, Frankfurt-a.-M., **8:** 53.

Comment: CRESPO (1973).

Range: Northwestern Africa and southwestern Europe, including Portugal (Madeira), southern and eastern Spain, southern France, northwestern Italy, Balearic and Canary islands.

Hyla microcephala COPE

1886 *Hyla microcephala* COPE, Proc. Amer. Philos. Soc., Philadelphia, **23:** 281. — Terra typica: "Chiriquí," Panamá. — Syntypes: Formerly U.S.N.M. 13473 (2 specimens); now lost.

Range: Southeastern México, Central America, northern and eastern South America to southeastern Brasil.

Hyla microcephala microcephala COPE

1886 *Hyla microcephala* COPE, Proc. Amer. Philos. Soc., Philadelphia, **23:** 281. — Terra typica: "Chiriquí," Panamá. — Syntypes: Formerly U.S.N.M. 13473 (2 specimens); now lost.
1923 *Hyla microcephala* — NIEDEN, Das Tierreich, Berlin, **46:** 257.
1951 *Hyla microcephala microcephala* — SMITH, Herpetologica, Chicago etc., **7:** 185.

Discussion: DUELLMAN (1970b: 211).

Range: Pacific lowlands of Panamá and southeastern Costa Rica; Caribbean lowlands of Colombia.

Hyla microcephala meridiana B. LUTZ

1954 *Hyla misera meridiana* B. LUTZ, Mem. Inst. Oswaldo Cruz, Rio de Janeiro, **52:** 160. — Terra typica: Rio de Janeiro, Guanabara, Brasil. — Holotype: M.N.R.J. no. 3671.
1966 *Hyla meridiana* — BOKERMANN, Lista anot. Local. Tipo Anf. Brasil., São Paulo: 56.
1973 *Hyla misera meridiana* — B. LUTZ, Brazil. Species *Hyla*, Austin: 214.
1974 *Hyla microcephala meridiana* — DUELLMAN, Occas. Pap. Mus. nat. Hist. Univ. Kansas, Lawrence, **27:** 8.

Range: Coastal lowlands of southeastern Brasil (Espírito Santo, Guanabara, Rio de Janeiro).

Hyla microcephala misera WERNER

1903 *Hyla misera* WERNER, Zool. Anz., Leipzig, **26:** 252. — Terra typica: Caracas, Venezuela. — Holotype: M.R.H.N. no. 4549.

1911 *Hyla goughi* E. G. BOULENGER (partim), Proc. Zool. Soc. London, **1911:** 1082 (Lectotype = *Hyla minuta* PETERS).
1923 *Hyla misera* — NIEDEN, Das Tierreich, Berlin, **46:** 263.
1954 *Hyla misera misera* — B. LUTZ, Mem. Inst. Oswaldo Cruz, Rio de Janeiro, **52:** 160.
1968 *Hyla microcephala misera* — FOUQUETTE, Herpetologica, Chicago etc., **24:** 324.
1971 *Hyla microcephala goughi* — RIVERO, Carib. J. Sci., Mayagüez, **11:** 4.

R a n g e: Lowlands of northeastern South America (Venezuela, Guianas, northeastern Brasil.

Hyla microcephala underwoodi BOULENGER

1898 *Hyla microcephala* BOULENGER (non COPE 1886), Proc. zool Soc. London, **1898:** 481. — T e r r a t y p i c a: Bebedero, Provincia Guanacaste, Costa. Rica. — S y n t y p e s: B.M.N.H. no. 1947. 2.23. 28—29.
1899 *Hyla underwoodi* BOULENGER (nomen novum pro *Hyla microcephala*), Ann. Mag. nat. Hist., London, (7) **3:** 277.
1923 *Hyla underwoodi* — NIEDEN, Das Tierreich, Berlin, **46:** 255.
1951 *Hyla microcephala martini* SMITH, Herpetologica, Chicago etc., 7: 187. — T e r r a t y p i c a: Encarnación, Campeche, México. — H o l o t y p e: U.I.M.N.H. no. 20965. (Synonymy fide DUELLMAN & FOUQUETTE, 1968: 529).
1951 *Hyla microcephala underwoodi* — SMITH, Herpetologica, Chicago etc., **7:** 187.
1968 *Hyla microcephala underwoodi* — DUELLMAN & FOUQUETTE, Univ. Kansas Publ. Mus. nat. Hist., Lawrence, **17:** 529.

R a n g e: Lowlands from southeastern México to Nicaragua and south-central Costa Rica.

Hyla microcephala werneri COCHRAN

1894 *Hyla pygmaea* WERNER (non *Hyperolius pygmaeus* MEYER 1875), Zool. Anz., Leipzig, **17:** 411. — T e r r a t y p i c a: Blumenau, Santa Catarina, Brasil. — H o l o t y p e: Unknown.
1923 *Hyla pygmaea* — NIEDEN, Das Tierreich, Berlin, **46:** 289.
1926 *Hyla pigmaea* MIRANDA-RIBEIRO (error typographicus), Arch. Mus. nacion. Rio de Janeiro, **27:** 83.
1952 *Hyla werneri* COCHRAN (nomen novum pro *Hyla pygmaea*). J. Washington, Acad. Sci., **42:** 50.
1973 *Hyla misera werneri* — B. LUTZ, Brazil. Species *Hyla*, Austin: 216.
1974 *Hyla microcephala werneri* — DUELLMAN, Occas. Pap. Mus. nat. Hist. Univ. Kansas, Lawrence, **27:** 8.

R a n g e: Lowlands of southeastern Brasil (Santa Catarina and São Paulo).

Hyla microps PETERS

1872 *Hyla microps* PETERS, M.Ber. k. preuss. Akad. Wiss. Berlin, **1872:** 682. — T e r r a t y p i c a: Novo Friburgo, Rio de Janeiro, Brasil. — H o l o - t y p e: Z.M.B. no. 7472.

1882 *Hyla microps* — BOULENGER, Cat. Batr. Sal. Brit. Mus. (Nat. Hist.), London: 386.
1920 *Hyla hilli* BOULENGER, Ann. Mag. nat. Hist., London, (9) **5:** 123. — Terra typica: Teresópolis, Rio de Janeiro, Brasil. — Holotype: B.M.N.H. no. 1914.3.20.9. (Synonymy fide COCHRAN, 1955: 177).
1923 *Hyla microps* — NIEDEN, Das Tierreich, Berlin, **46:** 290.
1950 *Hyla giesleri* MERTENS, W.Schr. Aquar.-Terrar.-K., Braunschweig, **44:** 185. — Terra typica: Barro Branco, Rio de Janeiro, Brasil. — Holotype: S.M.F. no. 41217. (Synonymy fide BOKERMANN, 1966: 51).
1955 *Hyla microps* — COCHRAN, Bull. U.S. nation. Mus., Washington, **206:** 177.
1966 *Hyla microps* — BOKERMANN, Lista anot. Tipo Anf. Brasil., São Paulo: 51.

Discussion: DUELLMAN & CRUMP (1974).

Range: Atlantic slopes and lowlands of southeastern Brasil.

Hyla miliaria (COPE)

1886 *Hypsiboas miliarius* COPE, Proc. Amer. philos. Soc., Philadelphia, **23:** 272. — Terra typica: "Nicaragua." — Holotype: U.S.N.M. no. 14193.
1901 *Hyla miliaria* — GÜNTHER, Biol. Centr. Amer., Batr. Rept., London: 283.
1923 *Hyla miliaria* — NIEDEN, Das Tierreich, Berlin, **46:** 252.
1943 *Hyla phantasmagoria* DUNN, Caldasia, Bogotá, **2** (8): 309. — Terra typica: Río Cauca, Antioquia-Bolívar border, Colombia. — Holotype: M.L.S. no. 267. (Synonymy fide DUELLMAN, 1970: 352).
1945 *Plectrohyla miliaria* — TAYLOR & SMITH, Proc. U.S. nation. Mus., Washington, **95:** 596.-
1952 *Hyla immensa* TAYLOR, Univ. Kansas Sci. Bull., Lawrence, **35:** 815. — Terra typica: Instituto Interamericano de Ciéncias Agrícolas, 2 km. east of Turrialba, Provincia Cartago, Costa Rica. — Holotype: K.U. no. 30404. (Synonymy fide DUELLMAN, 1970: 352).
1970 *Hyla miliaria* — DUELLMAN, Monog. Mus. nat. Hist. Univ. Kansas, Lawrence, **1:** 352.

Range: Lower Central America and north-central Colombia.

Hyla minima AHL

1933 *Hyla minima* AHL, Zool. Anz., Leipzig, **104:** 28. — Terra typica: Taperinha, near Santarém, Pará, Brasil. — Holotype: N.H.M.W. no. 19436.

Range: Type locality (Pará, Brasil).

Hyla minuscula RIVERO

1971 *Hyla minuscula* RIVERO, Carib. J. Sci., Mayagüez, **11:** 1. — Terra typica: Nirgua, Estado Yaracay, Venezuela. — Holotype: U.P.R.-M. no. 3377.

Range: Interior Llanos of Venezuela.

Hyla minuta Peters

1872 *Hyla minuta* Peters, M.Ber. k. preuss. Akad. Wiss. Berlin, **1872:** 680. — Terra typica: Novo Friburgo, Rio de Janeiro, Brasil. — Syntypes: Z.M.B. no. 7456 (5 specimens).
1882 *Hyla minuta* — Boulenger, Cat. Batr. Sal. Brit. Mus. (Nat. Hist.), London: 389.
1887 *Hyla velata* Cope, Proc. Amer. philos. Soc., Philadelphia, **24:** 46. — Terra typica: Chapada, Mato Grosso, Brasil. — Syntypes: A.N.S.P. nos. 12285—91; no. 12287 here designated as lectotype. (Synonymy fide Cochran, 1955: 119).
1888 *Hyla bivittata* Boulenger, Ann. Mag. nat. Hist., London, (6) **1:** 188. — Terra typica: Lages, Santa Catarina, Brasil. — Syntypes: B.M.N.H. nos. 1947. 2. 12. 86 — 91. (Synonymy fide Cochran, 1955: 119).
1911 *Hyla goughi* E. G. Boulenger (partim), Proc. zool. Soc. London, **1911:** 1082. — Terra typica: Trinidad. — Syntypes: B.M.N.H. nos. 1947. 2. 13. 12 and 83; 1947. 2. 13. 83 here designated as lectotype. (Synonymy fide B. Lutz, 1973: 205).
1912 *Hyla bisittata* Baumann (error typographicus pro *Hyla bivittata*), Zool. Jahrb., Jena, **33:** 163.
1923 *Hyla minuta* — Nieden, Das Tierreich, Berlin, **46:** 287.
1923 *Hyla velata* — Nieden, Das Tierreich, Berlin, **46:** 289.
1923 *Hyla bivittata* — Nieden, Das Tierreich, Berlin, **46:** 294.
1923 *Hyla goughi* — Nieden, Das Tierreich, Berlin, **46:** 311.
1925 *Hyla pallens* A. Lutz, Compt. Rend. Soc. Biol. Paris, **93:** 212. — Terra typica: Rio de Janeiro, Guanabara, Brasil. — Syntypes: A.L.-M.N.R.J. nos. 80—81, U.S.N.M. nos. 96197—9. (Synonymy fide Mertens, 1929: 287).
1926 *Hyla suturata* Miranda-Ribeiro, Arch. Mus. nacion. Rio de Janeiro, **27:** 93. — Terra typica: Teresópolis, Rio de Janeiro, Brasil. — Holotype: M.N.R.J. no. 227. (Synonymy fide Myers, 1946: 12).
1927 *Hyla emrichi* Mertens, Bl. Aquar.- Terrar.- K., Stuttgart, **32:** 1. — Terra typica: Monserrat, Porto Alegre, Rio Grande do Sul, Brasil. — Holotype: S.M.F. no. 21758. (Synonymy fide Cochran, 1955: 119).
1929 *Hyla emrichi* — Mertens, Bl. Aquar.-Terrar.-K., Stuttgart, **40:** 287.
1944 *Hyla uruguaya* Schmidt, Publ. Field Mus. nat. Hist., Zool., Chicago, **29:** 158. — Terra typica: Quebrada de los Cuervos, Departamento Treinta y Tres, Uruguay. — Holotype: F.M.N.H. no. 10567. (Synonymy fide Barrio, 1967: 523).
1946 *Hyla pallens* — Myers, Bol. Mus. nacion., Rio de Janeiro, **55:** 12.
1955 *Hyla minuta* — Cochran, Bull. U.S. nation, Mus., Washington, **206:** 119.
1967 *Hyla minuta* — Barrio, Physis, Buenos Aires, **26** (73): 523.
1973 *Hyla minuta* — B. Lutz, Brazil. Species *Hyla*, Austin: 205.

Discussion: Cochran & Goin (1970).

Range: Lowlands east of Andes from Colombia, Venezuela, and Trinidad southward to Bolivia, Argentina, and Uruguay.

Hyla miotympanum Cope

1863 *Hyla miotympanum* Cope, Proc. Acad. nat. Sci. Philadelphia, **15:** 47. — Terra typica: Jalapa and Mirador, Veracruz, México. — Syntypes: Formerly U.S.N.M. no. 6311 and one with no number; now lost.
1869 *Hyla microtis* Peters, M.Ber. k. preuss. Akad. Wiss. Berlin, **1869:** 880. — Terra typica: Puebla, México. — Syntypes: Z.M.B. no. 6657 (2 specimens). (Synonymy fide Boulenger, 1882: 400).

1882 *Hyla miotympanum* — BOULENGER, Cat. Batr. Sal. Brit. Mus. (Nat. Hist.), London: 400.
1901 *Hyla godmani* GÜNTHER (partim), Biol. Centr. Amer., Batr. Rept., London: 295.
1923 *Hyla miotympanum* — NIEDEN, Das Tierreich, Berlin, **46:** 246.
1952 *Hyla darlingi* SMITH, SMITH & WERLER, Texas J. Sci., Austin, **4:** 254. — Terra typica: Xico, Veracruz, México. — Holotype: U.I.M.N.H. no. 21903. (Synonymy fide DUELLMAN, 1970: 372).
1970 *Hyla miotympanum* — DUELLMAN, Monog. Mus. nat. Hist. Univ. Kansas, Lawrence, **1:** 372.

Range: Highlands from Nuevo León to Oaxaca and central Chiapas in eastern México.

Hyla mirim B. LUTZ

1973 *Hyla mirim* B. LUTZ, Bol. Mus. nacion. Rio de Janeiro, Zool., **288:** 3. — Terra typica: Rio Vermelho, São Bento do Sul, Santa Catarina, Brasil. — Syntypes: M.N.R.J. nos. 3626—34.

Range: Type locality (Santa Catarina, Brasil).

Hyla mixe DUELLMAN

1965 *Hyla mixe* DUELLMAN, Herpetologica, Chicago etc., **21:** 32. — Terra typica: a stream 4.2 km. by road south of Campamento Vista Hermosa, 1,800 m. on north slope of Sierra de Juárez, Distrito de Ixtlán, Oaxaca, México. — Holotype: K.U. no. 87110.

Discussion: DUELLMAN (1970b: 425).

Range: Sierra de Juárez and Sierra Madre del Sur in Oaxaca, México.

Hyla mixomaculata TAYLOR

1950 *Hyla mixomaculata* TAYLOR, Copeia, New York etc., **1950** (4): 274. — Terra typica: Coscomatepec, Veracruz, México. — Holotype: K.U. no. 26777.

Discussion: DUELLMAN (1970b: 417).

Range: Central Veracruz in eastern México.

Hyla molitor SCHMIDT

1857 *Hyla molitor* SCHMIDT, S.Ber. k. Akad. Wiss. Math.-nat. Cl., Wien, **24:** 11. — Terra typica: "Chiriqui-Fluzze unweit Bocca del toro," Panamá (ex errore, fide DUELLMAN, 1970: 650). — Syntypes: N.H.M.W. no. 16494; other syntypes unknown).
1857 *Hyla molitor* var. *marmorata* SCHMIDT (non LAURENTI, 1768), S.Ber. k. Akad. Wiss. Math.-nat. Cl., Wien, **24:** 12. — Terra typica: "Chiriqui-Flusse unweit Bocca del toro," Panamá (ex errore). — Holotype: Unknown. *New Synonym.*
1923 *Hyla molitor* — NIEDEN, Das Tierreich, Berlin, **46:** 257.

1970 *Hyla molitor* — DUELLMAN, Monog. Mus. nat. Hist. Univ. Kansas, Lawrence, **1:** 650.

Range: ? Bolivia.

Hyla multifasciata GÜNTHER

1859 *Hyla multifasciata* GÜNTHER, Cat. Batr. Sal. Brit. Mus. (Nat. Hist.), London: 101. — Terra typica: "Pará", (= Belém, Pará), Brasil. — Holotype: B.M.N.H. no. 1947. 2. 23. 6.
1882 *Hyla boans* — BOULENGER (partim, sensu LATREILLE, 1801). Cat. Batr. Sal. Brit. Mus. (Nat. Hist.), London: 360.
1923 *Hyla boans* — NIEDEN (partim; sensu LATREILLE, 1801), Das Tierreich, Berlin, **46:** 307.
1955 *Hyla albopunctata* — COCHRAN (partim), Bull. U.S. nation. Mus., Washington, **206:** 80.
1961 *Hyla albopunctata multifasciata* — RIVERO, Bull. Mus. comp. Zool., Cambridge (Massachusetts), **126:** 105.
1971 *Hyla multifasciata* — DUELLMAN, Herpetologica, Chicago etc., **27:** 402.
1973 *Hyla daudini* B. LUTZ (nomen substitutum pro "*Hyla boans* DAUDIN, 1802"; based on specimens of *Hyla multifasciata*: non GISTEL, 1868), Brazil. Species *Hyla*, Austin: 41. (Synonymy fide DUELLMAN, 1974: 286).
1974 *Hyla multifasciata* — DUELLMAN, Copeia, New York etc., **1974** (1): 286.

Range: Lowlands of eastern Venezuela, Guianas, and lower Amazon Basin, Brasil.

Hyla musica B. LUTZ

1949 *Hyla musica* B. LUTZ, Mem. Inst. Oswaldo Cruz, Rio de Janeiro, **46:** 576. — Terra typica: Parque Nacional Serra dos Orgãos, Teresópolis, Rio de Janeiro, Brasil. — Syntypes: M.N.R.J. nos. 3213—19.

Discussion: COCHRAN (1955: 170).

Range: Type locality (Rio de Janeiro, Brasil).

Hyla mykter ADLER & DENNIS

1972 *Hyla mykter* ADLER & DENNIS, Occas. Pap. Mus. nat. Hist., Univ. Kansas, Lawrence, **7:** 8. — Terra typica: 11.4 km. (by road) southwest of Puerto del Gallo, 1985 m., Guerrero, México. — Holotype: K.U. no. 137553.

Range: Vicinity of Cerro Teotepec, Sierra Madre del Sur, Guerrero, México.

Hyla nahdereri B. LUTZ & BOKERMANN

1963 *Hyla nahdereri* B. LUTZ & BOKERMANN, Copeia, New York etc., **1963** (3): 559. — Terra typica: São Bento do Sul, Santa Catarina, Brasil. — Syntypes: M.N.R.J. nos. 3294—96.

Range: Type locality (Santa Catarina, Brasil).

Hyla nana BOULENGER

1889 *Hyla nana* BOULENGER, Ann. Mus. Civ. Stor. Nat., Genova, (2) **7**: 249. — Terra typica: Colonia Resistencia, Chaco, Argentina. — Syntypes: B.M.N.H. nos. 1947. 2. 12. 83—85, M.C.S.N. no. 29721A (designated as lectotype by CAPOCACCIA, 1957, Ann. Mus. Civ. Stor. Nat., Genova, 69: 213).

Range: Northeastern Brasil southward through the central depression to the Chaco of Paraguay, northern Argentina, eastern Bolivia; extreme southeastern Brasil, Uruguay, and La Plata Basin in Argentina.

Hyla nana nana BOULENGER

1889 *Hyla nana* BOULENGER, Ann. Mus. civ. Stor. Nat., Genova, (2) **7**: 249. — Terra typica: Colonia Resistencia, Chaco, Argentina. — Syntypes: B.M.N.H. nos. 1947. 2. 12. 83—85, M.C.S.N. no. 29721A (designated as lectotype by CAPOCACCIA, 1957, Ann. Mus. civ. Stor. Nat., Genova, 69: 213).
1923 *Hyla nana* — NIEDEN, Das Tierreich, Berlin, **46**: 294.
1957 *Sphoenohyla nana* — GOIN, Caldasia, Bogotá, **8** (36): 25.
1961 *Hyla nana* — GOIN, Ann. Carnegie Mus., Pittsburgh, **36**: 9.
1962 *Hyla walfordi* BOKERMANN, Atas Soc. biol. Rio de Janeiro, **6** (5): 53. — Terra typica: Forte Principe da Beira, Rondônia, Brasil. — Holotype: W.C.A.B. no. 8436. (Synonymy fide B. LUTZ, 1973: 223).
1967 *Hyla nana* (*nana* by fiat) — BARRIO, Physis, Buenos Aires, **26** (73): 521.
1973 *Hyla nana* — B. LUTZ, Brazil. Species *Hyla*, Austin: 223.

Range: Northeastern Brasil southward through the central depression to the Chaco of Paraguay, northern Argentina, and eastern Bolivia.

Hyla nana sanborni SCHMIDT

1944 *Hyla sanborni* SCHMIDT, Publ. Field Mus. nat. Hist., Zool., Chicago, **29**: 155. — Terra typica: Hacienda Alvarez, 13 km. northeast of San Carlos, Uruguay. — Holotype: F.M.N.H. no. 9581.
1967 *Hyla nana sanborni* — BARRIO, Physis, Buenos Aires, **26** (73): 521.

Range: Extreme southeastern Brasil (Santa Catarina and Rio Grande do Sul), Uruguay, and La Plata Basin in Argentina.

Hyla nanuzae BOKERMANN & SAZIMA

1974 *Hyla nanuzae* BOKERMANN & SAZIMA, Rev. Brasil. Biol., Rio de Janeiro, **33**: 333. — Terra typica: Kilometer 126, Serra do Cipó, Jaboticatubas, Minas Gerais, Brasil. — Holotype: W.C.A.B. no. 45808.

Range: Type locality (Minas Gerais, Brasil).

Hyla nubicola DUELLMAN

1964 *Hyla nubicola* DUELLMAN, Herpetologica, Chicago etc., **19**: 225. — Terra typica: Stream 3 km. southwest of Huatusco, 1325 m., Veracruz, México. — Holotype: U.M.M.Z. no. 118160.

Discussion: DUELLMAN (1970b: 423).

Range: Mountains of central Veracruz in eastern México.

Hyla obtriangulata B. LUTZ

1968 *Hyla catharinae simplex* B. LUTZ (non BOETTGER, 1901), Pearce-Sellards Ser., Austin, **12**: 5. — Terra typica: Brejo da Lapa, Alto Itatiaia, Rio de Janeiro, Brasil. — Holotype: M.N.R.J. no. 4035.
1973 *Hyla obtriangulata* B. LUTZ (nomen novum pro *Hyla catharinae simplex*), Brazil. Species *Hyla*, Austin: 190.

Range: Serra da Mantiquera and Serra do Mar, southeastern Brasil.

Hyla ocapia ANDERSSON

1938 *Hyla ocapia* ANDERSSON, Arkiv Zool., Stockholm, **30A** (23): 19. — Terra typica: Puka Khara, Bolivia. — Syntypes: N.H.R.M. no. 1873 (7 specimens).

Range: Eastern slopes of Andes in Bolivia.

Hyla oliveirai BOKERMANN

1963 *Hyla oliveirai* BOKERMANN, Atas Soc. Biol., Rio de Janeiro, 7 (2): 6. — Terra typica: Maracás, Bahia, Brasil. — Holotype: W.C.A.B. no. 12306.

Range: Type locality (Bahia, Brasil).

Hyla pachychrus MIRANDA-RIBEIRO

1937 *Hyla pachychrus* MIRANDA-RIBEIRO, O Campo, Rio de Janeiro, **1937**: 55. — Terra typica: Paçăo, Pernambuco, Brasil. — Syntypes: M.N.R.J. no. 237 (4 specimens).
1938 *Hyla pickeli* A. LUTZ & B. LUTZ, Ann. Acad. Brasil. Sci., Rio de Janeiro, **10** (2): 189. — Terra typica: Tapera, Pernambuco, Brasil. — Holotype: A.L.-M.N.R.J. no. 1715. (Synonymy fide BOKERMANN, 1966: 58).
1966 *Hyla pachychrus* — BOKERMANN, Lista anot. Local. Tipo Anf. Brasil., São Paulo: 58.

Range: Northeastern Brasil.

Hyla pachyderma TAYLOR

1942 *Hyla pachyderma* TAYLOR, Univ. Kansas Sci. Bull., Lawrence, **28**: 308. —

T e r r a t y p i c a: Pan de Olla, Vercruz, south of Tezuitlán, Puebla, México. — H o l o t y p e: U.S.N.M. no. 115029.

D i s c u s s i o n: DUELLMAN (1970b: 473).

R a n g e: Type locality (Puebla, México).

Hyla palliata COPE

1863 *Hyla palliata* COPE, Proc. Acad. nat. Sci. Philadelphia, **15:** 47. — T e r r a t y p i c a: "Paraguay." — H o l o t y p e: Formerly Smithsonian Museum no. 6225; now lost.
1882 *Hyla palliata* — BOULENGER, Cat. Batr. Sal. Brit. Mus. (Nat. Hist.), London: 394.
1923 *Hyla palliata* — NIEDEN, Das Tierreich, Berlin, **46:** 282.

R a n g e: Type locality (Paraguay).

Hyla pardalis SPIX

1824 *Hyla pardalis* SPIX, Spec. nov. Testud. Ranar. Brasil, Monaco: 34. — T e r r a t y p i c a: "Rio de Janeiro," Brasil. — H o l o t y p e: Formerly Z.S.M. no. 2499; destroyed.
1856 *Hyla* (*Lophopus*) *corticalis* BURMEISTER, Erlaüt, Fauna Brazil., Berlin: 95. — T e r r a t y p i c a: Nova Friburgo, Rio de Janeiro, Brasil. — H o l o t y p e: Unknown. (Synonymy fide COCHRAN, 1955: 76).
1856 *Hyla* (*Centrotelma*) *lundii* BURMEISTER, Erlaüt, Fauna Brazil., Berlin: 101. — T e r r a t y p i c a: Lagôa Santa, Minas Gerais, Brasil. — H o l o t y p e: Unknown. (Synonymy fide PETERS, 1872: 211).
1859 *Hyla pardalis* — GÜNTHER (partim), Cat. Batr. Sal. Brit. Mus. (Nat. Hist.), London: 99.
1859 *Hyla corticalis* — GÜNTHER, Cat. Batr. Sal. Brit. Mus. (Nat. Hist.), London: 105.
1862 *Hyla pustulosa* REINHARDT & LÜTKEN, Vid. Medd. naturh. Foren., Kjøbenhavn, **3:** 192. — T e r r a t y p i c a: Lagôa Santa, Minas Gerais, Brasil. — H o l o t y p e: U.Z.M. no. 1439. (Synonymy fide PETERS, 1872: 211).
1867 *Hypsiboas pardalis* — COPE, J. Acad. nat. Sci. Philadelphia, (2) **6:** 200.
1872 *Hyla pardalis* — PETERS (partim), M.Ber. k. preuss. Akad. Wiss. Berlin, **1872:** 211.
1882 *Hyla pardalis* — BOULENGER, Cat. Batr. Sal. Brit. Mus. (Nat. Hist.), London: 354.
1882 *Hyla corticalis* — BOULENGER, Cat. Batr. Sal. Brit. Mus. (Nat. Hist.), London: 355.
1923 *Hyla pardalis* — NIEDEN, Das Tierreich, Berlin, **46:** 284.
1923 *Hyla corticalis* — NIEDEN, Das Tierreich, Berlin, **46:** 285.
1955 *Hyla pardalis* — COCHRAN, Bull. U.S. nation. Mus., Washington, **206:** 76.

D i s c u s s i o n: LUTZ (1973).

R a n g e: Brasilian Plateau, southeastern Brasil.

Hyla parviceps BOULENGER

1882 *Hyla parviceps* BOULENGER, Cat. Batr. Sal. Brit. Mus. (Nat. Hist.), Lon-

don: 393. — Terra typica: Sarayacu, Provincia Pastaza, Ecuador. — Holotype: B.M.N.H. no. 1947. 2. 13. 5.
1923 *Hyla parviceps* — NIEDEN, Das Tierreich, Berlin, **46:** 273.

Discussion: DUELLMAN & CRUMP (1974).

Range: Upper Amazon Basin in Brasil, Colombia, Ecuador and Perú.

Hyla pellita DUELLMAN

1968 *Hyla pellita* DUELLMAN, Univ. Kansas Publ. Mus. nat. Hist., Lawrence, **17:** 568. — Terra typica: 33 km. north of San Gabriel Mixtepec, 1675 m., Oaxaca, México. — Holotype: K.U. no. 100970.

Discussion: DUELLMAN (1970b: 421).

Range: Pacific slopes of the Sierra Madre del Sur in Oaxaca, México.

Hyla pellucens WERNER

1901 *Hyla pellucens* WERNER, Verh. zool.-bot. Ges. Wien, **50:** 600. — Terra typica: "Palmar (100 m., westliche der Anden)" (? = Palmar on Río Chila, Provincia Manabí), Ecuador. — Holotype: Z.M.B. no. 16590.
1901 *Hyla pulicaria* WERNER, Verh. zool.-bot. Ges. Wien, **50:** 601. — Terra typica: "Ecuador." — Holotype: Z.M.B. no. 16591. (Synonymy fide DUELLMAN, 1971: 221).
1923 *Hyla pellucens* — NIEDEN, Das Tierreich, Berlin, **46:** 265.
1923 *Hyla pulicaria* — NIEDEN, Das Tierreich, Berlin, **46:** 271.
1970 *Hyla guibei* COCHRAN & GOIN, Bull. U.S. nation. Mus., Washington, **288:** 233. — Terra typica: Pueblorico, Santa Cecilia, Departamento Caldas, Colombia. — Holotype: F.M.N.H. no. 54773. (Synonymy fide DUELLMAN, 1971: 221).
1971 *Hyla pellucens* — DUELLMAN (partim), Herpetologica, Chicago etc., **27:** 221.

Discussion: DUELLMAN (1971, 1974b).

Range: Pacific lowlands of Colombia and Ecuador.

Hyla pentheter ADLER

1965 *Hyla pentheter* ADLER, Occas. Pap. Mus. Zool. Univ. Michigan, Ann Arbor, **642:** 5. — Terra typica: 37 km. north of San Gabriel Mixtepec, 1700 m., Oaxaca, México. — Holotype: U.M.M.Z. no. 125381.

Discussion: DUELLMAN (1970b: 462).

Range: Pacific slopes of the Sierra Madre del Sur in Oaxaca and Guerrero, México.

Hyla perpusilla A. LUTZ & B. LUTZ

1939 *Hyla perpusilla* A. LUTZ & B. LUTZ, Ann. Acad. Brasil. Sci., Rio de Janeiro, **11** (1): 78. — Terra typica: Recreio dos Bandeirantes, Rio de Janeiro, Brasil. — Holotype: A.L.-M.N.R.J. no. 2622.

R a n g e: Southeastern Brasil (Guanabara, Rio de Janeiro, and São Paulo).

Hyla perpusilla perpusilla A. LUTZ & B. LUTZ

1939 *Hyla perpusilla* A. LUTZ & B. LUTZ, Ann. Acad. Brasil. Sci., Rio de Janeiro, **11** (1): 78. — T e r r a t y p i c a: Recreio dos Bandeirantes, Rio de Janeiro, Brasil. — H o l o t y p e: A.L.-M.N.R.J. no. 2622.
1968 *Hyla perpusilla perpusilla* — B. LUTZ, Pearce-Sellards Ser., Austin, 12: 7.

R a n g e: Coastal lowlands of Guanabara, Rio de Janeiro, and São Paulo, southern Brasil.

Hyla perpusilla v-signata B. LUTZ

1968 *Hyla perpusilla v-signata* B. LUTZ, Pearce-Sellards Ser., Austin, **12**: 7. — T e r r a t y p i c a: Parque Nacional da Serra dos Orgãos, Teresópolis, Rio de Janeiro, Brasil. — H o l o t y p e: M.N.R.J. no. 3607.
1973 *Hyla p[erpusilla] queimadensis* B. LUTZ (nomen nudum), Brazil. Species *Hyla*, Austin: 178. *New synonym.*

R a n g e: Serra dos Orgãos, Rio de Janeiro, southeastern Brasil.

Hyla phlebodes STEJNEGER

1906 *Hyla phlebodes* STEJNEGER, Proc. U.S. nation. Mus., Washington, **30**: 817. — T e r r a t y p i c a: "San Carlos" (Llanuras de San Carlos), Provincia Alajuela, Costa Rica. — H o l o t y p e: U.S.N.M. no. 2997.
1923 *Hyla phlebodes* — NIEDEN, Das Tierreich, Berlin, **46**: 253.

D i s c u s s i o n: DUELLMAN (1970b: 220).

R a n g e: Caribbean lowlands from southern Nicaragua to Panamá and Pacific lowlands of eastern Panamá and northwestern Colombia.

Hyla phyllognatha MELIN

1941 *Hyla phyllognatha* MELIN, Kungl. Vetensk.-Vitterh.-Saml. Handl., Göteborg, (B) **1** (4): 30. — T e r r a t y p i c a: Roque, Departamento San Martín, Perú. — H o l o t y p e: N.H.M.G. no. 474.

D i s c u s s i o n: DUELLMAN (1972: 25).

R a n g e: Amazonian slopes of Andes in Ecuador and Perú.

Hyla picadoi DUNN

1937 *Hyla picadoi* DUNN, Copeia, New York etc., **1937**: 164. — T e r r a t y p i c a: Volcán Barba, Provincia Heredia, Costa Rica. — H o l o t y p e: M.C.Z. no. 16002.

D i s c u s s i o n: DUELLMAN (1970b: 319).

R a n g e: Mountains of Costa Rica and western Panamá.

Hyla picta (Günther)

1901 *Hylella picta* Günther, Biol. centr. Amer., Rept. Batr., London: 286. — Terra typica: Jalapa, Veracruz, México. — Holotype: B.M.N.H. no. 1947. 2. 22. 62.
1923 *Hyla picta* — Nieden, Das Tierreich, Berlin, **46:** 284.

Discussion: Duellman (1970b: 365).

Range: Atlantic lowlands of México, Guatemala, and Honduras.

Hyla pictipes Cope

1876 *Hyla punctariola pictipes* Cope, J. Acad. nat. Sci. Philadelphia (2) **8:** 106. — Terra typica: Pico Blanco, Provincia Limón, Costa Rica. — Holotype: U.S.N.M. nos. 30631, 30652.
1876 *Hyla punctariola moesta* Cope, J. Acad. nat. Sci. Philadelphia (2) **8:** 106. — Terra typica: Pico Blanco, Provincia Limón, Costa Rica. — Holotype: U.S.N.M. no. 30660. (Synonymy fide Starrett, 1966: 17).
1876 *Hyla punctariola monticola* Cope, J. Acad. nat. Sci. Philadelphia (2) **8:** 106. — Terra typica: Pico Blanco, Provincia Limón, Costa Rica. — Holotype: U.S.N.M. no. 30661. (Synonymy fide Starrett, 1966: 17).
1882 *Hyla punctariola* — Boulenger (partim), Cat. Batr. Sal. Brit. Mus. (Nat. Hist.), London: 401.
1923 *Hyla punctariola* — Nieden, Das Tierreich, Berlin, **46:** 256.
1952 *Hyla moesta* — Taylor, Univ. Kansas Sci. Bull., Lawrence, **35:** 855.
1952 *Hyla monticola* — Taylor, Univ. Kansas Sci. Bull., Lawrence, **35:** 855.
1952 *Hyla pictipes* — Taylor, Univ. Kansas Sci. Bull., Lawrence, **35:** 878.
1966 *Hyla pictipes* — Starrett, Bull. S. California. Acad. Sci., Los Angeles, **65:** 17.

Discussion: Duellman (1970b: 295).

Range: Mountains of Costa Rica and western Panamá.

Hyla picturata Boulenger

1882 *Hyla picturata* Boulenger, Ann. Mag. nat. Hist., London, (7) **3:** 276. — Terra typica: Paramba, Ecuador. — Holotype: B.M.N.H. no. 1947. 2. 13. 35.
1923 *Hyla picturata* — Nieden Das Tierreich, Berlin, **46 :** 266.

Range: Pacific lowlands of southwestern Colombia and northwestern Ecuador.

Hyla pinima Bokermann & Sazima

1974 *Hyla pinima* Bokermann & Sazima, Rev. Brasil. Biol., Rio de Janeiro, **33;** 525. — Terra typica: Kilometer 132, Serra do Cipó, Jaboticatubas, Minas Gerais, Brasil. — Holotype: W.C.A.B. no. 46238.

Range: Type locality (Minas Gerais, Brasil).

Hyla pinorum Taylor

1937 *Hyla pinorum* Taylor, Proc. biol. Soc. Washington, **50:** 46. — Terra typica: Agua del Obispo, Gerrero, México. — Holotype: U.I.M.N.H. no. 25049.

Discussion: DUELLMAN (1970b: 403).

Range: Pacific slopes of Sierra Madre del Sur in southern México.

Hyla platydactyla BOULENGER

1905 *Hyla platydactyla* BOULENGER, Ann. Mag. nat. Hist., London, (7) **16:** 183. — Terra typica: Mérida, Venezuela. — Holotype: B.M.N.H. no. 1947. 2. 13. 14.

1923 *Hyla platydactyla* — NIEDEN, Das Tierreich, Berlin, **46:** 262.

1961 *Hyla paramica* RIVERO, Bull. Mus. comp. Zool., Cambridge (Massachusetts), **126:** 112. — Terra typica: Escorial, Estado Mérida, Venezuela. — Holotype: U.M.M.Z. no. 59016. (Synonymy fide DUELLMAN, 1972: 27).

1961 *Hyla jahni* RIVERO, Bull. Mus. comp. Zool., Cambridge (Massachusetts), **126:** 113. — Terra typica: Escorial, Estado Merida, Venezuela. — Holotype: U.M.M.Z. no. 46465. (Synonymy fide DUELLMAN, 1972: 27).

1972 *Hyla platydactyla* — DUELLMAN, Occas. Pap. Mus. nat. Hist. Univ. Kansas, Lawrence, **11:** 27.

Range: Mérida Andes in western Venezuela.

Hyla plicata BROCCHI

1877 *Hyla plicata* BROCCHI, Bull. Soc. philomath. Paris, (7) **1:** 126. — Terra typica: "México." — Holotype: M.N.H.N. no. 6317.

1923 *Hyla plicata* — NIEDEN, Das Tierreich, Berlin, **46:** 248.

1929 *Hyla lafrentzi* MERTENS & WOLTERSTORFF, Zool. Anz., Leipzig, **84:** 235. — Terra typica: Desierto de los Leones, Distrito Federal, México. — Holotype: Formerly M.M.G. no. 49/27, destroyed; neotype: S.M.F. no. 30997 (from same locality as holotype; designated by JAMESON, MACKEY & RICHMOND, 1966: 596). (Synonymy fide DUELLMAN, 1968: 201).

1966 *Hyla regilla lafrentzi* — JAMESON, Mackey & Richmond, Proc. Calif. Acad. Sci., San Francisco, (4) **33:** 596.

1968 *Hyla plicata* — DUELLMAN, Herpetologica, Chicago etc., **24:** 201.

Discussion: DUELLMAN (1970b: 496).

Range: High mountains of Sierra Madre Oriental and Cordillera Volcánica in southern México.

Hyla polytaenia COPE

1869 *Hyla polytaenia* COPE, Proc. Amer. philos. Soc., Philadelphia, **11:** 164. — Terra typica: "Brasil." — Syntypes: M.C.Z. no. 1544 (2 specimens).

Range: Highlands of southeastern Brasil.

Hyla polytaenia polytaenia Cope

1869 *Hyla polytaenia* Cope, Proc. Amer. philos. Soc., Philadelphia, **11:** 164. — Terra typica: "Brasil." — Syntypes: M.C.Z. no. 1544 (2 specimens).
1872 *Hyla striata* Peters, M.Ber. k. preuss. Akad. Wiss. Berlin, **1872:** 681. — Terra typica: Novo Friburgo, Rio de Janeiro, Brasil. — Syntypes: Z.M.B. no. 7465 (2 specimens). (Synonymy fide Boulenger, 1882: 394).
1882 *Hyla polytaenia* — Boulenger, Cat. Batr. Sal. Brit. Mus. (Nat. Hist.), London: 394.
1923 *Hyla polytaenia* — Nieden, Das Tierreich, Berlin, **46:** 293.
1968 *Hyla polytaenia polytaenia* — B. Lutz, Pearce-Sellards Ser., Austin, **12:** 9.

Range: Mountains of southeastern Brasil from Minas Gerais to Santa Catarina.

Hyla polytaenia cipoensis B. Lutz

1968 *Hyla polytaenia cipoensis* B. Lutz, Pearce-Sellards Ser., Austin, **12:** 9. — Terra typica: near Alto do Palacio, Serra do Cipó, between Lagôa Santa and Ferros, Minas Gerais, Brasil. — Holotype: M.N.R.J. no. 4039.

Range: Type locality (Minas Gerais, Brasil).

Hyla polytaenia goiana B. Lutz

1968 *Hyla polytaenia goiana* B. Lutz, Pearce-Sellards Ser., Austin, **12:** 11. — Terra typica: Jatobasinho, São João da Aliança Goiás, Brasil. — Holotype: M.N.R.J. no. 3235.

Range: Vicinity of type locality in the highlands of Goiás, Brasil.

Hyla prasina Burmeister

1856 *Hyla prasina* Burmeister, Erläut, Fauna Brasil., Berlin: 106. — Terra typica: Novo Friburgo, Rio de Janeiro, Brasil. — Holotype: Z.M.B. no. 4675.
1882 *Hyla pulchella* — Boulenger (partim), Cat. Batr. Sal. Brit. Mus. (Nat. Hist.), London: 375.
1923 *Hyla raddiana* — Nieden (partim; non Fitzinger 1826), Das Tierreich, Berlin, **46:** 296.
1965 *Hyla pulchella prasina* — Barrio, Physis, Buenos Aires, **25** (69): 117.
1973 *Hyla prasina* — B. Lutz, Brazil. Species *Hyla*, Austin: 83.

Range: Moderate elevations in southeastern Brasil (Minas Gerais, Rio de Janeiro, and São Paulo).

Hyla proboscidea Brongersma

1933 *Hyla proboscidea* Brongersma, Zool. Anz., Leipzig, **103:** 267. — Terra typica: Upper Gran Rio, Surinam. — Holotype: A.Z.M. no. 5710.

Discussion: Duellman (1972).

Range: Interior of the Guianas.

Hyla pseudopseudis MIRANDA-RIBEIRO

1937 *Hyla pseudopseudis* MIRANDA-RIBEIRO, O Campo, Rio de Janeiro, May, **1937:** 68. — Terra typica: Veadeiros, Goiás, Brasil. — Holotype: M.N.R.J. no. 579.

Range: Interior highlands of southern Brasil.

Hyla pseudopseudis pseudopseudis MIRANDA-RIBEIRO

1937 *Hyla pseudopseudis* MIRANDA-RIBEIRO, O Campo, Rio de Janeiro, May, **1937:** 68. — Terra typica: Veadeiros, Goiás, Brasil. — Holotype: M.N.R.J. no. 579.
1973 *Hyla pseudopseudis pseudopseudis* — B. LUTZ, Brazil. Species *Hyla*, Austin: 22

Range: Serra Geral do Paraná, Goiás, Brasil.

Hyla pseudopseudis saxicola BOKERMANN

1964 *Hyla saxicola* BOKERMANN, Neotropica, Buenos Aires, **10** (32): 71. — Terra typica: Palacio, Serra do Cipó, Jaboticatubas, Minas Gerais, Brasil. — Holotype: W.C.A.B. no. 14734.
1973 *Hyla pseudopseudis saxicola* — B. LUTZ, Brazil. Species *Hyla*, Austin: 24.

Range: Serra do Cipó, Minas Gerais, Brasil.

Hyla pseudopuma GÜNTHER

1901 *Hyla pseudopuma* GÜNTHER, Biol. centr. Amer., Rept., Batr., London: 274. — Terra typica: La Palma, Provincia San José, Costa Rica. — Syntypes: B.M.N.H. nos. 96. 10. 8. 61—67 and 1902. 1. 28. 25—26.
1923 *Hyla pseudopuma* — NIEDEN, Das Tierreich, Berlin, **46:** 254.

Range: Mountains of Costa Rica and western Panamá.

Hyla pseudopuma pseudopuma GÜNTHER

1901 *Hyla pseudopuma* GÜNTHER, Biol. centr. Amer. Rept., Batr., London: 274. — Terra typica: La Palma, Provincia San José, Costa Rica. — Syntypes: B.M.N.H. nos. 96. 10. 8. 61—67 and 1902. 1. 28. 25—26.
1968 *Hyla pseudopuma pseudopuma* — DUELLMAN, Univ. Kansas Publ. Mus. nat. Hist., Lawrence, **17:** 566.

Discussion: DUELLMAN (1970b: 263).

Range: Highlands of Costa Rica and Pacific slopes of western Panamá.

Hyla pseudopuma infucata DUELLMAN

1968 *Hyla pseudopuma infucata* DUELLMAN, Univ. Kansas Publ. Mus. nat. Hist., Lawrence, **17:** 564. — Terra typica: Río Changena, 830 m., Bocas del Toro, Panamá. — Holotype: K.U. no. 101770.

Discussion: DUELLMAN (1970b: 271).

Range: Caribbean slopes of highlands in western Panamá.

Hyla pulchella DUMÉRIL & BIBRON

1841 *Hyla pulchella* DUMÉRIL & BIBRON, Erpétol. gén., Paris, **8:** 588. — Terra typica: Montevideo, Uruguay. — Syntypes: M.N.H.N. nos. 163 and 4836.

Discussion: BARRIO (1965) and LUTZ (1973).

Range: Southeastern Brasil, Uruguay, Bolivia, and northern Argentina.

Hyla pulchella pulchella DUMÉRIL & BIBRON

1841 *Hyla pulchella* DUMÉRIL & BIBRON, Erpétol. gén., Paris. **8:** 588. — Terra typica: Montevideo, Uruguay. — Syntypes: M.N.H.N. nos. 163 and 4836.

1841 *Hyla leucomelas* DUMÉRIL & BIBRON, Erpétol. gén., Paris, **8:** 576. — Terra typica: Montevideo, Uruguay. — Syntypes: M.N.H.N. nos. 176 and 751. (Synonymy fide BOULENGER, 1882: 375).

1843 *Hyla vauterii* BIBRON, in BELL, Zool. Beagle, Rept., London: 45. — Terra typica: Maldonado, Uruguay. — Holotype: B.M.N.H. no. 1947. 2. 23. 45. (Synonymy fide BERG, 1896: 201).

1843 *Hyla agrestis* BIBRON, in BELL, Zool. Beagle, Rept., London: 46. — Terra typica: Maldonado, Uruguay. — Syntypes: B.M.N.H. nos. 1947. 2. 23. 35—36. (Synonymy fide BOULENGER, 1882: 375).

1861 *Hyla leucotaenia* BURMEISTER, Reise La Plata-Staaten, Halle, **2:** 531. — Terra typica: "Parana." — Holotype: Z.M.B. no. 7376. (Synonymy fide BERG, 1896: 201).

1867 *Hyla bracteator* HENSEL, Arch. Naturgesch., Berlin, **33:** 159. — Terra typica: Urwald, Rio Grande do Sul, Brasil. — Syntypes: Z.M.B. no. 6801 (5 specimens). (Synonymy fide BERG, 1896: 201).

1882 *Hyla pulchella* — BOULENGER (partim), Cat. Batr. Sal. Brit. Mus. (Nat. Hist.), London: 375.

1882 *Hyla vauteri* — BOULENGER, Cat. Batr. Sal. Brit. Mus. (Nat. Hist.), London: 376.

1882 *Hyla bracteator* — BOULENGER, Cat. Batr. Sal. Brit. Mus. (Nat. Hist.), London: 395.

1896 *Hyla raddiana* — BERG (non FITZINGER 1826), An. Mus. nacion., Buenos Aires, **5:** 201.

1901 ?*Hyla mocquardi* GÜNTHER, Biol. centr. Amer. Rept. Batr., London: 268. — Terra typica: "Guatemala or Panamá." — Syntypes: B.M.N.H. nos. 1947. 2. 23. 8—9. (Synonymy fide DUELLMAN, 1968: 204).

1902 *Hylodes orientalis* PHILIPPI, Supl. Batr. Chilen., Santiago: 61. — Terra typica: Montevideo, Uruguay. — Holotype: Lost. (Synonymy fide Klappenbach, 1968: 149).

1923 *Hyla raddiana* — NIEDEN (partim, non FITZINGER 1826), Das Tierreich, Berlin, **46:** 296.

1923 *Hylodes orientalis* — NIEDEN, Das Tierreich, Berlin, **46:** 468.

1924 *Hyla raddiana raddiana* — MÜLLER, Mitt. zool. Mus. Berlin, **11:** 77.

1965 *Hyla pulchella* — BOKERMANN, Neotropica, Buenos Aires, **11** (34): 11.

1965 *Hyla pulchella pulchella* — BARRIO, Physis, Buenos Aires, **25** (69): 119.

1966 *Eleutherodactylus orientalis* — GORHAM, Das Tierreich, Berlin, **85:** 89.

1968 *Hyla pulchella* — DUELLMAN, Herpetologica, Chicago etc., **24:** 204.

1968 *Hyla pulchella* — KLAPPENBACH, Invest. Zool. Chilenas, Santiago, **27:** 149.

1973 *Hyla pulchella pulchella* — B. LUTZ, Brazil. Species *Hyla*, Austin: 77.

Range: Southeastern Brasil, Uruguay, and northeastern Argentina.

Hyla pulchella andina MÜLLER

1924 *Hyla raddiana andina* MÜLLER, Mitt. zool. Mus. Berlin, **11:** 77. — Terra typica: Caspinchango, Famabalasto, and Nacimiento, Departamento Catamarca, Argentina. — Syntypes: Z.S.M. nos. 18/1922 (3 specimens from Nacimiento); 5/1922, 21—23/1922, 38/1922 destroyed.
1965 *Hyla pulchella andina* — BARRIO, Physis, Buenos Aires, **25** (69): 124.

Range: Eastern slopes of Andes from central Bolivia to west-central Argentina.

Hyla pulchella cordobae BARRIO

1965 *Hyla pulchella cordobae* BARRIO, Physis, Buenos Aires, **25** (69): 121. — Terra typica: Not designated; here restricted to Santa Rosa de Calamuchita, Departamento Córdoba, Argentina. — Syntypes: C.H.I.N.M. nos. 99, 75/292—294.

Range: North-central Argentina (Córdoba and San Luis).

Hyla pulchella joaquini B. LUTZ

1968 *Hyla raddiana joaquini* B. LUTZ, Pearce-Sellards Ser., Austin, **10:** 13. — Terra typica: São Joaquim, Serra Geral, Santa Catarina, Brasil. — Holotype: M.N.R.J. no. 4033.
1973 *Hyla pulchella joaquini* — B. LUTZ, Brazil. Species *Hyla*, Austin: 80.

Range: Type locality (Santa Catarina, Brasil).

Hyla pulchella riojana KOSLOWSKY

1895 *Hyla riojana* KOSLOWSKY, Rev. Mus. La Plata, **6:** 360. — Terra typica: Aguadita, between Chilecito and Patquia, Departamento La Rioja, Argentina. — Holotype: Unknown.
1923 *Hyla riojana* — NIEDEN, Das Tierreich, Berlin, **46:** 282.
1965 *Hyla pulchella riojana* — BARRIO, Physis, Buenos Aires, **25** (69): 122.

Range: West-central Argentina (La Rioja).

Hyla pulchrilineata COPE

1869 *Hyla pulchrilineata* COPE, Proc. Acad. nat. Sci. Philadelphia, **11:** 163. — Terra typica: "East St. Domingo." — Holotype: A.N.S.P. no. 14495.
1882 *Hyla pulchrilineata* — BOULENGER, Cat. Batr. Sal. Brit. Mus. (Nat. Hist.), London: 378.
1923 *Hyla pulchrilineata* — NIEDEN, Das Tierreich, Berlin, **46:** 312.

Range: Hispaniola, West Indies.

Hyla punctata (SCHNEIDER)

1799 *Calamita punctatus* SCHNEIDER, Hist. Amphib., Jena, **1:** 170. — Terra typica: "Surinam." — Syntypes: N.H.R.M. no. 155 (2 specimens).
1802 *Hyla punctata* — DAUDIN, Hist. nat. Rain. Gren. Crap., Paris: 41.

1824 *Hyla papillaris* Spix, Spec. nov. Testud. Ran. Brasil., Monaco: 34. — Terra typica: Ega, Tefé, Amazonas, Brasil. — Holotype: Formerly in Z.S.M.; now lost. (Synonymy fide Peters, 1872: 208).
1824 *Hyla variolosa* Spix, Spec. nov. Testud. Ran. Brasil., Monaco: 34. — Terra typica: Rio Amazonas, Brasil. — Holotype: Formerly Z.S.M. no. 2495/0; now lost. (Synonymy fide Peters, 1872: 214).
1830 *Auletris variolosa* — Wagler, Natürl. Syst. Amphib., München: 201.
1830 *Scinax variolosa* — Wagler, Natürl. Syst. Amphib., München: 201.
1843 *Hypsiboas (Scinax) punctata* — Fitzinger, Syst. Rept., Wien, **1:** 30.
1867 *Hypsiboas punctatus* — Cope, J. Acad. nat. Sci. Philadelphia, (2) **6:** 201.
1869 *Hyla rhodoporus* Günther, Proc. zool. Soc. London, **1868:** 488. — Terra typica: "Upper Amazon." — Holotype: B.M.N.H. no. 1947. 2. 23. 5. (Synonymy fide Peters, 1872: 208).
1872 *Hyla punctata* — Peters, M.Ber. k. preuss. Akad. Wiss. Berlin, **1872:** 208, 214.
1882 *Hyla punctata* — Boulenger, Cat. Batr. Sal. Brit. Mus. (Nat. Hist.), London: 357.
1922 *Hylella pearsei* Ruthven, Misc. Publ. Mus. zool. Univ. Michigan, Ann. Arbor **8:** 57. — Terra typica: Fundación, Sierra Nevada de Santa. Marta, Departamento Magdalena, Colombia. — Holotype: U.M.M.Z. no. 54639. (Synonymy fide Cochran & Goin, 1970: 222).
1923 *Hyla punctata* — Nieden, Das Tierreich, Berlin, **46:** 307.
1944 *Hyla pearsei* — Dunn, Caldasia, Bogotá, 2: 156.
1951 *Hyla punctata punctata* — B. Lutz, Mem. Inst. Oswaldo Cruz, Rio de Janeiro, **47:** 306.
1951 *Hyla punctata rubro-lineata* B. Lutz, Mem. Inst. Oswaldo Cruz, Rio de Janeiro, **47:** 307. — Terra typica: Buena Vista, Departamento Santa Cruz, Bolivia. — Syntypes: A.L.—M.N.R.J. nos. 4698—9. (Synonymy fide Duellman, 1974: 10).
1970 *Hyla punctata* — Cochran & Goin (partim), Bull. U.S. nation. Mus., Washington, **288:** 222.
1970 *Hyla rubeola* Cochran & Goin, Bull. U.S. nation. Mus., Washington, **288:** 225. — Terra typica: Serranía de Macarena, Departamento Meta, Colombia. — Holotype: U.S.N.M. no. 152751. (Synonymy fide Duellman, 1974: 10).
1970 *Hyla hobbsi* Cochran & Goin, Bull. U.S. nation. Mus., Washington, **288.** 311. — Terra typica: Caño Guacayá, a tributary of the Río Apaporis, Comisaría Amazonas, Colombia. — Holotype: M.C.Z. no. 28052. (Synonymy fide Duellman, 1974: 10).
1974 *Hyla punctata* — Duellman, Occas. Pap. Mus. nat. Hist. Univ. Kansas, Lawrence, **27:** 10.

Discussion: Duellman (1974).

Range: The Amazon Basin; upper Orinoco Basin; Chaco of southwestern Brasil, Paraguay, and Argentina; Guianas, northern Colombia and Trinidad.

Hyla quadrilineata (Schneider)

1799 *Calamita quadrilineatus* Schneider, Hist. Amphib., Jena, **1:** 169. — Terra typica: Unknown. — Holotype: Unknown.
1803 *Hyla quadrilineata* — Daudin, Hist. nat. Rain. Gren. Crap., Paris: 42.
1923 *Hyla quadrilineata* — Nieden, Das Tierreich, Berlin, **46:** 316.

Range: Unknown.

Hyla quinquefasciata FOWLER

1913 *Hyla quinquefasciata* FOWLER, Proc. Acad. nat. Sci. Philadelphia, **55:** 160. — Terra typica: "Mountains above Chimbo" (ex errore); Durán, Provincia Guayas, Ecuador (fide DUELLMAN, 1971: 217). — Holotype: A.N.S.P. 18115.
1971 *Hyla quinquefasciata* — DUELLMAN, Herpetologica, Chicago etc., **27:** 217.

Range: Pacific lowlands of Colombia and Ecuador.

Hyla raniceps COPE

1862 *Hypsiboas raniceps* COPE, Proc. Acad. nat. Sci. Philadelphia, **14:** 353. — Terra typica: "Paraguay." U.S.N.M. nos. 5403 (3 specimens), 5408, 12160, 12172 (2 specimens).
1882 *Hyla boans* — BOULENGER (partim, non LINNAEUS 1758), Cat. Batr. Sal. Mus. (Nat. Hist.), London: 360.
1889 *Hyla spegazzinii* BOULENGER, Ann. Mus. civ. Stor. Nat., Genova, (2) **7:** 247. — Terra typica: Colonia Resistencia, Chaco, Argentina. — Holotype: M.C.S.N. no. 29758A. (Synonymy fide COCHRAN, 1955: 96).
1921 *Hyla goodfellowi* PROCTOR, Ann. Mag. nat. Hist., London, (9) **7:** 191. — Terra typica: Esperanza, Departamento Santa Cruz, Bolivia. — Holotype: B.M.N.H. no. 1947. 2. 23. 4. (Synonymy fide PARKER, 1928: 98).
1923 *Hyla spegazzinii* — NIEDEN, Das Tierreich, Berlin, **46:** 280.
1923 *Hyla boans* — NIEDEN (partim; sensu LATREILLE, 1801), Das Tierreich, Berlin, **46:** 308.
1928 *Hyla spegazzinii* — PARKER, Ann. Mag. nat. Hist., London, (10) **2:** 98.
1955 *Hyla raniceps* — COCHRAN, Bull. U.S. nation. Mus., Washington, **206:** 96.

Range: Eastern Brasil, Paraguay, northern Argentina, and eastern Bolivia.

Hyla regilla BAIRD & GIRARD

1854 *Hyla regilla* BAIRD & GIRARD, Proc. Acad. nat. Sci. Philadelphia, **6:** 174. — Terra typica: Puget Sound, Washington, and Sacramento River, California, U.S.A.; restricted to Fort Vancouver, Washington, U.S.A. by JAMESON, MACKEY & RICHMOND (1966: 553). — Syntypes: U.S.N.M. no. 9182 (Puget Sound), U.S.N.M. no. 15409 (Sacramento River); U.S.N.M. no. 9182 designated as lectotype by JAMESON, MACKEY & RICHMOND (1966: 553).
1882 *Hyla regilla* — BOULENGER (partim). Cat. Batr. Sal. Brit. Mus. (Nat. Hist.), London: 374
1899 *Hyliola regilla* — MOCQUARD, Nouv. Arch. Mus. Hist. nat. Paris, (4) **1:** 339.
1923 *Hyla regilla* — NIEDEN (partim), Das Tierreich, Berlin, **46:** 242.
1966 *Hyla regilla* — JAMESON, Mackey & Richmond (partim), Proc. California Acad. Sci., San Francisco, (4) **33:** 552.

Discussion: JAMESON, MACKEY & RICHMOND (1966) and DUELLMAN (1970b).

Range: Western North America from southern British Colombia (Canada) and western Montana (U.S.A.) to southern Baja California (México).

Hyla regilla regilla BAIRD & GIRARD

1854 *Hyla regilla* BAIRD & GIRARD, Proc. Acad. nat. Sci. Philadelphia, **6:** 174. — Terra typica: Puget Sound, Washington, and Sacramento River, California, U.S.A.; restricted to Fort Vancouver, Washington, U.S.A., by JAMESON, MACKEY & RICHMOND (1966: 553). — Syntypes: U.S.N.M. no. 9182 (Puget Sound), U.S.N.M. no. 15409 (Sacramento River); U.S.N.M. no. 9182 designated as lectotype by JAMESON, MACKEY & RICHMOND (1966: 553).

1854 *Hyla scapularis* HALLOWELL, Proc. Acad. nat. Sci. Philadelphia, **6:** 183. — Terra typica: "Oregon Territory"; restricted to Vancouver, Washington, U.S.A., by SCHMIDT (1953, Check list N. Amer. Amph. Rept., Chicago, Ed. 6: 72). — Holotype: A.N.S.P. no. 1978. (Synonymy fide BAIRD & GIRARD, 1854: 301).

1854 *Hyla regilla* — BAIRD & GIRARD, Proc. Acad. nat. Sci. Philadelphia, **6:** 301.

1889 *Hyla regilla* var. *scapularis* — COPE, Bull. U.S. nation. Mus., Washington, **34:** 356.

1889 *Hyla regilla* var. *regilla* — COPE, Bull. U.S. nation. Mus., Washington, **34:** 356.

1966 *Hyla regilla regilla* — JAMESON, MACKEY & RICHMOND, Proc. California Acad. Sci., San Francisco, (4) **33:** 379.

Range: Rogue, Umpqua, and Willamette valleys and Puget Trough of Oregon and Washington (U.S.A.) and southern British Colombia (Canada).

Hyla regilla cascadae JAMESON, MACKEY & RICHMOND

1966 *Hyla regilla cascadae* JAMESON, MACKEY & RICHMOND, Proc. California Acad. Sci., San Francisco, (4) **33:** 379. — Terra typica: Bend, Deschutes County, Oregon, U.S.A. — Holotype: C.A.S. no. 101038.

Range: Cascade Mountains of Oregon and Washington, (U.S.A.) and southern British Colombia (Canada).

Hyla regilla curta COPE

1866 *Hyla curta* COPE, Proc. Acad. nat. Sci. Philadelphia, **18:** 313. — Terra typica: Soria, 15 mi. north of Cabo San Lucas, Baja California Sur, México. — Syntypes: U.S.N.M. no. 5293 (19 specimens).

1889 *Hyla regilla* var. *laticeps* COPE, Bull. U.S. nation. Mus., Washington, **34:** 359. — Terra typica: Cabo San Lucas, Baja California Sur, México. — Syntypes: U.S.N.M. no. 5308 (7 specimens). (Synonymy fide JAMESON, MACKEY & RICHMOND, 1966: 587).

1966 *Hyla regilla curta* — JAMESON, MACKEY & RICHMOND, Proc. California Acad. Sci., San Francisco, (4) **33:** 585.

Range: Peninsula of Baja California, México, south of the Desierto Vizcaíno.

Hyla regilla hypochondriaca HALLOWELL

1854 *Hyla scapularis* var. *hypochondrica* HALLOWELL, Proc. Acad. nat. Sci. Philadelphia, **7:** 97. — Terra typica: Tejon Pass, California, U.S.A. — Syntypes: U.S.N.M. no. 3235 (8 specimens).

1889 *Hyla regilla* var. *regilla* — COPE (partim), Bull. U.S. nation. Mus., Washington, **34:** 356.
1966 *Hyla regilla deserticola* JAMESON, MACKEY & RICHMOND, Proc. California Acad. Sci., San Francisco, (4) **33:** 582. — Terra typica: San Borja, Baja California Norte, México. — Holotype: S.D.N.H.M. no. 54176. (Synonymy fide DUELLMAN, 1970: 492).
1966 *Hyla regilla hypochondriaca* — JAMESON, MACKEY & RICHMOND, Proc. California Acad. Sci., San Francisco, (4) **33:** 588.
1970 *Hyla regilla hypochondriaca* — DUELLMAN, Monogr. Mus. nat. Hist. Univ. Kansas, Lawrence, **1:** 492.

Range: Interior valleys and southern lowlands of California and southern Nevada (U.S.A.) and northern peninsular Baja California (México).

Hyla regilla pacifica JAMESON, MACKEY & RICHMOND

1966 *Hyla regilla pacifica* JAMESON, MACKEY & RICHMOND, Proc. California Acad. Sci., San Francisco, (4) **33:** 591. — Terra typica: Big Creek State Park, 4 mi. south of Waldport, Lincoln County, Oregon, U.S.A. — Holotype: C.A.S. no. 101007.

Range: Pacific coast of western U.S.A. from northern Washington to northern California.

Hyla regilla palouse JAMESON, MACKEY & RICHMOND

1966 *Hyla regilla palouse* JAMESON, MACKEY & RICHMOND, Proc. California Acad. Sci., San Francisco, (4) **33:** 599. — Terra typica: 6 mi. southeast of, La Grande, Oregon, U.S.A. — Holotype : C.A.S. no. 100982.

Range: Low and middle elevations of foothills and mountain valleys in northern Rocky Mountains of Washington, Oregon, Idaho, and Montana (U.S.A.).

Hyla regilla sierra JAMESON, MACKEY & RICHMOND

1966 *Hyla regilla sierra* JAMESON, MACKEY & RICMOND, Proc. California Acad, Sci., San Francisco, (4) **33** : 605 — Terra typica: 1 1/4 mi. south-southeast of Tioga Pass Ranger Station, Yosemite National Park, California, U.S.A. — Holoty pe: C.A.S. no. 100991.

Range: Sierra Nevada Mountains of northern and central California and western Nevada, U.S.A.

Hyla rhodopepla GÜNTHER

1859 *Hyla rhodopepla* GÜNTHER, Cat. „Batr. Sal. Brit. Mus. (Nat. Hist.), London: 112. — Terra typica: Andes of Ecuador." — Holotype: B.M.N.H. no. 1947. 2. 23. 53.
1882 *Hyla rhodopepla* — BOULENGER, Cat. Batr. Sal. Brit. Mus. (Nat. Hist.), London: 389.
1906 *Hyla aluminiata* ANDERSSON, Arkiv Zool., Stockholm, **3:** 16. — Terra typica: San Fermin, Departamento La Paz, Bolivia, and Chaquimayo,

Departamento Puno, Perú. — Syntypes: N.H.R.M. nos. 1953—6 (5 specimens from San Fermin), N.H.R.M. nos. 1357—9 (3 specimens from Chaquimayo). (Synonymy fide DUELLMAN, 1972: 369).
1906 *Hyla rufopunctata* ANDERSSON, Arkiv Zool., Stockholm, **3**: 18. — Terra typica: Lagunillas, Departamento La Paz, Bolivia. — Holotype: N.H.R.M. no. 1960. (Synonymy fide DUELLMAN, 1972: 369).
1923 *Hyla rhodopepla* — NIEDEN, Das Tierreich, Berlin, **46**: 273.
1923 *Hyla rufopunctata* — NIEDEN, Das Tierreich, Berlin, **46**: 277.
1923 *Hyla aluminiata* — NIEDEN, Das Tierreich, Berlin, **46**: 278.
1941 *Hyla albida* MELIN, Kungl. Vetensk.-Vitterh.-Saml. Handl., Göteborg, (B) 1 (4): 27. — Terra typica: Roque, Departamento San Martín, Perú. — Syntypes: N.H.M.G. no. 471 (2 specimens). (Synonymy fide DUELLMAN, 1972: 369).
1972 *Hyla rhodopepla* — DUELLMAN, Herpetologica, Chicago etc., **28**: 369.

Range: Upper Amazon Basin from southern Colombia to Bolivia.

Hyla riveroi COCHRAN & GOIN

1970 *Hyla riveroi* COCHRAN & GOIN, Bull. U.S. nation. Mus., Washington, **288**: 284. — Terra typica: Leticia, Comisaría Amazonas, Colombia. — Holotype: C.M. no. 37433.

Range: Upper Amazon Basin in Colombia, Ecuador, and western Brasil.

Hyla rivularis TAYLOR

1952 *Hyla rivularis* TAYLOR, Univ. Kansas Sci. Bull., Lawrence, **35**: 847. — Terra typica: Isla Bonita, Provincia Heredia, Costa Rica. — Holotype: K.U. no. 28197.

Discussion: DUELLMAN (1970b: 284).

Range: Mountains of Costa Rica and western Panamá.

Hyla rizibilis BOKERMANN

1964 *Hyla rizibilis* BOKERMANN, Rev. Brasil. Biol., Rio de Janeiro, **24** (4): 430 — Terra typica: Campo Grande, Santo André, São Paulo, Brasil. — Holotype: W.C.A.B. no. 13947.

Range: Type locality (São Paulo, Brasil).

Hyla robertmertensi TAYLOR

1937 *Hyla robertmertensi* TAYLOR, Proc. biol. Soc. Washington, **50**: 43. — Terra typica: Tapachula, Chiapas, México. — Holotype: F.M.N.H. no. 100096.

Discussion: DUELLMAN (1970b: 217).

Range: Pacific lowlands from eastern Oaxaca, México, to El Salvador; Cintalapa Valley in Chiapas, México.

Hyla robertsorum TAYLOR

1940 *Hyla robertsorum* TAYLOR, Univ. Kansas Sci. Bull., Lawrence, **26:** 393. — Terra typica: El Chico Parque Nacional, Hidalgo, México. — Holotype: F.M.N.H. no. 100124.

Discussion: DUELLMAN (1970b: 470).

Range: Sierra Madre Oriental in eastern México (Puebla and Hidalgo).

Hyla rodriguezi RIVERO

1968 *Hyla rodriguezi* RIVERO, Breviora, Cambridge (Massachusetts), **307:** 1. — Terra typica: Paso del Danto, Región de La Escalera, 1400 meters, road from El Dorado to Santa Elena de Uairén, Estado Bolívar, Venezuela. — Holotype: M.C.Z. no. 64740.

Range: Type locality (Bolívar, Venezuela).

Hyla roeschmanni DEGRYS

1938 *Hyla roeschmanni* DEGRYS, Zool. Anz., Leipzig, **124:** 315. — Terra typica: Beni, Bolivia. — Holotype: Formerly in Z.M.H.; destroyed.

Range: Type locality (Beni, Bolivia).

Hyla rosenbergi BOULENGER

1898 *Hyla rosenbergi* BOULENGER, Proc. zool. Soc. London, **1898:** 123. — Terra typica: Cachabe, Provincia Esmeraldas, Ecuador. — Syntypes: B.M.N.H. nos. 1947. 2. 12. 71—75.
1923 *Hyla rosenbergi* — NIEDEN, Das Tierreich, Berlin, **46:** 264.

Discussion: DUELLMAN (1970b: 253).

Range: Pacific lowlands from southeastern Costa Rica to northwestern Ecuador.

Hyla rossalleni GOIN

1957 *Hyla alleni* GOIN (non COPE, 1870), J. Washington Acad. Sci., **47:** 60. — Terra typica: Leticia, Comisaría Amazonas, Colombia. — Holotype: F.S.M. 8501.
1959 *Hyla rossalleni* GOIN (nomen novum pro *Hyla alleni* GOIN), Copeia, New York etc., **1959** (4): 340.
1964 *Hyla leali* BOKERMANN, Neotropica, Buenos Aires, **10** (31): 3. — Terra typica: Forte Principe da Beira, Rondônia, Brasil. — Holotype: W.C.A.B. no. 10397. (Synonymy fide DUELLMAN, 1974: 12).
1974 *Hyla rossalleni* — DUELLMAN, Occas. Pap. Mus. nat. Hist. Univ. Kansas, Lawrence, **27:** 12.

Range: Upper Amazon Basin in Ecuador, Perú, western Brasil, southeastern Colombia, and northeastern Bolivia.

Hyla rostrata PETERS

1863 *Hyla rostrata* PETERS, M.Ber. k. preuss. Akad. Wiss. Berlin, **1863:** 466. — Terra typica: Caracas, Venezuela. — Holotype: Z.M.B. no. 3175.
1882 *Hyla rostrata* — BOULENGER, Cat. Batr. Sal. Brit. Mus. (Nat. Hist.), London: 353.
1923 *Hyla rostrata* — NIEDEN, Das Tierreich, Berlin, **46:** 306.
1958 *Hyla foliamorta* FOUQUETTE, Herpetologica, Chicago etc., **14:** 125. — Terra typica: 11 km. north of Miraflores Locks, Canal Zone, Panamá. Holotype: T.N.H.C. no. 23109. (Synonymy fide RIVERO, 1968: 133).
1968 *Hyla rostrata* — RIVERO, Acta biol. venezuel., Caracas; **6:** 133.

Discussion: DUELLMAN (1970b: 204).

Range: Central Panamá eastward on coastal lowlands to French Guiana; valleys of Río Cauca and Río Magdalena in Colombia; llanos of Colombia and Venezuela.

Hyla rubicundula REINHARDT & LÜTKEN

1862 *Hyla rubicundula* REINHARDT & LÜTKEN, Vid. Medd. naturh. Foren. Kjøbenhavn, **3:** 197. — Terra typica: Lagôa Santa, Minas Gerais, Brasil. — Syntypes: N.H.M.W. no. 16511, U.Z.M. nos. 1440—41.
1882 *Hyla rubicundula* — BOULENGER, Cat. Batr. Sal. Brit. Mus. (Nat. Hist.), London: 395.
1923 *Hyla rubicundula* — NIEDEN, Das Tierreich, Berlin, **46:** 293.
1925 *Hyla elongata* A. LUTZ, Compt. Rend. Soc. Biol. Paris, **93:** 139. — Terra typica: Campo de Aviaçao, São Paulo, and Belo Horizonte, Minas Gerais, Brasil. — Syntypes: A.L.—M.N.R.J. no. 335, U.S.N.M. nos. 96861, 96863 (Campo de Aviaçao); U.S.N.M. nos. 96957—62 (Belo Horizonte). (Synonymy fide BOKERMANN, 1968: 328).
1968 *Hyla rubicundula* — BOKERMANN, Rev. Brasil. Biol., Rio de Janeiro, **28:** 328.

Range: Interior depression of southern Bahia to central Minas Gerais and São Paulo, Brasil.

Hyla rubra LAURENTI

1768 *Hyla rubra* LAURENTI, Synops. Rept., Vienna: 5. — Terra typica: "America." — Type: None designated (R.M.N.H. no. 15922B from Paramaribo, Surinam, being designated as neotype by FOUQUETTE).
1802 *Hyla rubra* — DAUDIN, Hist. nat. Rain. Gren. Crap., Paris: 19.
1820 *Calamita ruber* MERREM (lapsus pro *rubra*), Syst. Amphib., Marburg: 171.
1824 *Hyla lateristriga* SPIX, Spec. nov. Testud. Rana. Brasil., Monaco: 32. — Terra typica: "Brazil." Holotype: Formerly in Z.S.M.; now lost. (Synonymy fide PETERS, 1872: 207).
1824 *Hyla affinis* SPIX, Spec. nov. Testud. Ran. Brasil., Monaco: 33. — Terra typica: Rio Amazonas, Brasil. — Holotype: Z.S.M. no. 2495/0. (Synonymy fide PETERS, 1872: 207).
1824 *Hyla coerulea* SPIX, Spec. nov. Testud. Ran. Brasil., Monaco: 37. — Terra typica: Ecga, Rio Solimoens, Amazonas, Brasil. — Syntypes: Z.S.M. no. 2710/0 (2 specimens). (Synonymy fide PETERS, 1872: 214).

1830 *Auletris coerulea* — WAGLER, Natürl. Syst. Amphib., München: 201.
1830 *Auletris rubra* — WAGLER, Natürl. Syst. Amphib., München: 201.
1838 *Dendrohyas rubra* — TSCHUDI, Classif. Batr., Neuchâtel: 74.
1841 *Hyla cyanocephala* DUMÉRIL & BIBRON, Erpétol. gén., Paris, **8**: 558. — Terra typica: "Guyane." — Holotype: M.N.H.N. no. 765. (Synonymy fide BOULENGER, 1882: 403).
1863 *Hyla conirostris* PETERS, M.Ber. k. preuss. Akad. Wiss. Berlin, **1863**: 464. — Terra typica: "Surinam." — Holotype: Z.M.B. no. 4917. (Synonymy fide PETERS, 1872: 207).
1870 *Scytopis alleni* COPE, Proc. Amer. philos. Soc., Philadelphia, **11**: 162. — Terra typica: "Pará" (= Belém), Pará, Brasil; Pebas, Departamento Loreto, Perú. — Syntypes: A.N.S.P. no. 2159 (Pebas); M.C.Z. no. 1519 (Pará). (Synonymy fide BOULENGER, 1882: 404).
1872 *Hyla rubra* — PETERS, M. Ber. k. preuss. Akad. Wiss. Berlin, **1872**: 207, 214.
1874 *Scytopis cryptanthus* COPE, Proc. Acad. nat. Sci. Philadelphia, **26**: 123. — Terra typica: Nauta, Departamento Loreto, Perú. — Holotype: Unknown. (Synonymy fide BOULENGER, 1882: 404).
1874 *Hyla rubra* (*rubra* by fiat) — COPE, Proc. Acad. nat. Sci. Philadelphia, **26**: 124.
1874 *Scytopis ruber* — COPE (lapsus pro *rubra*), Proc. Acad. nat. Sci. Philadelphia, **26**: 124.
1882 *Hyla rubra* — BOULENGER (partim), Cat. Batr. Sal. Brit. Mus. (Nat. Hist.), London: 403.
1899 *Hyla lineomaculata* WERNER, Verh. zool.-bot. Gesell., Wien, **49**: 483. — Terra typica: "Trinidad." — Holotype: In Z.I.U.G. (Synonymy fide BARBOUR, 1920: 287).
1920 *Hyla rubra* — BARBOUR, Amer. Natural., New York, **56**: 287.
1923 *Hyla rubra* — Nieden (partim), Das Tierreich, Berlin, **46**: 311.
1923 *Hyla lineomaculata* — Nieden, Das Tierreich, Berlin, **46**: 311.
1941 *Hyla rubra huebneri* MELIN, Kungl. Vetensk.-Vitterh.-Saml. Handl., Göteborg, (B) **1** (4): 32. — Terra typica: Taracuá, São Gabriel, and Manáus, Amazonas, Brasil. — Syntypes: N.H.M.G. nos. 476 (Taracuá), 477 (São Gabriel), 478 (Manáus). (Synonymy fide COCHRAN & GOIN, 1970: 240).
1966 *Hyla robersimoni* DONOSO—BARROS, Bol. Mus. nacion. Hist. nat., Santiago, **29**: 37. — Terra typica: "Pajonales al Sur de Macuro (Peninsula de Paria)," Estado Sucre, Venezuela. — Holotype: R.D.—B. no. 645301. *New synonym.*
1968 *Hyla rubra orientalis* B. LUTZ (non *Hyla orientalis* BEDRIAGA, 1889), Pearce-Sellards Ser., Austin, **10**: 15. — Terra typica: Crubixá, Santa Leopoldina, Espírito Santo, Brasil. — Holotype: M.N.R.J. no. 4030. (Synonymy fide B. LUTZ, 1973: 159).
1970 *Hyla rubra* — COCHRAN & GOIN (partim), Bull. U.S. nation. Mus., Washington, **288**: 239.
1973 *Hyla rubra huebneri* — B. LUTZ, Brazil. Species *Hyla*, Austin: 157.
1973 *Hyla rubra altera* B. LUTZ (nomen substitutum pro *Hyla rubra orientalis* B. LUTZ), Brazil. Species *Hyla*, Austin: 159. *New synonym.*

Comment: There is disagreement whether Laurenti (1768) or Daudin (1802) is the proper authority for the name *Hyla rubra*; the earliest name is used herein pending a decision by the International Commission on Zoological Nomenclature. The preceding synonymy reflects only the current nomenclatural status of the named taxa. Present investigations, as yet unpublished, will alter the arrangement presented here. Some names included in the above synonymy should be associated with *Hyla x-signata* SPIX, others are not conspecific with *Hyla rubra*. One taxon, *Hyla robersimoni* DONOSO—BARROS, certainly is the same as *Hyla rubra* and herein is placed in the synonymy of *Hyla rubra*. The anticipated changes in nomenclature will substantially alter the range, as given below.

Range: Amazon Basin, coastal Brasil (southward to Espírito Santo), Guianas, coastal northern South America, eastern Panamá, Taboga, Trinidad, and St. Lucia (Lesser Antilles).

Hyla rubracyla COCHRAN & GOIN

1970 *Hyla rubracyla* COCHRAN & GOIN, Bull. U.S. nation. Mus., Washington, **288**: 229. — Terra typica: Río Calima, near Córdoba, Departamento Valle, Colombia. — Holotype: U.S.N.M. no. 157820.
1971 *Hyla pellucens* — DUELLMAN (partim), Herpetologica, Chicago etc., **27**: 221.
1974 *Hyla rubracyla* — DUELLMAN, Occas. Pap. Mus. nat. Hist. Univ. Kansas, Lawrence, **27**: 13.

Range: Pacific lowlands of Colombia.

Hyla rufioculis TAYLOR

1952 *Hyla rufioculis* TAYLOR, Univ. Kansas Sci. Bull., Lawrence, **35**: 827. — Terra typica: Isla Bonita, Provincia Heredia, Costa Rica. — Holotype: K.U. no. 28216.
1968 *Hyla lythrodes* SAVAGE, Bull. S. California. Acad. Sci., Los Angeles, **67**: 1. — Terra typica: 21 km. southewest of Amburi at confluence of Río Lari and Río Dipnari, Provincia Limón, Costa Rica. — Holotype: L.A.C.M. no. 26766. (Synonymy fide DUELLMAN, 1970b: 307).
1970 *Hyla rufioculis* — DUELLMAN, Monogr. Mus. nat. Hist. Univ. Kansas, Lawrence, **1**: 307.

Range: Mountains of Costa Rica.

Hyla rufitela FOUQUETTE

1961 *Hyla rufitela* FOUQUETTE, Fieldiana, Zool., Chicago, **39**: 595. — Terra typica: Barro Colorado Island, Canal Zone, Panamá. — Holotype: F.M.N H. no. 13053.

Discussion: DUELLMAN (1970b: 241).

Range: Caribbean lowlands from Nicaragua to Panamá; Golfo Dulce region of Costa Rica.

Hyla sabrina CALDWELL

1974 *Hyla sabrina* CALDWELL, Occas. Pap. Mus. nat. Hist. Univ. Kansas, Lawrence, **28**: 12. — Terra typica: 16.6 km. south of Vista Hermosa, 2020 m., Oaxaca, México. — Holotype: K.U. no. 137086.

Range: Moderate elevations on north slopes of Sierra de Juárez, Oaxaca, México.

Hyla salvadorensis MERTENS

1952 *Hyla salvadorensis* MERTENS, Senckenbergiana, Frankfurt-a.-M., **33:** 169. — Terra typica: Hacienda San José, Sierra Metapán, Departamento Santa Ana, El Salvador. — Holotype: S.M.F. no. 43045.

Discussion: DUELLMAN (1970b: 337).

Range: Pacific slopes of El Salvador and Honduras.

Hyla sanchiangensis POPE

1929 *Hyla sanchiangensis* POPE, Amer. Mus. Novit., New York, **352:** 2. — Terra typica: San Chiang, Chungan Hsien, Fukien, China. — Holotype: A.M.N.H. no. 30198.
1942 *Hyla chinensis sanchiangensis* — BOURRET, Batr. Indochine, Hanoi: 224.
1950 *Hyla sanchiangensis* — LIU, Fieldiana, Zool. Mem., Chicago, **2:** 225.

Range: Northwestern Fukien, China.

Hyla sarayacuensis SHREVE

1935 *Hyla leucophyllata sarayacuensis* SHREVE, Occas. Pap. Boston Soc. nat. Hist., **8:** 215. — Terra typica: Sarayacu, Provincia Pastaza, Ecuador. — Holotype: M.C.Z. no. 19729.
1955 *Hyla leucophyllata* — COCHRAN (partim), Bull. U.S. nation. Mus., Washington, 206: 115.
1957 *Hyla sarayacuensis* — GOIN, J. Washington Acad. Sci., **47:** 60.

Range: Upper Amazon Basin in Colombia, Ecuador, and Perú.

Hyla sartori SMITH

1951 *Hyla microcephala sartori* SMITH, Herpetologica, Chicago etc., **7:** 186. — Terra typica: 1 mi. north of Organos, south of El Treinte, Guerrero, México. — Holotype: U.I.M.N.H. no. 20934.
1968 *Hyla sartori* — DUELLMAN & FOUQUETTE, Univ. Kansas Publ. Mus. nat Hist., Lawrence, **17:** 538.

Discussion: DUELLMAN (1970b: 223).

Range: Pacific slopes of southwestern México (Jalisco to Oaxaca).

Hyla schubarti BOKERMANN

1963 *Hyla schubarti* BOKERMANN, Rev. Brasil. Biol., Rio de Janeiro, **23** (3): 249. — Terra typica: Rondônia, Rondônia, Brasil. — Holotype: W.C.A.B. no. 7848.

Range: Type locality (Rondônia, Brasil).

Hyla secedens B. LUTZ

1963 *Hyla secendens* B. LUTZ, Copeia, New York etc., **1963** (3): 561. — Terra typica: Barro Branco, Rio de Janeiro, Brasil. — Holotype: M.N.R.J. no. 3591.

Range: Serra dos Orgãos, southeastern Brasil.

Hyla semiguttata A. Lutz

1925 *Hyla semiguttata* A. Lutz, Compt. Rend. Soc. Biol. Paris, **93:** 211. — Terra typica: São Bento do Sul, Santa Catarina, Brasil. — Holotype: A.L.—M.N.R.J. no. 68.
1955 *Hyla polytaenia* — Cochran (partim), Bull. U.S. nation. Mus., Washington, **206:** 89.
1973 *Hyla semiguttata* — B. Lutz, Brazil. Species *Hyla*, Austin: 81.

Range: Highlands of extreme southeastern Brasil (Rio Grande do Sul and Santa Catarina) and extreme northeastern Argentina (Misiones).

Hyla senicula Cope

1856 *Hyla marmorata* Burmeister (non Laurenti, 1768), Erläut. Fauna Brasil., Berlin: 93. — Terra typica: Corcovado, Rio de Janeiro, Guanabara, Brasil. — Holotype: Unknown.
1862 *Hyla burmeisteri* Reinhardt & Lütken (nomen novum pro *Hyla marmorata* Burmeister), Vid. Medd. naturh. Foren. Kjøbenhavn, **3:** 149. Nomen oblitum.
1868 *Hyla senicula* Cope (nomen novum pro *Hyla marmorata* Burmeister), Proc. Acad. nat. Sci. Philadelphia, **20:** 111.
1872 *Hyla vermiculata* Peters (nomen novum pro *Hyla marmorata* Burmeister), M.Ber. k. preuss. Akad. Wiss. Berlin, **1872:** 211.
1872 *Hyla vermicularis* Peters, (nomen emendatum), M.Ber. k. preuss. Akad. Wiss. Berlin, **1872:** 680.

Range: Eastern and southern Brasil; eastern Bolivia.

Hyla senicula senicula Cope

1856 *Hyla marmorata* Burmeister (non Laurenti, 1768), Erläut. Fauna Brasil., Berlin: 93. — Terra typica: Corcovado, Rio de Janeiro, Guanabara, Brasil. — Holotype: Unknown.
1862 *Hyla burmeisteri* Reinhardt & Lütken (nomen novum pro *Hyla marmorata* Burmeister), Vid. Medd. naturh. Foren. Kjøbenhavn, **3:** 149. Nomen oblitum.
1868 *Hyla senicula* Cope (nomen novum pro *Hyla marmorata* Burmeister), Proc. Acad. nat. Sci. Philadelphia, **20:** 111.
1869 *Hyla dasynotus* Günther, Proc. zool. Soc. London, **1868:** 488. — Terra typica: "Brasil." — Holotype: B.M.N.H. no. 1947. 2. 31. 3. (Synonymy fide Cochran, 1955: 174).
1872 *Hyla vermiculata* Peters (nomen novum pro *Hyla marmorata* Burmeister), M.Ber. k. preuss. Akad. Wiss. Berlin, **1872:** 211.
1872 *Hyla vermicularis* Peters (nomen emendatum), M.Ber. k. preuss. Akad. Wiss. Berlin, **1872:** 680.
1882 *Hyla senicula* — Boulenger, Cat. Batr. Sal. Brit. Mus. (Nat. Hist.), London: 391.
1882 *Hyla dasynotus* — Boulenger, Cat. Batr. Sal. Brit. Mus. (Nat. Hist.), London: 392.

1923 *Hyla senicula* — NIEDEN, Das Tierreich, Berlin, **46:** 288.
1923 *Hyla dasynota* — NIEDEN, Das Tierreich, Berlin, **46:** 289.
1926 *Guentheria dasynota* — MIRANDA—RIBEIRO, Arch. Mus. nacion. Rio de Janeiro, **27:** 67.
1955 *Hyla marmorata senicula* — COCHRAN, Bull. U.S. nation. Mus., Washington, **206:** 174.
1964 *Hyla senicula* — BOKERMANN, Senckenb. biol., Frankfurt-a.-M., **45:** 252.
1973 *Hyla senicula senicula* — B. LUTZ, Brazil. Species *Hyla*, Austin: 88.

Range: Coastal regions of southeastern Brasil (Espírito Santo, Guanabara, Rio de Janeiro).

Hyla senicula acreana BOKERMANN

1964 *Hyla acreana* BOKERMANN, Senckenb. biol., Frankfurt-a.-M., **45:** 244. — Terra typica: Tarauacá, Acre, Brasil. — Holotype: W.C.A.B no. 1363.
1973 *Hyla senicula acreana* — B. LUTZ, Brazil. Species *Hyla*, Austin: 91.

Range: Western Brasil (Acre) and northeastern Bolivia.

Hyla senicula melanargyrea COPE

1887 *Hyla melanargyrea* COPE, Proc. Amer. philos. Soc., Philadelphia, **24:** 45. — Terra typica: Chapada dos Guimarães, Mato Grosso, Brasil. — Syntype: A.N.S.P. no. 11216; other syntypes not traced.
1923 *Hyla melanargyrea* — NIEDEN, Das Tierreich, Berlin, **46:** 288.
1973 *Hyla senicula melanargyrea* — B. LUTZ, Brazil. Species *Hyla*, Austin: 89.
1973 *H[yla] s[enicula] attenuata* B. LUTZ (nomen nudum), Brazil. Species *Hyla*, Austin: 91. *New synonym.*

Range: Interior basins of Mato Grosso to northeastern Brasil.

Hyla senicula novaisi BOKERMANN

1968 *Hyla novaisi* BOKERMANN, J. Herpetol., **1:** 26. — Terra typica: Fazenda Santa Onofre, 10 km. east of Maracás, Bahia, Brasil. — Holotype: W.C.A.B. no. 31743
1973 *Hyla senicula novaisi* —B. LUTZ, Brazil. Species *Hyla*, Austin: 92.

Range: Type locality (Bahia, Brasil).

Hyla sibleszi RIVERO

1971 *Hyla sibleszi* RIVERO, Carib. J. Sci., Mayagüez, **11:** 182. — Terra typyca: Paso del Danto, La Escalera, between El Dorado and Santa Elena de Uarién, 1300—1400 m., Serranía de Lema, Estado Bolívar, Venezuela. — Holotype: U.P.R.—M. no. 3177.

Range: Moderate elevations in the Venezuelan Guyana.

Hyla simplex BOETTGER

1901 *Hyla chinensis* var. *simplex* BOETTGER, Ber. senckenberg. naturf. Ges.,

Frankfurt-a.-M., **1901:** 53. — Terra typica: Phuc-Son, Annam, Vietnam. — Holotype: S.M.F. no. 2626.
1907 *Hyla simplex* — STEJNEGER, Bull. U.S. nation. Mus., Washington, **58:** 81.
1923 *Hyla chinensis simplex* — NIEDEN, Das Tierreich, Berlin, **46:** 201.
1932 *Hyla simplex* — POPE, Bull. Amer. Mus. nat. Hist., New York, **61:** 477.
1950 *Hyla simplex* — LIU, Fieldiana, Zool. Mem., Chicago, **2:** 225.

Range: Vietnam (Annam and Tonkin) and southern China (Hainan, Kwangsi, and Kwangtung).

Hyla siopela DUELLMAN

1968 *Hyla siopela* DUELLMAN, Univ. Kansas Publ. Mus. nat. Hist., Lawrence, **17:** 570. — Terra typica: West slope of Cofre de Perote, Veracruz, México. — Holotype: K.U. no. 100981.

Discussion: DUELLMAN (1970b: 475).

Range: Sierra Madre Oriental in eastern México (Oaxaca and Veracruz).

Hyla smaragdina TAYLOR

1940 *Hyla smaragdina* TAYLOR, Copeia, New York etc., **1940:** 18. — Terra typica: 6 km. east of Cojumatlán, Michoacán, México. — Holotype: F.M.N.H. no. 100009.
1943 *Hylella azteca* TAYLOR, Proc. biol. Soc. Washington, **56:** 49. — Terra typica: Tepoztlán, Morelos, México. — Holotype: U.I.M.N.H. no. 25044. (Synonymy fide DUELLMAN, 1961: 51).
1961 *Hyla smaragdina* — DUELLMAN, Univ. Kansas Publ. Mus. nat. Hist., Lawrence, **15:** 51.
1963 *Hyla azteca* — GORHAM, Canad. Field-Natural., Ottawa, **77:** 21.
1970 *Hyla smaragdina* — DUELLMAN, Monogr. Mus. nat. Hist. Univ. Kansas, Lawrence, **1:** 413.

Range: Pacific slopes of western México from Sinaloa to Morelos.

Hyla smithii BOULENGER

1901 *Hyla nana* GÜNTHER (non *Hyla nana* BOULENGER 1889), Biol. centr. Amer. Rept. Batr. London: 263. — Terra typica: Cuernavaca, Morelos, México. — Syntypes: B.M.N.H. nos. 1947. 2. 12. 76—82.
1902 *Hyla smithii* BOULENGER (nomen novum pro *Hyla nana* BOULENGER), Zool. Rec., London, **38** (1901, Rept. Batr.): 33.
1923 *Hyla smithii* — NIEDEN, Das Tierreich, Berlin, **46:** 247.

Discussion: DUELLMAN (1970b: 368).

Range: Pacific lowlands of México.

Hyla squalirostris A. LUTZ

1925 *Hyla squalirostris* A. LUTZ, Compt. Rend. Soc. Biol. Paris, **93:** 212. — Terra typica: Fazenda do Bonito, Serra da Bocaina, São Paulo, Brasil. — Syntypes: A.L.—M.N.R.J. no. 954—955, U.S.N.M. no. 96719.

1944 *Hyla evelynae* SCHMIDT, Publ. Field Mus. nat. Hist., Zool., Chicago, **29:** 156. — Terra typica: Hacienda Alvarez, 15 km. northeast of San Carlos, Uruguay. — Holotype: F.M.N.H. no. 9561. (Synonymy fide GALLARDO, 1961: 155).

1961 *Hyla squalirostris* — GALLARDO (partim), Com. Mus. Argent. Cien. nat., Zool., Buenos Aires, **3:** 155.

Range: Southeastern Brasil, Uruguay, and northeastern Argentina.

Hyla squirella Bosc

1800 *Hyla squirella* Bosc, in DAUDIN, Hist. nat. Quadr. ovip., Paris. **1:** 9. — Terra typica: "La Caroline"; restricted to Charleston, South Carolina, U.S.A., by SCHMIDT (1953, Check list N. Amer. Amph. Rept., Chicago, Ed. 6: 72.) — Holotype: Unknown.

1820 *Calamita squirella* — MERREM, Syst. Amphib., Marburg: 171.

1825 *Hyla delitescens* LE CONTE, Ann. Lyc. nat. Hist. New York, **1:** 281. — Terra typica: Georgia, U.S.A. — Syntypes: A.N.S.P. nos. 1948—59. *New synonym.*

1830 *Auletris squirella* — WAGLER, Natürl. Syst. Amphib., München: 201.

1838 *Dendrohyas squirella* — TSCHUDI, Classif. Batr., Neuchâtel: 75.

1882 *Hyla delitescens* — BOULENGER, Cat. Batr. Sal. Brit. Mus. (Nat. Hist.), London: 337.

1882 *Hyla squirella* — BOULENGER, Cat. Batr. Sal. Brit. Mus. (Nat. Hist.), London: 398.

1923 *Hyla squirella* — NIEDEN, Das Tierreich, Berlin, **46:** 240.

1923 *Hyla delitescens* — NIEDEN, Das Tierreich, Berlin, **46:** 316.

1946 *Hyla flavigula* GLASS, Herpetologica, Chicago etc., **3:** 101. — Terra typica: Aransas National Wildlife Refuge, Aransas County, Texas, U.S.A. Holotype: T.C.W.C. no. 1192. (Synonymy fide NEILL, 1949: 78).

1949 *Hyla squirella* — NEILL, Copeia, New York etc., **1949** (1): 78.

Comment: Examination of the recently discovered syntypes of *Hyla delitescens* reveals that they are indistinguishable from specimens of *Hyla squirella.*

Range: Coastal Plain and Mississippi Valley of southeastern North America.

Hyla staufferi COPE

1865 *Hyla staufferi* COPE, Proc. Acad. nat. Sci. Philadelphia, **17:** 195. — Terra typica: Orizaba, Veracruz, México. — Holotype: U.S.N.M. no. 15317.

Range: México (Tamaulipas and Guerrero southward) through Central America to central Panamá.

Hyla staufferi staufferi COPE

1865 *Hyla staufferi* COPE, Proc. Acad. nat. Sci. Philadelphia, **17:** 195. — Terra typica: Orizaba, Veracruz, México. — Holotype: U.S.N.M. no. 15317.

1882 *Hyla staufferi* — BOULENGER, Cat. Batr. Sal. Brit. Mus. (Nat. Hist.), London: 400.

1887 *Hyla eximia staufferi* — COPE, Bull. U.S. nation. Mus., Washington, **32:** 14.

1901 *Hyla eximia* — GÜNTHER (partim), Biol. Centr. Amer., London: 261.

1923 *Hyla eximia* — NIEDEN (partim), Das Tierreich, Berlin, **46:** 245.
1932 *Hyla culex* DUNN & EMLEN, Proc. Acad. nat. Sci. Philadelphia, **84:** 24. — Terra typica: Tela, Departamento Atlantidad, Honduras. — Holotype: M.C.Z. no. 16098. (Synonymy fide DUELLMAN, 1966: 274)
1966 *Hyla staufferi* — DUELLMAN (partim), Univ. Kansas Publ. Mus. nat. Hist., Lawrence, **16:** 274.
1969 *Hyla staufferi staufferi* — LEÓN, Univ. Kansas Publ. Mus. nat. Hist., Lawrence, **18:** 537.

Discussion: DUELLMAN (1970b: 195).

Range: México (Tamaulipas and Guerrero) southward on Atlantic lowlands to Nicaragua and on Pacific lowlands to northwestern Costa Rica.

Hyla staufferi altae DUNN

1933 *Hyla altae* DUNN, Occas. Pap. Boston Soc. nat. Hist., **8:** 61. — Terra typica: Summit, Canal Zone, Panamá. — Holotype: M.C.Z. no. 17972.
1952 *Hyla staufferi* — TAYLOR (partim), Univ. Kansas sci. Bull., Lawrence, **35:** 862.
1966 *Hyla staufferi* — DUELLMAN (partim), Univ. Kansas Publ. Mus. nat. Hist., Lawrence, **17:** 274
1969 *Hyla staufferi altae* — LEÓN, Univ. Kansas Publ. Mus. nat. Hist., Lawrence, **18:** 540.

Discussion: DUELLMAN (1970b: 199).

Range: Pacific lowlands of western and central Panamá.

Hyla steinbachi BOULENGER

1905 *Hyla steinbachi* BOULENGER, Ann. Mag. nat. Hist., London, (7) **16:** 182. — Terra typica: Provincia Sara, Departamento Santa Cruz, Bolivia. — Syntypes: B.M.N.H. nos. 1947. 2. 13. 61—63.
1923 *Hyla steinbachi* — NIEDEN, Das Tierreich, Berlin, **46:** 279.

Range: Type locality (Santa Cruz, Bolivia).

Hyla strigilata SPIX

1824 *Hyla strigilata* SPIX, Spec. nov. Testud. Ran. Brasil., Monaco: 38. — Terra typica: Bahia, Brasil. — Syntypes: Formerly Z.S.M. no. 2531/0; destroyed.
1872 *Hyla strigilata* — PETERS, M.Ber. k. preuss. Akad. Wiss. Berlin, **1872:** 214.
1882 *Hyla strigilata* — BOULENGER, Cat. Batr. Sal. Brit. Mus. (Nat. Hist.), London: 390.
1897 *Hyla strigillata* WERNER, (lapsus pro *Hyla strigilata*), S.Ber. k. bayer. Akad. Wiss. München, **27:** 217.
1923 *Hyla strigilata* — NIEDEN, Das Tierreich, Berlin, **46:** 291.
1955 *Hyla strigilata strigilata* — COCHRAN, Bull. U.S. nation. Mus., Washington, **206:** 158.
1973 *Hyla strigilata* — B. LUTZ, Brazil. species *Hyla*, Austin: 195.

Range: Northeastern Brasil.

Hyla subocularis DUNN

1934 *Hyla subocularis* DUNN, Amer. Mus. Novit., **747:** 2. — Terra typica: Río Chucunaque at the first creek above the Río Tuquesca, Provincia Darién, Panamá. — Holotype: A.M.N.H. no. 41117.

Discussion: DUELLMAN (1970b: 235).

Range: Eastern Panamá and northern Colombia.

Hyla sugillata DUELLMAN

1973 *Hyla sugillata* DUELLMAN, Herpetologica, Chicago etc., **29:** 223. — Terra typica: Estación Biológica Río Palenque, 56 km. north of Quevedo, Provincia Los Ríos, Ecuador. — Holotype: K.U. no. 146444.

Range: Pacific lowlands of Colombia and northwestern Ecuador.

Hyla sumichrasti (BROCCHI)

1879 *Exerodonta sumichrasti* BROCCHI, Bull. Soc. philomath. Paris, (7) **3:** 20. — Terra typica: Santa Efigenia, Oaxaca, México. — Holotype: Formerly in M.N.H.N.; now lost.
1879 *Hylella platycephala* COPE, Proc. Amer. philos. Soc., Philadelphia, **18:** 267. — Terra typica: Santa Efigenia, Oaxaca, México. — Syntypes: U.S.N.M. no. 10037 (5 specimens). (Synonymy fide BOULENGER, 1891: 456).
1882 *Hylella sumichrasti* — BOULENGER, Cat. Batr. Sal. Brit. Mus. (Nat. Hist.), London: 420.
1891 *Hylella sumichrasti* — BOULENGER, Ann. Mag. nat. Hist., London, (6) **8:** 456.
1923 *Hyla sumichrasti* — NIEDEN, Das Tierreich, Berlin, **46:** 249.

Discussion: DUELLMAN (1970b: 409).

Range: Pacific slopes of southern México (Chiapas and Oaxaca) and Chiapan highlands, México.

Hyla surinamensis DAUDIN

1803 *Hyla surinamensis* DAUDIN, Hist. nat. Rain. Gren. Crap., Paris: 44. — Terra typica: "Surinam." — Holotype: None designated; based on SEBA, 1734, Thesaurus, Amsterdam, pl. 70, fig. 4.
1923 *Hyla surinamensis* — NIEDEN, Das Tierreich, Berlin, **46:** 316.

Range: ? Surinam.

Hyla taeniopus GÜNTHER

1901 *Hyla taeniopus* GÜNTHER, Biol. Centr. Amer. Rept. Batr., London: 269. — Terra typica: Jalapa, Veracruz, México. — Syntypes: B.M.N.H. nos. 1947. 2. 23. 32—33.
1923 *Hyla taeniopus* — NIEDEN, Das Tierreich, Berlin, **46:** 246.
1939 *Hyla bromeliana* TAYLOR, Copeia, New York etc., **1939** (2): 97. — Terra typica: near Tianguistengo, Hidalgo, México. — Holotype: F.M.N.H. no. 100075. (Synonymy fide DUELLMAN, 1965: 160).

1948 *Hyla proboscidea* TAYLOR (non BRONGERSMA 1933), Univ. Kansas Publ. Mus. Nat. Hist., Lawrence, **1:** 259. — Terra typica: 2 km. west of Jico (Xico), Veracruz, México. — Holotype: K.U. no. 23626. (Synonymy fide DUELLMAN, 1965: 161).

1949 *Hyla dalquesti* TAYLOR (nomen novum pro *Hyla proboscidea*), Copeia, New York etc., **1949** (1): 74. (Synonymy fide DUELLMAN, 1965: 161).

1949 *Hyla cyclomaculata* TAYLOR, Copeia, New York etc., **1949** (1): 272. — Terra typica: Huatusco, Veracruz, México. — Holotype: K.U. no. 26954. — (Synonymy fide DUELLMAN, 1965: 161).

1965 *Hyla taeniopus* — DUELLMAN, Copeia, New York etc., **1965** (2): 159.

Discussion: DUELLMAN (1970b: 445).

Range: Atlantic slopes of Sierra Madre Oriental, México.

Hyla thorectes ADLER

1965 *Hyla thorectes* ADLER, Occas. Pap. Mus. zool. Univ. Michigan, Ann Arbor, **642:** 10. — Terra typica: 37 km. (by road) north of San Gabriel Mixtepec, Oaxaca, México, 1700 km. — Holotype: U.M.M.Z. no. 124390.

Discussion: DUELLMAN (1970b: 388).

Range: Pacific slopes of Sierra Madre del Sur, Oaxaca, México.

Hyla thysanota DUELLMAN

1966 *Hyla thysanota* DUELLMAN, Univ. Kansas Publ. Mus. nat. Hist., Lawrence, **17:** 259. — Terra typica: Cerro Malí, Provincia Darién, Panamá, 1265 m. — Holotype: U.S.N.M. no. 151080.

Range: Type locality (Darién, Panamá).

Hyla tica STARRETT

1966 *Hyla tica* STARRETT, Bull. S. California. Acad. Sci., Los Angeles, **65:** 23. — Terra typica: Stream at 4500 feet on Volcán Turrialba, Provincia Cartago, Costa Rica. — Holotype: U.M.M.Z. no. 122482.

Discussion: DUELLMAN (1970b: 278).

Range: Mountains of Costa Rica and western Panamá.

Hyla tintinnabulum MELIN

1941 *Hyla tintinnabulum* MELIN, Kungl. Vetensk.-Vitterh.-Saml. Handl., Göteborg, (B) **1** (4): 29. — Terra typica: Ipanoré, Rio Uaupes, Territorio do Amazonas, Brasil. — Syntypes: N.H.M.G. no. 473 (2 specimens).

Range: Type locality (Amazonas, Brasil).

Hyla triangulum GÜNTHER

1869 *Hyla triangulum* GÜNTHER, Proc. zool. Soc. London, **1868:** 489. — Terra typica: "Brasil." — Holotype: B.M.N.H. no. 1947. 2. 23. 88.

1870 *Hyla leucophyllata triangulum* — COPE, Proc. Amer. philos. Soc., Philadelphia, **11:** 155.

1871 *Hyla reticulata* JIMÉNEZ DE LA ESPADA, J. Sci. math., Lisboa, **3:** 61. — Terra typica: Río Napo, Provincia Napo, Ecuador. — Holotype: M.N.C.N. no. 329. (Synonymy fide DUELLMAN, 1974: 19).

1882 *Hyla reticulata* — BOULENGER, Cat. Batr. Sal. Brit. Mus. (Nat. Hist.), London: 386.

1882 *Hyla leucophyllata* — BOULENGER (partim), Cat. Batr. Sal. Brit. Mus. (Nat. Hist.), London: 387.

1923 *Hyla leucophyllata* — NIEDEN (partim), Das Tierreich, Berlin, **46:** 259.

1923 *Hyla reticulata* — NIEDEN, Das Tierreich, Berlin, **46:** 269.

1941 *Hyla mimetica* MELIN, Kungl. Vetensk.-Vitterh.-Saml. Handl., Göteborg, (B) **1** (4): 24. — Terra typica: Roque, Departamento San Martín, Perú. — Syntypes: N.H.M.G. no. 469 (2 specimens). (Synonymy fide DUELLMAN, 1974: 19).

1945 *Hyla membranacea* ANDERSSON, Arkiv Zool., Stockholm, **37A** (2): 77. — Terra typica: "Rio Pastaza watershed," Ecuador. — Syntypes: N.H.R.M. no. 1961 (4 specimens). (Synonymy fide DUELLMAN, 1974: 19).

1957 *Hyla laynei* GOIN, J. Washington Acad. Sci., **47:** 61. — Terra typica: Leticia, Comisaría Amazonas, Colombia. — Holotype: F.S.M. no. 8503. (Synonymy fide DUELLMAN, 1974: 19).

1970 *Hyla oliveae* COCHRAN & GOIN, Bull. U.S. nation. Mus., Washington, **288:** 304. — Terra typica: Leticia, Comisaría Amazonas, Colombia. — Holotype: F.S.M. no. 8555. (Synonymy fide DUELLMAN, 1974: 19).

1970 *Hyla reticulata* — COCHRAN & GOIN (partim), Bull. U.S. nation. Mus., Washington, **288:** 306.

1974 *Hyla triangulum* — DUELLMAN, Occas. Pap. Mus. nat. Hist. Univ. Kansas, Lawrence, **27:** 19.

Range: Upper Amazon Basin in Colombia, Ecuador, Perú, and western Brasil.

Hyla tritaeniata BOKERMANN

1965 *Hyla tritaeniata* BOKERMANN, Rev. Brasil. Biol., Rio de Janeiro, **25:** 260. — Terra typica: São Vicente, Cuiabá, Mato Grosso, Brasil. — Holotype: W.C.A.B. no. 16211.

Range: Central Mato Grosso, Brasil.

Hyla truncata IZECKSOHN

1959 *Hyla truncata* IZECKSOHN, Rev. Brasil. Biol., Rio de Janeiro, **19:** 259. — Terra typica: Itaguaí, Rio de Janeiro, Brasil. — Holotype: E.I. no. 107.

Range: Coastal lowlands of Rio de Janeiro and Guanabara, Brasil.

Hyla trux ADLER & DENNIS

1972 *Hyla trux* ADLER & DENNIS, Occas. Pap. Mus. nat. Hist. Univ. Kansas, Lawrence, **7:** 1. — Terra typica: 11.4 km. (by road) southwest of Puerto del Gallo, 1985 m., Guerrero, México. — Holotype: K.U. no. 137551.

Range: Vicinity of Cerro Teotepec, Sierra Madre del Sur, Guerrero, México.

Hyla tsinlingensis Liu & Hu

1966 *Hyla tsinlingensis* Liu & Hu in Hu, Djao & Liu, Acta zool. Sinica, Peking, **18:** 74. — Terra typica: Hou-tseng-tze, Chouchih Hsien, Shensi, 1341 m., China. — Holotype: S.I.B.—A.S. no. 623149.

Range: Type locality (Shensi, China).

Hyla tuberculosa Boulenger

1882 *Hyla tuberculosa* Boulenger, Cat. Batr. Sal. Brit. Mus. (Nat. Hist.), London: 355. — Terra typica: Canelos, Provincia Pastaza, Ecuador. — Holotype: B.M.N.H. no. 1947. 2. 13. 34.

Discussion: Duellman (1974b).

Range: Upper Amazon Basin in western Brasil, Ecuador, and Perú.

Hyla uranochroa Cope

1876 *Hyla uranochroa* Cope, J. Acad. nat. Sci. Philadelphia, (2) **8:** 103. — Terra typica: Near Sipurio, Provincia Limón, Costa Rica. — Holotype: U.S.N.M. no. 20651.
1882 *Hyla uranochroa* — Boulenger, Cat. Batr. Sal. Brit. Mus. (Nat. Hist.) London: 377.
1923 *Hyla uranochroa* — Nieden, Das Tierreich, Berlin, **46:** 254.
1952 *Hyla alleei* Taylor, Univ. Kansas Sci. Bull., Lawrence, **35:** 831. — Terra typica: Isla Bonita, Provincia Heredia, Costa Rica. — Holotype: R.C.T. no. 775. (Synonymy fide Duellman, 1966: 276).
1966 *Hyla uranochroa* — Duellman, Univ. Kansas Publ. Mus. nat. Hist., Lawrence, **17:** 276.

Discussion: Duellman (1970b: 302).

Range: Mountains of Costa Rica and western Panamá.

Hyla valancifer Firschein & Smith

1956 *Hyla valancifer* Firschein & Smith, Herpetologica, Chicago etc., **12:** 18. — Terra typica: Volcán San Martín, Veracruz, México. — Holotype: U.I.M.N.H. no. 35398.

Discussion: Duellman (1970b: 342).

Range: Sierra de los Tuxtlas, southern Veracruz, México.

Hyla variabilis Boulenger

1896 *Hyla variabilis* Boulenger, Ann. Mag. nat. Hist., London, (6) **17:** 20. — Terra typica: Cali, Departamento Valle, Colombia. — Syntypes: B.M.N.H. nos. 1947. 2. 13. 15—21; F.M.N.H. no. 3565; M.C.Z. no. 2606; U.M.M.Z. nos. 46464, 51269, 58908 (8 specimens); U.S.N.M. no. 71115.
1923 *Hyla variabilis* — Nieden, Das Tierreich, Berlin, **46:** 262.

R a n g e: Cauca Valley in the vicinty of Cali, southwestern Colombia.

Hyla vasta COPE

1871 *Hyla vasta* COPE, Proc. Acad. nat. Sci. Philadelphia, **23:** 219. — T e r r a t y p i c a: "Haiti, San Domingo." — H o l o t y p e: A.N.S.P. no. 2097.
1882 *Hyla vasta* — BOULENGER, Cat. Batr. Sal. Brit. Mus. (Nat. Hist.), London: 351.
1923 *Hyla vasta* — NIEDEN, Das Tierreich, Berlin, **46:** 312.

R a n g e: Hispaniola, West Indies.

Hyla versicolor LECONTE

1825 *Hyla versicolor* LECONTE, Ann. Lyc. nat. Hist. New York, **1:** 281. — T e r r a t y p i c a: "northern States"; restricted to vicinity of New York, U.S.A., by SCHMIDT (1953, Check list N. Amer. Amph. Rept., Chicago, Ed. 6: 73). — H o l o t y p e: Unknown.
1838 *Dendrohyas versicolor* — TSCHUDI, Classif. Batr. Neuchâtel: 75.
1843 *Dryophytes versicolor* — FITZINGER, Syst. Rept., Vienna: 31.
1854 *Hyla richardii* BAIRD, Proc. Acad. nat. Sci. Philadelphia, **7:** 60. — T e r r a t y p i c a: Cambridge, Essex County, Massachusetts, U.S.A. — H o l o t y p e: M.C.Z. no. 2128. (Synonymy fide COPE, 1889: 373).
1882 *Hyla versicolor* — BOULENGER, Cat. Batr. Sal. Brit. Mus. (Nat. Hist.), London: 372.
1889 *Hyla versicolor* — COPE (partim), Bull. U.S. nation. Mus., Washington, **34:** 373.
1889 *Hyla phaeocrypta* COPE, Bull. U.S. nation. Mus., Washington, **34:** 375. — T e r r a t y p i c a: Mount Carmel, Wabash County, Illinois, U.S.A. — H o l o t y p e: U.S.N.M. no. 12074. (Synonymy fide SMITH, 1953: 169).
1923 *Hyla versicolor* — NIEDEN (partim), Das Tierreich, Berlin, **46:** 237.
1923 *Hyla versicolor versicolor* — STEJNEGER & BARBOUR, Check list N. Amer. Amph. Rept., Ed. 2, Cambridge (Massachusetts): 31.
1953 *Hyla versicolor* — SMITH, Herpetologica, Chicago etc., **9:** 169.
1966 *Hyla versicolor* — JOHNSON, Texas J. Sci., Austin: **18:** 361.

D i s c u s s i o n: JOHNSON (1966).

R a n g e: Northeastern U.S.A. and extreme southern Canada from eastern North Dakota and eastern Missouri to southern Maine and Delaware; south-central U.S.A. (eastern Oklahoma, Texas, and southwestern Louisiana).

Hyla vigilans SOLANO

1971 *Hyla vigilans* SOLANO, Acta biol., venezuel., Caracas, **7:** 212. — T e r r a t y p i c a: between Colonia and El Vigía, Estado Zulia, Venezuela. — H o l o t y p e: M.B.U.C.V. no. IV—6163.

R a n g e: Maracaibo Basin, Venezuela.

Hyla viridifusca LAURENTI

1768 *Hyla viridi-fusca* LAURENTI, Synops. Rept., Wien: 34. — T e r r a t y p i c a: "Surinam." — H o l o t y p e: Unknown.

1923 *Hyla viridi-fusca* — NIEDEN, Das Tierreich, Berlin, **46:** 316.

Range: Unknown.

Hyla walkeri STUART

1954 *Hyla walkeri* STUART, Proc. biol. Soc. Washington, **67:** 165. — Terra typica: Asseradero San Lorenzo, 12 km. (airline) slightly east of north of Jalapa, Jalapa, Guatemala — Holotype: U.M.M.Z. no. 106817.
1964 *Hyla euphorbiacea biseriata* LYNCH in SMITH, LANGEBARTEL & WILLIAMS (nomen nudum), Illinois biol. Monog., Urbana, **32:** 24. — Terra typica: 15 mi. south of Pichucalco, Chiapas, México. — Holotype: U.I.M.N.H. no. 9841. (Synonymy fide DUELLMAN, 1970: 510).
1970 *Hyla walkeri* — DUELLMAN, Monogr. Mus. Nat. Hist. Univ. Kansas, Lawrence, **1:** 510.

Range: Mountains of Chiapas, México, and western and southeastern Guatemala.

Hyla wandae PYBURN & FOUQUETTE

1971 *Hyla wandae* PYBURN & FOUQUETTE, J. Herpetol., **5:** 97. — Terra typica: 12 km. north-northeast of Villavicencio, Departamento Meta, Colombia. — Holotype: U.S.N.M. no. 192305.

Range: Llanos of central Colombia.

Hyla wilderae DUNN

1925 *Hyla wilderae* DUNN, Occas. Pap. Boston Soc. nat. Hist., **5:** 161. — Terra typica: Moneague, Saint Ann Parish, Jamaica. — Holotype: M.C.Z. no. 10500.
1952 *Hyla shrevei* TAYLOR, Breviora, Cambridge (Massachusetts), **1:** 1. — Terra typica: "La Loma, Chiriquicito," Panamá (ex errore). — Holotype: M.C.Z. no. 26769. (Synonymy fide GOIN, 1959: 340).
1959 *Hyla wilderae* — GOIN, Copeia, New York etc., **1959** (4): 340.

Range: Jamaica, West Indies.

Hyla xanthosticta DUELLMAN

1968 *Hyla xanthosticta* DUELLMAN, Univ. Kansas Publ. Mus. nat. Hist., Lawrence, **17:** 562. — Terra typica: South Fork of the Río Las Vueltas, south slope of Volcán Barba, near the northwest base of Cerro Chonpipe, Provincia Heredia, Costa Rica, 2100 m. — Holotype: K.U. no. 103772.

Range: Type locality (Heredia, Costa Rica).

Hyla x-signata SPIX

1824 *Hyla x-signata* SPIX, Spec. nov. Testud. Ran. Brasil., Monaco: 40. — Terra typica: Bahia, Brasil. — Holotype: Formerly in Z.S.M.; now destroyed.
1872 *Hyla x-signata* — PETERS, M.Ber. k. preuss. Akad. Wiss. Berlin, **1872:** 218.
1874 *Scytopis x-signatus* — COPE, Proc. Acad. nat. Sci. Philadelphia, **26:** 124.

1882 *Hyla rubra* — BOULENGER (partim), Cat. Batr. Sal. Brit. Mus. (Nat. Hist.), London: 403.
1923 *Hyla rubra* — NIEDEN (partim), Das Tierreich, Berlin, **46:** 310.
1969 *Hyla x-signata* — RIVERO, Mem. Soc. Cien. Nat. La Salle, Caracas, **29:** 109.

Range: Northern Venezuela to Surinam; eastern, southern, and southeastern Brasil, Paraguay, Uruguay, and northern Argentina.

Hylax signata-signata SPIX

1824 *Hyla x-signata* SPIX, Spec. nov. Testud. Ran. Brasil., Monaco: 40. —
Terra typica: Bahia, Brasil. — Holotype: Formerly in Z.S.M.; destroyed.
1872 *Hyla x-signata* — PETERS, M.Ber. k. preuss. Akad. Wiss. Berlin, **1872:** 218.
1874 *Scytopis x-signatus* — COPE, Proc. Acad. nat. Sci. Philadelphia, **26:** 124.
1882 *Hyla rubra* — BOULENGER (partim), Cat. Batr. Sal. Brit. Mus. (Nat. Hist.), London: 403.
1923 *Hyla rubra* — NIEDEN (partim), Das Tierreich, Berlin, **46:** 310.
1969 *Hyla x-signata* — RIVERO, Mem. Soc. Cien. Nat. La Salle, Caracas, **29:** 109.
1973 *Hyla x-signata x-signata* — B. LUTZ, Brazil. Species *Hyla*, Austin: 139.

Range: Northern Venezuela to Surinam, eastern and east-central Brasil southward to Minas Gerais.

Hyla x-signata camposseabrai BOKERMANN

1968 *Hyla camposseabrai* BOKERMANN, J. Herpetol., **1:** 25. — Terra typica: Fazenda Cana Brava, 10 km. east of Maracás, Bahia, Brasil. — Holotype: W.C.A.B. no. 31771.
1973 *Hyla x-signata camposseabrai* — B. LUTZ, Brazil. Species *Hyla*, Austin: 147.

Range: Maracás Plateau, Bahia, Brasil.

Hyla x-signata eringiophila GALLARDO

1961 *Hyla strigilata eringiophila* GALLARDO, Com. Mus. Argentino Cien. nat., Zool., Buenos Aires, **3:** 147. — Terra typica: Bella Vista, Provincia Buenos Aires, Argentina. — Syntypes: M.A.C.N. no. 2413 (6 specimens).
1973 *Hyla x-signata eringiophila* — B. LUTZ, Brazil. Species *Hyla*, Austin: 148.

Range: Rio Grande do Sul, Brasil; Uruguay and northeastern Argentina.

Hyla x-signata nasica COPE

1862 *Hyla nasica* COPE, Proc. Acad. nat. Sci. Philadelphia, **14:** 354. — Terra typica: "Paraguay." — Syntypes: U.S.N.M. nos. 5835 and 32371.
1871 *Hyla granulata* PETERS, M.Ber. k. preuss. Akad. Wiss. Berlin, **1871:** 651. — Terra typica: Porto Alegre, Rio Grande do Sul, Brasil. — Holotype: Formerly in Z.M.B.; now lost. (Synonymy fide BOULENGER, 1882: 376).
1882 *Hyla nasica* — BOULENGER, Cat. Batr. Sal. Brit. Mus. (Nat. Hist,). London: 376.

1887 *Hyla nigra* COPE, Proc. Amer. Philos. Soc., Philadelphia, **24:** 47. — Terra typica: Chapada, Mato Grosso, Brasil. — Holotype: A.N.S.P. no. 11269. (Synonymy fide DUELLMAN, 1974: 14).
1923 *Hyla nasica* — NIEDEN (partim), Das Tierreich, Berlin, **46:** 281.
1923 *Hyla nigra* — NIEDEN, Das Tierreich, Berlin, **46:** 299.
1960 *Hyla rubra nasica* — GANS, Ann. Carnegie Mus., Pittsburgh, **35:** 301.
1973 *Hyla x-signata nasica* — B. LUTZ, Brazil. Species *Hyla*, Austin: 143.
1974 *Hyla x-signata nasica* — DUELLMAN, Occas. Pap. Mus. nat. Hist. Univ. Kansas, Lawrence, **27:** 14.

Range: Chaco region of Paraguay, northwestern Argentina, eastern Bolivia, and southwestern Brasil.

Hyla x-signata similis COCHRAN

1952 *Hyla similis* COCHRAN, J. Washington Acad. Sci., **42:** 50. — Terra typica: Manguinhos, Rio de Janeiro, Guanabara, Brasil. — Holotype: U.S.N.M. no. 97317.
1973 *Hyla x-signata similis* — B. LUTZ, Brazil. Species *Hyla*, Austin: 145.

Range: Coastal region of Rio de Janeiro, Brasil.

Hyla zeteki GAIGE

1929 *Hyla zeteki* GAIGE, Occas. Pap. Mus. zool. Univ. Michigan, Ann Arbor, **207:** 4. — Terra typica: Caldera Valley above Boquete, Provincia Chiriquí, Panamá. — Holotype: U.M.M.Z. no. 63875.

Discussion: DUELLMAN (1970b: 323).

Range: Mountains of Costa Rica and western Panamá.

Limnaoedus MITTLEMAN & LIST

1953 *Limnaoedus* MITTLEMAN & LIST, Copeia, New York etc., **1953** (2): 83. — Species typica (by original designation): *Hyla ocularis* BOSC & DAUDIN, 1801.

Range: Coastal plain of southeastern North America from North Carolina to eastern Texas, U.S.A.

Limnaoedus ocularis BOSC & DAUDIN

1801 *Hyla ocularis* BOSC & DAUDIN in SONINNI & LATREILLE, Hist. Nat. Rept., Paris, 2: 187. — Terra typica: "Carolina"; restricted to vicinity of Charleston, South Carolina, U.S.A. by SCHMIDT (1953, Check list N. Amer. Amph. Rept., Ed. 6, Chicago: 71). Holotype: Unknown.
1803 *Hyla oculata* DAUDIN (error typographicus), Hist. nat. Rain. Gren. Crap., Paris, pl. 4.
1820 *Calamita ocularis* — MERREM, Tent. Syst. Amphib., Marburg: 172.
1830 *Auletris ocularis* — WAGLER, Natürl. Syst. Amphib., München: 201.
1838 *Hylodes ocularis* — HOLBROOK, N. Amer. Herpetol., Philadelphia, Ed. 1, **3:** 79.
1875 *Chorophilus angulatus* COPE, Bull. U.S. nation. Mus., Washington, **1:** 30. — Terra typica: South Carolina and Georgia; restricted to vicinity of

Charleston, South Carolina, U.S.A. by SCHMIDT (1953, Check list N.-Amer. Amph. Rept., Ed. 6, Chicago: 71). — Holotype: Unknown. (Synonymy fide BOULENGER, 1882: 333).

1882 *Chorophilus ocularis* — BOULENGER, Cat. Batr. Sal. Brit. Mus. (Nat. Hist.), London: 333.

1917 *Pseudacris ocularis* — STEJNEGER & BARBOUR, Check list N. Amer. Amph. Rept., Ed. 1, Cambridge (Massachusetts): 31.

1923 *Chorophilus ocularis* — NIEDEN, Das Tierreich, Berlin, **46:** 352.

1953 *Limnaoedus ocularis* — MITTLEMAN & LIST, Copeia, New York etc., **1953** (2): 83.

Discussion: HARPER (1939) and MITTLEMAN & LIST (1953).

Range: Coastal plain of southeastern North America from North Carolina to eastern Texas, U.S.A.

Litoria TSCHUDI

1838 *Litoria* TSCHUDI, Classif. Batr., Neuchâtel: 36. — Species typica (by monotypy): *Litoria freycineti* TSCHUDI, 1838.

1838 *Ranoidea* TSCHUDI, Classif. Batr., Neuchâtel: 35. — Species typica (by monotypy): *Ranoides Jacksoniensis* BIBRON (in TSCHUDI), 1838 (nomen nudum).

1843 *Euscelis* FITZINGER, Syst. Rept., Wien: 31. — Species typica (by original designation): *Hyla lesueurii* DUMÉRIL & BIBRON, 1841.

1843 *Pelobius* FITZINGER, Syst. Rept., Wien: 31. — Species typica (by original designation): *Litoria freyemeti* Tschudi, 1838.

1859 *Pelodryas* Günther, Cat. Batr. Sal. Brit. Mus. (Nat. Hist.), London: 119 — Species typica (by monotypy): *Rana caerulea* WHITE, 1802.

1867 *Chirodryas* KEFERSTEIN, Nach. Ges. Wiss. Göttingen, **18:** 358. — Species typica (by monotypy): *Chirodryas raniformis* KEFERSTEIN, 1867 [= *Litoria aurea* (LESSON, 1830)].

1889 *Mitrolysis* COPE, Bull. U.S. nation. Mus., Washington, **34:** 312. — Species typica (by original designation): *Chiroleptes alboguttatus* GÜNTHER, 1867.

1893 *Fanchonia* WERNER, Zool. Anz., Leipzig, **13:** 82. - Species typica (by monotypy): *Fanchonia elegans* WERNER, 1893 [= *Litoria aurea* (LESSON, 1830)].

Range: New Guinea, Moluccan Islands, Lesser Sunda Islands, Timor, Bismarck Archipelago, Solomon Islands, and Australia, including Tasmania; introduced into New Caledonia and New Zealand.

Litoria adelaidensis (GRAY)

1841 *Hyla adelaidensis* GRAY, in GREY, J. Exped. Discov. west Austral., London, **2:** 447. — Terra typica: "western Australia." — Holotype: B.M.N.H. no. 1947. 2. 22. 80.

1841 *Hyla binoculata* GRAY, in GREY, J. Exped. Discov. west Austral., London, **2:** 447. — Terra typica: "western Australia." — Syntypes: B.M.N.H. nos. 1947. 2. 23. 68—74. (Synonymy fide GÜNTHER, 1859: 113).

1841 *Hyla bioculata* GRAY (lapsus pro *Hyla binoculata*), Ann. Mag. nat. Hist., London, (1) **7:** 90.

1868 *Hyla Schuetteii* KEFERSTEIN, Arch. Naturgesch., Berlin, **34:** 279. —

Terra typica: "Sydney, New South Wales" (ex errore, fide COPLAND, 1957: 73). — Holotype: Unknown. (Synonymy fide BOULENGER, 1882: 408).

1882 *Hyla adelaidensis* — BOULENGER, Cat. Batr. Sal. Brit. Mus. (Nat. Hist.), London: 408.

1882 *Hyla scheutteri* BOULENGER (lapsus pro *Hyla Schuetteii*), Cat. Batr. Sal. Brit. Mus. (Nat. Hist.), London: 408.

1923 *Hyla adelaidensis* — NIEDEN, Das Tierreich, Berlin, **46:** 227.

1964 *Hyla bioclata* CONDIT (lapsus pro *Hyla binoculata*), J. Ohio herpetol. Soc., Cincinnati, **4:** 88.

1971 *Litoria adelaidensis* — TYLER, Univ. Kansas. Publ. Mus. nat. Hist., Lawrence, **19:** 352.

Discussion: COPLAND (1957: 72).

Range: Southern Western Australia.

Litoria affinis (GRAY)

New Combination

1842 *Pelodytes affinis* GRAY, Zool. Misc., London, **3:** 56 — Terra typica: Port Essington, Northern Territory, Australia. — Holotype: B.M.N.H. no. 1947. 2. 22. 79.

1882 *Hyla affinis* — BOULENGER, Cat. Batr. Sal. Brit. Mus. (Nat. Hist.), London: 413.

1923 *Hyla tornieri* NIEDEN (nomen substitutum pro *Pelodytes affinis*), Das Tierreich, Berlin, **46:** 228.

1957 *Hyla latopalmata latopalmata* — COPLAND (partim), Proc. Linn. Soc. New South Wales, Sydney, **82:** 94.

1971 *Litoria latopalmata* — TYLER (partim), Univ. Kansas Publ. Mus. nat. Hist., Lawrence, **19:** 353.

Discussion: MOORE (1961: 298).

Range: Northern and eastern Australia.

Litoria alboguttata (GÜNTHER)

1867 *Chiroleptes alboguttatus* GÜNTHER, Ann. Mag. nat. Hist., London, (3) **20:** 54. — Terra typica: Port Denison and Cape York, Queensland, Australia. — Syntypes: B.M.N.H. nos. 67. 5. 6. 78—9 (Cape York), 1936. 12. 3. 125—6 (Port Denison).

1882 *Chiroleptes alboguttatus* — BOULENGER, Cat. Batr. Sal. Brit. Mus. (Nat. Hist.), London: 267.

1889 *Mitrolysis alboguttatus* — COPE, Bull. U.S. nation. Mus., Washington, **34:** 312.

1923 *Mitrolysis alboguttatus* — NIEDEN, Das Tierreich, Berlin, **46:** 524.

1974 *Litoria alboguttata* — TYLER, Proc. roy. Soc. Queensland, Brisbane, **85:** 30.

Range: Queensland and New South Wales, Australia.

Litoria albolabris (WANDOLLECK)

1971 *Hyla albolabris* WANDOLLECK (partim), Abh. k. zool. anthrop.-ethn. Mus. Dresden, **13:** 12. — Terra typica: Aitape, Northern Lowlands, New Guinea. — Syntypes: N.H.M.W. no. 16976 and S.A.M. no. R. 4947.

1923 *Hyla papua* — NIEDEN (partim), Das Tierreich, Berlin, **46:** 213.
1971 *Litoria albolabris* — TYLER, Univ. Kansas Publ. Mus. nat. Hist., Lawrence, **19:** 352.

Discussion: TYLER (1968a: 24).

Range: Type locality (Northern New Guinea).

Litoria amboinensis (HORST)

1883 *Hyla amboinensis* HORST, Notes Leyden Mus., **5:** 239. — Terra typica: Amboina and Misool Islands. — Syntypes: R.M.N.H. nos. 4418 (Amboina, 2 specimens), 4419 (Misool).
1901 *Hyla papuensis* WERNER, Zool. Anz., Leipzig, **24:** 99. — Terra typica: German New Guinea. — Holotype: Z.M.B. no. 16497. (Synonymy fide TYLER, 1968: 27).
1908 *Hyla kampeni* BARBOUR, Bull. Mus. comp. Zool., Cambridge (Massachusetts), **51:** 324. — Terra typica: Wahaai, Ceram Island. — Holotype: M.C.Z. no. 2433. (Synonymy fide VAN KAMPEN, 1923: 29).
1923 *Hyla amboinensis* — NIEDEN, Das Tierreich, Berlin, **46:** 202.
1923 *Hyla amboinensis* — VAN KAMPEN, Indo-Austral. Arch., Leiden:-29.
1953 *Nyctimystes amboinensis* — BORGERSMA, Proc. k. Nederl. Akad. Wetensch., Amsterdam, **56:** 579.
1968 *Hyla amboinensis* — TYLER, Zool. Verh., Leiden, **96:** 27.
1971 *Litoria amboinensis* — TYLER, Univ. Kansas Publ. Mus. nat. Hist., Lawrence, **19:** 352.

Discussion: TYLER (1968a: 27).

Range: New Guinea (Southern lowlands, Huon and Vogelkop peninsulas) and Molucca Islands (Amboina, Ceram, Misool).

Litoria angiana (BOULENGER)

1915 *Hyla angiana* BOULENGER, Ann. Mag. nat. Hist., London, (8) **16:** 402. — Terra typica: Angi Lakes and Mt. Koebre, Arfak Mountains, New Guinea. — Syntypes: B.M.N.H. nos. 1947. 2. 24. 6 and 1947. 2. 30. 95—98.
1945 *Hyla angularis* LOVERIDGE, Proc. biol. Soc. Washington, **58:** 54. — Terra typica: Mt. Wilhelm, Bismarck Range, New Guinea. — Holotype: M.C.Z. no. 25891. (Synonymy fide TYLER, 1968: 33).
1963 *Hyla mintima* TYLER, Trans. Roy. Soc. S. Austral., Adelaide, **86:** 123. — Terra typica: Mintima, Chimbu Region, Central Highlands, Australia. Holotype: S.A.M. no. R. 4151. (Synonymy fide TYLER, 1968: 33).
1968 *Hyla angiana* — TYLER, Zool. Verh., Leiden, **96:** 33.
1971 *Litoria angiana* — TYLER, Univ. Kansas Publ. Mus. nat. Hist., Lawrence, **19:** 352.

Discussion: TYLER (1968a: 33).

Range: Mountains of New Guinea.

Litoria arfakiana (PETERS & DORIA)

1878 *Hyla (Litoria) arfakiana* PETERS & DORIA, Ann. Mus. Ci. Stor. nat., Genova, **13:** 421. — Terra typica: Hatam, Arfak Mountains, Vogelkop Peninsula, New Guinea. — Lectotype: M.C.S.N. no. 29723A

(designated by CAPOCACCIA, 1957, Ann. Mus. civ. Stor. nat., Genoa, **69:** 213).
1882 *Hyla arfakiana* — BOULENGER, Cat. Batr. Sal. Brit. Mus. (Nat. Hist.), London: 410.
1923 *Hyla arfakiana* — NIEDEN, Das Tierreich, Berlin, **46:** 212.
1968 *Hyla arfakiana* — TYLER, (partim) Zool. Verh., Leiden, **96:** 39.
1971 *Litoria arfakiana* — TYLER, (partim) Univ. Kansas Publ. Mus. nat. Hist., Lawrence, **19:** 352.
1974 *Litoria arfakiana* — MENZIES & ZWEIFEL, Amer. Mus. Novit., New York 2558: 4.

Discussion: TYLER (1968a: 39).

Range: Highlands of New Guinea.

Litoria aruensis (HORST)

1883 *Hyla aruensis* HORST, Notes Leyden Mus., **5:** 242. — Terra typica: Aru and Misool Islands. — Syntypes: R.M.N.H. nos. 4416 (Aru, 2 specimens), 4417 (Misool).
1923 *Hyla infrafrenata* — NIEDEN (partim), Das Tierreich, Berlin, **46:** 205.
1971 *Litoria aruensis* — TYLER, Univ. Kansas Publ. Mus. nat. Hist., Lawrence, **19:** 352.

Discussion: TYLER (1968a: 43).

Range: New Guinea, Molucca Islands (Waigeo, Misool), Aru Islands, and Louisiade Archipelago.

Litoria aurea (LESSON)

1830 *Rana aurea* LESSON, Voy. Coquille, Paris, 2: 60. — Terra typica: Macquarie River, Bathurst, New South Wales, Australia. — Holotype: Unknown.
1864 *Litoria aurea* — GÜNTHER, Proc. zool. Soc. London, **1864:** 49.
1882 *Hyla aurea* — BOULENGER, Cat. Batr. Sal. Brit. Mus. (Nat. Hist.), London: 410.
1923 *Hyla aurea* — NIEDEN (partim), Das Tierreich, Berlin, **46:** 223.

Range: Southeastern Australia and Tasmania.

Litoria aurea aurea (LESSON)

1830 *Rana aurea* LESSON, Voy. Coquille, Paris, **2:** 60. — Terra typica: Macquarie River, Bathurst, New South Wales, Australia. — Holotype: Unknown.
1838 *Ranoides Jacksoniensis* TSCHUDI (= *Hyla Jacksoniensis* BIBRON, MS), Classif. Batr., Neuchâtel: 76. — Terra typica: Port Jackson (= Sydney), New South Wales, Australia. — Holotype: M.N.H.N. no. 4857. (Synonymy fide GÜNTHER, 1859: 114).
1841 *Hyla Jacksoniensis* — DUMÉRIL & BIBRON, Erpétol. gén., Paris, **8:** 602.
1843 *Hyla (Auletris) jacksoniensis* — FITZINGER, Syst. Rept., Wien: 30.
1853 *Ranoidea resplendens* GIRARD, Proc. Acad. nat. Sci. Philadelphia, **6:** 422. — Terra typica: Wollongong, Illawara, New South Wales, Australia. — Holotype: U.S.N.M. no. 15478. (Synonymy fide BOULENGER, 1882: 410).

1854 *Hyla jacksonii* Duméril & Bibron (lapsus pro *Hyla jacksoniensis*), Erpétol. gén., Paris, 9: 407.
1858 *Ranoidea aurea* — Girard, U.S. explor. Exped., Herpetol., Philadelphia: 48.
1860 *Auletris jacksoniensis* — Fitzinger, S.Ber. Akad. Wiss. Wien, math.-nat. Kl., **42:** 413.
1893 *Fanchonia elegans* Werner, Zool. Anz., Leipzig, **16:** 82. — Terra typica: "Tropical Africa" (ex errore). — Holotype: Unknown. (Synonymy fide Werner, 1897: 266).
1897 *Hyla aurea* — Werner, Zool. Anz., Leipzig, **20:** 266.
1924 *Hyla blandsuttoni* Procter, Proc. zool. Soc. London, **1924:** 1128. — Terra typica: "Queensland" (ex errore), Australia. — Holotype: Lost. (Synonymy fide Copland, 1957: 81).
1938 *Hyla aurea aurea* — Parker, Ann. Mag. nat. Hist., London, (11) **2:** 302.
1950 *Hyla aurea ulongae* Loveridge, Proc. biol. Soc. Washington, **63:** 133. — Terra typica: Ulong, New South Wales, Australia. — Holotype: A.M. no. 13817. (Synonymy fide Tyler, 1971: 355).
1957 *Hyla aurea aurea* — Copland, Proc. Linn. Soc. New South Wales, Sydney, **82:** 81.
1971 *Litoria aurea aurea* — Tyler, Univ. Kansas Publ. Mus. nat. Hist., Lawrence, **19:** 352.

Discussion: Moore (1961: 313).

Range: Eastern New South Wales, south of the Richmond River, Australia.

Litoria aurea raniformis Keferstein

1867 *Chirodryas raniformis* Keferstein, Nachr. k. Ges. Wiss. Göttingen, **18:** 358. — Terra typica: "New South Wales" (?), Australia. — Holotype: Unknown.
1867 *Ranhyla aurea* — McCoy, Ann. Mag. nat. Hist., London, (3) **20:** 182.
1867 *Hyla castanea* Steindachner, Amphib., Novara Exped., Wien, **1:** 62. — Terra typica: Unknown. — Holotype: Unknown. (Synonymy fide Moore, 1961: 321).
1868 *Hyla aurea* — Keferstein, Arch. Naturgesch., Berlin, **34:** 284.
1938 *Hyla aurea raniformis* — Parker, Ann. Mag. nat. Hist., London, (11) **2:** 302.
1957 *Hyla aurea major* Copland, Proc. Linn. Soc. New South Wales, Sydney, **82:** 79. — Terra typica: Collins Gap, Tasmania. — Holotype: Q.V.M. no. 1931. 120. (Synonymy fide Moore, 1961: 340).
1961 *Hyla aurea aurea* — Moore, Bull. Amer. Mus. nat. Hist., New York, **121:** 313.
1963 *Hyla aurcus raniformis* — Copland, Proc. Linn. Soc. New South Wales, Sydney, **88:** 105.
1971 *Litoria aurea raniformis* — Tyler, Univ. Kansas Publ. Mus. nat. Hist., Lawrence, **19:** 354.

Discussion: Moore (1961: 313).

Range: Southeastern Australia (exclusive of coastal region of New South Wales), Tasmania; introduced in New Zealand (Rotoura) and New Caledonia.

Litoria becki (LOVERIDGE)

1945 *Hyla becki* LOVERIDGE, Proc. biol. Soc. Washington, **58:** 53. — Terra typica: Mt. Wilhelm, Eastern Mountains, New Guinea. — Holotype: M.C.Z. no. 25900.
1971 *Litoria becki* — TYLER, Univ. Kansas Publ. Mus. nat. Hist., Lawrence, **19:** 352.

Discussion: TYLER (1968a: 47).

Range: Type locality (Eastern New Guinea).

Litoria bicolor (GRAY)

1842 *Eucnemis bicolor* GRAY, Zool. Misc., London, **3:** 57. — Terra typica: Port Essington, Northern Territory, Australia. — Holotype: B.M.N.H. no. 1947. 2. 22. 59.
1868 *Hyperolius bicolor* — KEFERSTEIN, Arch. Naturgesch., Berlin, **34:** 275.
1881 *Rappia (Hyperolius) bicolor* — PARKER, Philos. Trans. Roy. Soc. London, **172:** 158.
1881 *Hylomantis fallax* PETERS, M.Ber. k. preuss. Akad. Wiss. Berlin, **1880:** 224. Terra typica: Port Bowen, MacKay, and Rockhampton, Queensland, Australia. — Syntypes: Z.M.B. no. 5925 (2 specimens). (Synonymy fide BOULENGER, 1882: 421).
1882 *Hylella bicolor* — BOULENGER, Cat. Batr. Sal. Brit. Mus. (Nat. Hist.), London: 421.
1906 *Hyla bicolor* — VAN KAMPEN (partim), Amphib. Nova Guinea, Leiden, **5:** 173.
1923 *Hyla bicolor* — NIEDEN, Das Tierreich, Berlin, **46:** 208.
1957 *Hyla bicolor bicolor* — COPLAND, Proc. Linn. Soc. New South Wales, Sydney, **82:** 14.
1969 *Hyla bicolor* — STRAUGHAN, Proc. Roy. Soc. Queensland, Brisbane **50** (5): 43.
1971 *Litoria bicolor* — TYLER, Univ. Kansas Publ. Mus. nat. Hist., Lawrence, **19:** 352.

Discussion: STRAUGHAN (1969: 43).

Range: Coastal Australia from Western Australia to northeastern Queensland; southern lowlands of New Guinea; Aru Islands.

Litoria booroolongensis (MOORE)

1961 *Hyla booroolongensis* MOORE, Bull. Amer. Mus. nat. Hist., New York, **121:** 292. — Terra typica: Guy Fawkes Creek, Ebor, New South Wales, Australia. — Holotype: A.M. no. 16006.
1971 *Litoria booroolongensis* — TYLER, Univ. Kansas Publ. Mus. nat. Hist., Lawrence, **19:** 352.

Range: Eastern New South Wales, Australia.

Litoria brevipalmata TYLER, MARTIN & WATSON

1972 *Litoria brevipalmata* TYLER, MARTIN & WATSON, Proc. Linn. Soc. New South Wales, Sydney, **97:** 82. — Terra typica: Ourimbah Creek, 5 mi. northwest of Gosford, New South Wales, Australia. — Holotype: S.A.M. no. R. 11236.

Range: Eastern New South Wales, Australia.

Litoria brongersmai (LOVERIDGE)

1945 *Hyla brongersmai* LOVERIDGE, Proc. biol. Soc. Washington, **58:** 56. — Terra typica: Panara Valley, near Doorman Top, Snow Mountains, New Guinea. — Holotype: M.C.Z. no. 15203.
1971 *Litoria brongersmai* — TYLER, Univ. Kansas Publ. Mus. nat. Hist., Lawrence, **19:** 352.

Discussion: TYLER (1968a: 54).

Range: Type locality (Snow Mountains, New Guinea).

Litoria bulmeri (TYLER)

1968 *Hyla bulmeri* TYLER, Zool. Verh., Leiden, **96:** 56. — Terra typica: Glkm, upper Aunjung Valley, Schrader Mountains, Eastern Mountains. New Guinea, approximately 7300 feet. — Holotype: S.A.M. no. R. 5625.
1971 *Litoria bulmeri* TYLER, Univ. Kansas Publ. Mus. nat. Hist., Lawrence, **19:** 352.

Range: Type locality (Eastern New Guinea).

Litoria burrowsi (SCOTT)

1942 *Hyla burrowsi* SCOTT, Rec. Queen Victoria Mus., Launceston, **1:** 5. — Terra typica: Cradle Valley, Tasmania. — Holotype: Q.V.M. no. 1941. 41.
1971 *Litoria burrowsi* — TYLER, Univ. Kansas Publ. Mus. nat. Hist., Lawrence, **19:** 352.

Range: Type locality (Tasmania).

Litoria caerulea (WHITE)

1790 *Rana caerulea* WHITE, J. Voy. New South Wales, London: 248. — Terra typica: New South Wales, Australia. — Holotype: Formerly in H.M.—R.C.S.; destroyed.
1799 *Rana austrasiae* SCHNEIDER (nomen substitutum pro *Rana caerulea*), Hist. Amphib. Jena, 1: 150.
1802 *Rana coerulea* — DAUDIN (nomen emendatum), Hist. nat. Rain. Gren. Crap., Paris: 70.
1803 *Hyla cyanea* DAUDIN, Hist. nat Rept., Paris, **8:** 43. — Terra typica: "Nouvelle Hollande." — Holotype: Unknown. (Synonymy fide GÜNTHER, 1859: 119).
1826 *Calamita cyanea* — FITZINGER, Neue Classif. Rept., Wien: 64.
1830 *Calamites coerulea* — WAGLER, Natürl. Syst. Amph., München: 200.
1842 *Hyla coerulea* — GRAY, Zool. Misc., London: 56.
1843 *Hyla (Calamites) cyaneus* — FITZINGER, Syst. Rept., Wien: 30.
1859 *Pelodryas caeruleus* — GÜNTHER, Cat. Batr. Sal. Brit. Mus. (Nat. Hist.), London: 119.
1861 *Calamites cyaneus* — FITZINGER, S.Ber. k. Akad. Wiss. Wien, math.-nat. Kl., **42:** 413.
1863 *Pelodryas coeruleus* — GÜNTHER, Proc. zool. Soc. London, **1863:** 249.
1867 *Calamita cyanea* — COPE, J. Acad. nat. Sci. Philadelphia, **6:** 201.

1882 *Hyla caerulea* — BOULENGER, Cat. Batr. Sal. Brit. Mus. (Nat. Hist.), London: 383.
1896 *Hyla gilleni* SPENCER, Rept. Horn Exp. Centr.-Austral., London, **2:** 173, — Terra typica: Alice Springs, Northern Territory, Australia. — Holotype: N.M.V. no. D. 9827. (Synonymy fide LOVERIDGE, 1935: 39).
1901 *Pelodryas caerulea* — BOETTGER, Abh. senckenb. naturf. Ges., Frankfurt-a.-M., **25:** 327.
1901 *Hyla coerulea* s. *cyanea* — GADOW, Cambridge nat. Hist., London, **8:** 198.
1923 *Hyla caerulea* — NIEDEN, Das Tierreich, Berlin, **46:** 223.
1923 *Hyla gilleni* — NIEDEN, Das Tierreich, Berlin, **46:** 226.
1935 *Hyla caerulea* — LOVERIDGE, Bull. Mus. comp. Zool., Cambridge (Massachusetts), **78:** 39.
1957 *Hyla caerulea caerulea* — COPLAND, Proc. Linn. Soc. New South Wales, Sydney, **82:** 26.
1957 *Hyla caerulea gilleni* — COPLAND, Proc. Linn. Soc. New South Wales, Sydney, **82:** 30.
1961 *Hyla caerulea* — MOORE, Bull. Amer. Mus. nat. Hist., New York, **121:** 258.
1971 *Litoria caerulea* — TYLER, Univ. Kansas Publ. Mus. nat. Hist., Lawrence, **19:** 352.

Discussion: MOORE (1961: 258) and TYLER (1968a: 60).

Range: Northern and eastern Australia; islands in the Torres Straits; New Guinea (Northern Lowlands, Southern Lowlands, and Vogelkop Peninsula); New Zealand (introduced).

Litoria capitula (TYLER)

1968 *Hyla capitula* TYLER, Zool. Verh., Leiden, **96:** 64. — Terra typica: Samlakki, Tenimber Island, Moloccas Islands. — Holotype: R.M.N.H. no. 5317.
1971 *Litoria capitula* TYLER, Univ. Kansas Publ. Mus. nat. Hist., Lawrence, **19:** 352.

Range: Tenimber Island, Moluccas Islands.

Litoria chloris (BOULENGER)

1893 *Hyla chloris* BOULENGER, Proc. Linn. Soc. New South Wales, Sydney, (2) **7:** 403 — Terra typica: Dunoon, Richmond River, New South Wales, Australia. — Holotype: B.M.N.H. no. 1947. 2. 23. 86.
1923 *Hyla chloris* — NIEDEN, Das Tierreich, Berlin, **46:** 232.
1971 *Litoria chloris* — TYLER, Univ. Kansas Publ. Mus. nat. Hist., Lawrence, **19:** 352.

Discussion: MOORE (1961: 263).

Range: Eastern Australia (Queensland and New South Wales).

Litoria chloronota (BOULENGER)

1911 *Hyllela chloronota* BOULENGER, Ann. Mag. nat. Hist., London, (8) **8:** 55. — Terra typica: Arfak Mountains, Vogelkop Peninsula, New Guinea. — Syntypes: B.M.N.H. nos. 1947. 2. 31. 20—21.

1912 *Hyla chloronota* — BARBOUR, Mem. Mus. comp. Zool., Cambridge (Massachusetts), **44** (1): 177.
1923 *Hyla chloronota* — NIEDEN, Das Tierreich, Berlin, **46:** 212.
1968 *Hyla chloronotus* TYLER (lapsus pro *Hyla chloronota*), Zool. Verh., Leiden, **96:** 66.
1968 *Hyla chloronata* TYLER (lapsus pro *Hyla chloronota*), Zool. Verh., Leiden, **96:** 66.
1971 *Litoria chloronota* — TYLER, Univ. Kansas Publ. Mus. nat. Hist., Lawrence, **19:** 352.

Discussion: TYLER (1968a: 66).

Range: Type locality (Southern Lowlands, New Guinea).

Litoria citropa (TSCHUDI)

1838 *Dendrohyas citropa* TSCHUDI (Peron, MS), Classif. Batr., Neuchâtel: 75. — Terra typica: Port Jackson (= Sydney), New South Wales, Australia. — Holotype: M.N.H.N. no. 4854.
1841 *Hyla citropa* — DUMÉRIL & BIBRON, Erpétol. gén., Paris: **8:** 60.
1843 *Hyla (Dryopsophus) citropa* — FITZINGER, Syst. Rept., Wien: 30.
1859 *Hyla citropus* — GÜNTHER, Cat. Batr. Sal. Brit. Mus. (Nat. Hist.), London: 115.
1882 *Hyla citropa* — BOULENGER, Cat. Batr. Sal. Brit. Mus. (Nat. Hist.), London: 408.
1923 *Hyla citropa* — NIEDEN, Das Tierreich, Berlin, **46:** 233.
1971 *Litoria citropa* — TYLER, Univ. Kansas Publ. Mus. nat. Hist., Lawrence, **19:** 352.

Discussion: MOORE (1961: 272).

Range: Mountains and coastal areas of New South Wales and mountains of Victoria in southeastern Australia.

Litoria congenita (PETERS & DORIA)

1878 *Hyla (Litoria) congenita* PETERS & DORIA, Ann. Mus. civ. Stor. nat., Genova, **13:** 427. — Terra typica: Yule Island, Southeast Peninsula, New Guinea. — Lectotype: M.C.S.N. no. 29722A (designated by CAPOCACCIA, 1957. Ann. Mus. civ. Stor. nat., Genova, 69: 213).
1882 *Hyla congenita* — BOULENGER, Cat. Batr. Sal. Brit. Mus., (Nat. Hist.), London: 406.
1890 *Hyla macgregori* OGILBY, Rec. Austral. Mus., Sydney, **1** (5): 100. — Terra typica: Angabunga River, Southern Lowlands, New Guinea. — Syntypes: A.M. 909 (9 specimens), 4613. (Synonymy fide TYLER, 1968: 68).
1923 *Hyla congenita* — NIEDEN, Das Tierreich, Berlin, **46:** 207.
1923 *Hyla macgregori* — NIEDEN, Das Tierreich, Berlin, **46:** 219.
1968 *Hyla congenita* — TYLER, Zool. Verh., Leiden, **96:** 68.
1968 *Hyla mcgregori* TYLER (lapsus pro *Hyla macgregori*), Zool. Verh., Leiden **96:** 68.
1971 *Litoria congenita* — TYLER, Univ. Kansas Publ. Mus. nat. Hist., Lawrence, **19:** 352.

Discussion: TYLER (1968a: 68).

Range: Southern coastal lowlands of New Guinea; Aru Island.

Litoria contrastens (Tyler)

1968 *Hyla contrastens* Tyler, Zool. Verh., Leiden, **96:** 72. — Terra typica: Barabuna, near Kundiawa, Eastern Mountains, New Guinea. — Holotype: S.A.M. no. R. 5845.
1971 *Litoria contrastens* Tyler, Univ. Kansas Publ. Mus. nat. Hist., Lawrence, **19:** 352.

Range: Eastern Mountains, New Guinea.

Litoria cooloolensis Liem

1974 *Litoria cooloolensis* Liem, Mem. Queensland mus., Fortitude Valley, **17:** 169. — Terra typica: Lake Coolamera, Cooloola, Southeast Queensland, Australia. — Holotype: Q.M. no. J. 22646.

Range: Southeastern Queensland, Australia

Litoria coplandi (Tyler)

1968 *Hyla coplandi* Tyler, Rec. S. Austral. Mus., Adelaide, **15:** 416. — Terra typica: Inverway Station, Northern Territory, Australia. — Holotype: W.A.M. no. R. 13722G.
1971 *Litoria coplandi* Tyler, Univ. Kansas Publ. Mus. nat. Hist., Lawrence, **19:** 352.

Range: Northwestern Western Australia and Northern Territory, Australia.

Litoria darlingtoni (Loveridge)

1945 *Hyla darlingtoni* Loveridge, Proc. biol. Soc. Washington, **58:** 53. — Terra typica: Mt. Wilhelm, Bismarck Range, Eastern Mountains, New Guinea. — Holotype: M.C.Z. no. 25890.
1953 *Nyctimystes flavomaculata* Forcart, Verh. naturf. Ges. Basel, **64:** 63. — Terra typica: Kundiawa, Central Mountains, New Guinea. — Holotype: N.H.M.B. no. 5820. (Synonymy fide Tyler, 1963: 119).
1963 *Hyla darlingtoni* — Tyler, Trans. Roy. Soc. S. Austral., Adelaide, **86:** 118.
1971 *Litoria darlingtoni* — Tyler, Univ. Kansas Publ. Mus. nat. Hist., Lawrence, **19:** 352.

Discussion: Tyler (1968a: 76).

Range: Eastern Mountains of New Guinea.

Litoria dentata (Keferstein)

1868 *Hyla dentata* Keferstein, Arch. Naturgesch., Berlin, **34:** 284. — Terra typica: New South Wales, Australia. — Holotype: Unknown.
1882 *Hyla dentata* — Boulenger, Cat. Batr. Sal. Brit. Mus. (Nat. Hist.), London: 406.
1923 *Hyla dentata* — Nieden, Das Tierreich, Berlin, **46:** 233.
1971 *Litoria dentata* — Tyler, Univ. Kansas Publ. Mus. nat. Hist., Lawrence, **19:** 352.

Discussion: Moore (1961: 275).

Range: Eastern New South Wales and southeastern Queensland, Australia.

Litoria dorsalis MACLEAY

1878 *Litoria dorsalis* MACLEAY, Proc. Linn. Soc. New South Wales, Sydney, **2:** 138. — Terra typica: Katow, near mouth of Binaturi River, Southern Lowlands, New Guinea. — Holotype: Unknown.
1882 *Hyla dorsalis* — BOULENGER, Cat. Batr. Sal. Brit. Mus. (Nat. Hist.), London: 337.
1923 ?*Hyla dorsalis* — NIEDEN, Das Tierreich, Berlin, **46:** 315.
1966 *Hyla dorsalis dorsalis* — COGGER, Austral. Zool., Sydney, **13:** 222.
1971 *Litoria dorsalis* — TYLER, Univ. Kansas Publ. Mus. nat. Hist., Lawrence, **19:** 352.

Discussion: TYLER, (1968a: 80).

Range: Southern Lowlands, New Guinea.

Litoria dorsivena (TYLER)

1968 *Hyla dorsivena* TYLER, Zool. Verh., Leiden, **96:** 83. — Terra typica: Teleformin, Eastern Mountains, New Guinea. — Holotype: S.A.M. no. R. 7901.
1971 *Litoria dorsivena* TYLER, Univ. Kansas Publ. Mus. nat. Hist., Lawrence, **19:** 352.

Range: Eastern Mountains, New Guinea.

Litoria eucnemis (LÖNNBERG)

1900 *Hyla eucnemis* LÖNNBERG, Ann. Mag. nat. Hist., London, (7) **6:** 579. — Terra typica: Sattelberg, Huon Peninsula, New Guinea. — Syntypes: B.M.N.H. no. 1947. 2. 23. 87, Z.M.U.U. (no number).
1909 *Hyla rhacophorus* VAN KAMPEN, Nova Guinea, Leiden, **9:** 32. — Terra typica: Southern Lowlands, New Guinea. — Holotype: A.Z.M. no. 5823. (Synonymy fide TYLER, 1965: 98).
1916 *Hyla serrata* ANDERSSON, K. Svenska Vetensk. Akad. Handl., Stockholm, **54:** 17. — Terra typica: Atherton, Carrington, and Malanda, Queensland, Australia. — Syntypes: N.H.R.M. nos. 1646 (2 specimens), 1647 (3 specimens), 1648. (Synonymy fide LOVERIDGE, 1935: 40).
1923 *Hyla rhacophorus* — NIEDEN, Das Tierreich, Berlin, **46:** 209.
1923 *Hyla eucnemis* — NIEDEN, Das Tierreich, Berlin, **46:** 216.
1935 *Hyla eucnemis* — LOVERIDGE, Bull. Mus. comp. Zool., Cambridge, (Massachusetts), **78:** 40.
1965 *Hyla eucnemis* — TYLER, Proc. zool. Soc. London, **145:** 98.
1971 *Litoria eucnemis* — TYLER, Univ. Kansas Publ. Mus. nat. Hist., Lawrence, **19:** 352.

Discussion: TYLER (1968a: 86).

Range: Southern Lowlands and Houn Peninsula, New Guinea, and northeastern Queensland, Australia.

Litoria everetti (BOULENGER)

1897 *Hyla everetti* BOULENGER, Ann. Mag. nat. Hist., London, (6) **19:** 509. —

Terra typica: Savu and Sumba Islands. — Syntypes: B.M.N.H. nos. 1947. 2. 23. 60—65 (Savu), 1947. 2. 23. 66—67 (Sumba).

1923 *Hyla everetti* — NIEDEN, Das Tierreich, Berlin, **46:** 202.

1971 *Litoria everetti* — TYLER, Univ. Kansas Publ. Mus. nat. Hist., Lawrence, **19:** 352.

Discussion: TYLER (1968a: 90).

Range: Timor and adjacent lesser Sunda Islands.

Litoria ewingii (DUMÉRIL & BIBRON)

1841 *Hyla ewingii* DUMÉRIL & BIBRON, Erpétol. gén., Paris, **8:** 597. — Terra typica: Van Diemen's Island (= Tasmania). — Syntypes: B. M.N.H. no. 1947. 2. 22. 75, M.N.H.N. no. 4851.

1875 *Hyla calliscelis* PETERS, M.Ber. k. preuss. Acad. Wiss. Berlin, **1874:** 620. — Terra typica: Adelaide, South Australia, Australia. — Syntypes: Z.M.B. no. 8251 (2 specimens). (Synonymy fide BOULENGER, 1882: 406).

1875 *Hyla parvidens* PETERS, M.Ber. k. preuss. Acad. Wiss. Berlin, **1874:** 620. — Terra typica: Port Phillip, Victoria (= Melbourne), Australia. — Holotype: Z.M.B. no. 8252. (Synonymy fide FLETCHER, 1898: 670).

1882 *Hyla ewingii* — BOULENGER, Cat. Batr. Sal. Brit. Mus. (Nat. Hist.), London: 406.

1882 *Hyla ewingii* var. *calliscelis* — BOULENGER, Cat. Batr. Sal. Brit. Mus. (Nat. Hist.), London: 407.

1882 *Hyla parvidens* — BOULENGER, Cat. Batr. Sal. Brit. Mus. (Nat. Hist.), London: 407.

1898 *Hyla ewingii* var. *orientalis* FLETCHER, Proc. Linn. Soc. New South Wales, Sydney, (2) **12:** 670. — Terra typica: "New South Wales," Australia. — Holotype: Unknown. (Synonymy fide MOORE, 1961: 287).

1923 *Hyla ewingii* — NIEDEN, Das Tierreich, Berlin, **46:** 230.

1923 *Hyla parvidens* — NIEDEN, Das Tierreich, Berlin, **46:** 236.

1935 *Hyla ewingii ewingii* — LOVERIDGE, Bull. Mus. comp. Zool., Cambridge (Massachusetts), **78:** 45.

1935 *Hyla inguinalis* AHL, Zool. Anz., Leipzig, **109:** 252. — Terra typica: "South Australia" (= Adelaide ?). — Holotype: Z.M.B. no. 14080. (Synonymy fide MOORE, 1961: 280).

1941 *Hyla unguinalis* CONDON (lapsus pro *Hyla inguinalis*), Rec. S. Austral. Mus., Adelaide, **7:** 115.

1957 *Hyla ewingii iuxtaewingii* COPLAND, Proc. Linn. Soc. New South Wales, Sydney, **82:** 60. — Terra typica: 18 mi. west of Bairnsdale, Victoria, Australia. — Holotype: S.J.C. no. 5666. (Synonymy fide MOORE, 1961: 280).

1957 *Hyla ewingii loveridgei* COPLAND, (non NEILL 1954), Proc. Linn. Soc. New South Wales, Sydney, **82:** 65. — Terra typica: Porter's Retreat, New South Wales, Australia. — Holotype: A.M. no. 18586. (Synonymy fide MOORE, 1961: 280).

1961 *Hyla ewingii* — MOORE (partim), Bull. Amer. Mus. nat. Hist., New York, **121:** 278.

1963 *Hyla ewingii oberonensis* COPLAND, (nomen novum pro *Hyla ewingii loveridgei*), Proc Linn Soc. New South Wales, Sydney, **89:** 107.

1971 *Litoria ewingi* — TYLER, Univ. Kansas Publ. Mus. nat. Hist., Lawrence, **19: 353.**

Discussion: MOORE (1961: 278).

Range: Southeastern Australia and Tasmania; introduced into New Zealand.

Litoria freycineti Tschudi

1838 *Litoria Freycineti* Tschudi, Classif. Batr., Neuchâtel: 77. — Terra typica: "Australia." — Syntypes: M.N.H.N. no. 246 (2 specimens).
1841 *Litoria freycineti* — Duméril & Bibron, Erpétol. gén., Paris, **8:** 504.
1843 *Pelobius freycineti* — Fitzinger, Syst. Rept., Wien: 31.
1867 *Hyla (Litoria) Freycinetii* — Keferstein, Nachr. Ges. Wiss. Göttingen, **18:** 355.
1867 *Hyla (Litoria) Freycinetii* var. *unicolor* Keferstein, Nachr. Ges. Wiss. Göttingen, **18:** 355. — Terra typica: "Australia." — Holotype: Unknown. (Synonymy fide Keferstein, 1868: 276).
1867 *Hyla (Litoria) Freycinetii* var. *verruculata* Keferstein, Nachr. Ges. Wiss. Göttingen, **18:** 355. — Terra typica: "Australia." — Holotype: Unknown. (Synonymy fide Keferstein, 1868: 276).
1867 *Hyla (Litoria) mystacina* Keferstein, Nachr. Ges. Wiss. Göttingen, **18:** 356. — Terra typica: "Australia." — Syntypes: Unknown. (Synonymy fide Boulenger, 1882: 414).
1868 *Hyla (Litoria) Freycinetii* — Keferstein, Arch. Naturgesch., Berlin, **34:** 276.
1868 *Litoria unicolor* — Keferstein, Arch. Naturgesch., Berlin, **34:** 290.
1882 *Hyla freycineti* — Boulenger, Cat. Batr. Sal. Brit. Mus. (Nat. Hist.), London: 414.
1923 *Hyla freycineti* — Nieden, Das Tierreich, Berlin, **46:** 234.
1971 *Litoria freycinetti* — Tyler (lapsus pro *Litoria freycineti*), Univ. Kansas Publ. Mus. nat. Hist., Lawrence, **19:** 353.

Discussion: Moore (1961: 302).

Range: East coast of southern Queensland and New South Wales, Australia.

Litoria genimaculata (Horst)

1883 *Hyla genimaculata* Horst, Notes Leyden Mus., **5:** 240. — Terra typica: Gebeh Island (west of Waigeo Island), New Guinea. — Holotype: R.M.N.H. no. 4420.
1909 *Hyla papua* van Kampen, Nova Guinea, Leiden, **9:** 33. — Terra typica: Bivak Island, Lorentz River, Southern Lowlands, New Guinea. — Holotype: A.Z.M. no. 5679. (Synonymy fide Tyler, 1964: 266).
1914 *Hyla montana* — Boulenger (partim), Trans. zool. Soc. London, **20:** 248.
1923 *Hyla genimaculata* — Nieden, Das Tierreich, Berlin, **46:** 204.
1923 *Hyla papua* — Nieden (partim), Das Tierreich, Berlin, **46:** 213.
1954 *Nyctimystes loveridgei* Neill, Copeia, New York etc., **1954** (2): 83. — Terra typica: near Taburi, Southeast Peninsula, New Guinea. — Holotype: M.C.Z. no. 27823. (Synonymy fide Tyler, 1968: 94).
1958 *Hyla loveridgei* — Zweifel, Amer. Mus. Novit., New York, **1896:** 43.
1964 *Hyla genimaculata* — Tyler, Zool. Abh. k. staatl. Mus. Tierk. Dresden, **27:** 266.
1968 *Hyla genimaculata* — Tyler, Zool. Verh., Leiden, **96:** 94.
1971 *Litoria genimaculata* — Tyler, Univ. Kansas Publ. Mus. nat. Hist., Lawrence, **19:** 353.

Discussion: Tyler (1968a: 94).

Range: Lowlands of southern New Guinea and adjacent islands.

Litoria glauerti (COPLAND)

1957 *Hyla bicolor glauerti* COPLAND, Proc. Linn. Soc. New South Wales, Sydney, **82:** 16. — Terra typica: Colo, near Sydney, New South Wales, Australia. — Holotype: A.M. no. 18585.
1961 *Hyla bicolor* — MOORE (partim), Bull. Amer. Mus. nat. Hist., New York, **121:** 251.
1969 *Hyla glauerti* — STRAUGHAN, Proc. roy. Soc. Queensland, Brisbane, **80:** 51.
1971 *Litoria glauerti* — TYLER, Univ. Kansas Publ. Mus. nat. Hist., Lawrence, **19:** 353.

Discussion: STRAUGHAN (1969: 43).

Range: East coast of Australia.

Litoria gracilenta (PETERS)

1869 *Hyla gracilenta* PETERS, M.Ber. k. preuss. Akad. Wiss. Berlin, **1869:** 789. — Terra typica: Port Mackay (= Bowen), Queensland, Australia. — Holotype: Z.M.B. no. 6618.
1873 *Pelodryas granulata* PETERS, M.Ber. k. preuss. Akad. Wiss. Berlin, **1873:** 417. — Terra typica: Port Bowen, Queensland, Australia. — Syntypes: Z.M.B. no. 7708 (2 specimens). (Synonymy fide BOULENGER, 1882: 383).
1876 *Hyla fordii* GÜNTHER, J. Mus. Godeffroy, Hamburg, **5** (12): 67. — Terra typica: Rockhampton, Queensland, Australia. — Syntypes: B.M.N.H. nos. 1947. 2. 23. 89—91. (Synonymy fide BOULENGER, 1882: 383).
1882 *Hyla gracilenta* — BOULENGER, Cat. Batr. Sal. Brit. Mus. (Nat. Hist.), London: 383.
1907 *Hyla luteiventris* OGILBY, Proc. roy. Soc. Queensland, Brisbane, **20:** 31. — Terra typica: Brisbane, Queensland, Australia. — Holotype: A.M. no. 4379. (Synonymy fide LOVERIDGE, 1935: 37).
1923 *Hyla luteiventris* — NIEDEN, Das Tierreich, Berlin, **46:** 230.
1923 *Hyla gracilenta* — NIEDEN, Das Tierreich, Berlin, **46:** 231.
1935 *Hyla gracilenta* — LOVERIDGE, Bull. Mus. comp., Zool., Cambridge, (Massachusetts), **78:** 37
1971 *Litoria gracilenta* — TYLER, Univ. Kansas Publ. Mus. nat. Hist., Lawrence, **19:** 353

Discussion: MOORE (1961: 265) and TYLER (1968a: 97).

Range: East coast of Australia from the Cape York Peninsula to New South Wales; Eastern Mountains and Southern Lowlands of New Guinea.

Litoria graminea (BOULENGER)

1905 *Hyla graminea* BOULENGER, Ann. Mag. nat. Hist., London, (7) **16:** 183. — Terra typica: British New Guinea — Holotype: B.M.N.H. no. 1947. 2. 23. 31.
1923 *Hyla graminea* — NIEDEN, Das Tierreich, Berlin, **46:** 218.
1971 *Litoria graminea* — TYLER, Univ. Kansas Publ. Mus. nat. Hist., Lawrence, **19:** 253.

Discussion: TYLER, (1968a: 100).

Range: New Guinea

Litoria inermis (PETERS)

1867 *Chiroleptis inermis* PETERS, M.Ber. k. preuss. Akad. Wiss. Berlin, **1867:** 30. — Terra typica: Rockhampton, Queensland, Australia. — Syntypes: R.M.N.H. no. 1888; other syntype unknown.
1923 *Phractops inermis* — NIEDEN, Das Tierreich, Berlin, **46:** 524.
1940 *Cyclorana inermis* — PARKER, Novit. Zool. London, **42** (1): 17.
1969 *Hyla inermis* — STRAUGHAN, Zool. Mededel., Leiden **43:** 208.
1971 *Litoria inermis* — TYLER, Univ. Kansas Publ. Mus. nat. Hist., Lawrence, **19:** 353.

Discussion: STRAUGHAN (1969: 207).

Range: Northern and northeastern Australia.

Litoria infrafrenata (GÜNTHER)

1867 *Hyla infrafrenata* GÜNTHER, Ann. Mag. nat. Hist., London, (3) **20:** 56. — Terra typica: Cape York Peninsula, Queensland, Australia. — Holotype: B.M.N.H. no. 1947. 2. 24. 11.

Range: Cape York Peninsula, Queensland, Australia; New Guinea, Bismarck Archipelago, Molucca Islands, and Java (introduced).

Litoria infrafrenata infrafrenata (GÜNTHER)

1867 *Hyla infrafrenata* GÜNTHER, 1867, Ann. Mag. nat. Hist., London, (3) **20:** 56. — Terra typica: Cape York Peninsula, Queensland, Australia. — Holotype: B.M.N.H. no. 1947. 2. 24. 11.
1867 *Calamita dolichopsis* COPE, J. Acad. nat. Sci. Philadelphia, (2) **6:** 204. — Terra typica: Amboina Island, Molucca Islands. — Holotype: Unknown. (Synonymy fide BOULENGER, 1912: 212).
1878 *Litoria guttata* MACLEAY, Proc. Soc. New South Wales, Sydney, **2:** 137. — Terra typica: Katow, Southern Lowlands, New Guinea. — Holotype: M.M. no. 145. (Synonymy fide VAN KAMPEN, 1923: 52).
1882 *Hyla dolichopsis* — BOULENGER (partim), Cat. Batr. Sal. Brit. Mus. (Nat. Hist.), London: 384.
1882 *Hyla infrafrenata* — BOULENGER, Cat. Batr. Sal. Brit. Mus. (Nat. Hist.), London: 385.
1885 *Hyla infrataeniata* BOULENGER (lapsus pro *Hyla infrafrenata*), Ann. Mag. nat. Hist., London, (5) **16:** 387.
1895 *Hyla dolichopsis* var. *tenuigranulata* BOETTGER, Zool Anz., Leipzig, **18:** 136. — Terra typica: Halmahera Island, Molucca Isands. — Lectotype: S.M.F. no. 2117 (designation by MERTENS, 1967, Senckenbergiana, 48A: 41). (Synonymy fide BOULENGER, 1912: 214).
1912 *Hyla spengeli* BOULENGER, Zool. Jb., 1. Suppl., **15:** 215. — Terra typica: Dinawa, Owen Stanley Range, New Guinea. — Holotype: B.M.N.H. no. 1947. 2. 23. 15. (Synonymy fide LOVERIDGE, 1948: 403).
1923 *Hyla infrafrenata* — VAN KAMPEN, Amphib. Indo-Austral. Arch., Leiden: 51.
1929 *Hyla trinilensis* Ahl, Zool. Anz., Leipzig, **85:** 270. — Terra typica: Trinil, Java. — Syntypes: Z.M.B. no. 32065 (3 specimens). (Synonymy fide TYLER, 1968: 104).
1936 *Hyla infralineata* RENSCH (lapsus pro *Hyla infrafrenata*), Gesch. Sundabogens: 244. (Synonym fide TYLER, 1968: 104).

1948 *Hyla infrafrenata infrafrenata* — LOVERIDGE, Bull. Mus. comp. Zool., Cambridge (Massachusetts), **101:** 402.
1948 *Hyla spengleri* LOVERIDGE (lapsus pro *Hyla spengeli*), Bull. Mus. comp. Zool., Cambridge (Massachusetts), **101:** 402.
1957 *Hyla infrafrenata infrafrenata* — COPLAND (partim), Proc. Linn. Soc. New South Wales, Sydney **82:** 31.
1968 *Hyla infrafrenata infrafrenata* — TYLER, Zool. Verh., Leiden, **96:** 104.
1971 *Litoria infrafrenata infrafrenata* — TYLER, Univ. Kansas Publ. Mus. nat. Hist., Lawrence, **19:** 353.

Discussion: TYLER (1968a: 104).

Range: Cape York Peninsula of Qeensland, Australia; New Guinea and Molucca Islands; Java (introduced).

Litoria infrafrenata militaria (RAMSAY)

1878 *Pelodryas militarius* RAMSAY, Proc. Linn. Soc. New South Wales, Sydney, **2:** 28. — Terra typica: New Ireland, Bismarck Archipelago. — Holotype: A.M. no. 5250.
1882 *Hyla dolichopsis* — BOULENGER (partim), Cat. Batr. Sal. Brit. Mus. (Nat. Hist.), London: 384.
1898 *Hyla dolichopsis* var. *pollicaris* WERNER, Zool. Anz., Leipzig, **21:** 554. — Terra typica: Ralum, New Britain, Bismarck Archipelago. — Holotype: Z.M.B. no. 15914. (Synonymy fide BOULENGER, 1912: 214).
1912 *Hyla dolichopsis calcarifera* VOGT (? lapsus pro *Hyla dolichopsis pollicaris*), S.Ber. Ges. naturf. Freunde Berlin, **1:** 10.
1912 *Hyla militaria* — BOULENGER, Zool. Jb., 1. Suppl., **15:** 214.
1923 *Hyla militaria* — NIEDEN, Das Tierreich, Berlin, **46:** 220.
1931 *Hyla pollicaris* — NOBLE, Biol. Amph., New York: 118.
1948 *Hyla infrafrenata militaria* — LOVERIDGE, Bull. Mus. comp. Zool., Cambridge (Massachusetts), **101:** 404.
1957 *Hyla infrafrenata infrafrenata* — COPLAND (partim), Proc. Linn. Soc. New South Wales, Sydney, **82:** 31.
1971 *Litoria infrafrenata militaria* — TYLER, Univ. Kansas Publ. Mus. nat. Hist., Lawrence, **19:** 353.

Discussion: TYLER (1968a: 109).

Range: Bismarck Archipelago.

Litoria iris (TYLER)

1962 *Hyla iris* TYLER, Rec. S. Austral. Mus., Adelaide, **14:** 253. — Terra typica: Bamna, near Nondugl, Eastern Mountains, New Guinea. — Holotype: B.M.N.H. no. 1961. 1206.
1971 *Litoria iris* TYLER, Univ. Kansas Publ. Mus. nat. Hist., Lawrence, **19:** 353.

Discussion: TYLER (1968a: 111).

Range: Snow and Eastern mountains, New Guinea.

Litoria irrorata (DE VIS)

1884 *Hyla irrorata* DE VIS, Proc. Roy. Soc. Queensland, Brisbane, **1:** 128. — Terra typica: Gympie, Queensland, Australia. — Syntypes:

Q.M. nos. J. 12870—80; neotype (Q.M. no. J. 9255) designated (ex errore) by COPLAND (1961, Proc. Linn. Soc. New South Wales, Sydney, **86:** 261).

1923 *Hyla irrorata* — NIEDEN, Das Tierreich, Berlin, **46:** 229.

1971 *Litoria irrorata* — TYLER, Univ. Kansas Publ., Mus. nat. Hist., Lawrence, **19:** 353.

D i s c u s s i o n: COPLAND (1957: 34).

R a n g e: East coast of Queensland, Australia.

Litoria jenolanensis (COPLAND)

1957 *Hyla jenolanensis* COPLAND, Proc. Linn. Soc. New South Wales, Sydney, **81:** 97. — T e r r a t y p i c a: Bottomless Pit, Jenolan Caves, New South Wales, Australia. — H o l o t y p e: A.M. no. R. 14412.

1971 *Litoria jenolanensis* — TYLER, Univ. Kansas Publ. Mus. nat. Hist., Lawrence, **19:** 353.

D i s c u s s i o n: MOORE (1961: 311).

R a n g e: Type locality (New South Wales, Australia).

Litoria jervisiensis DUMÉRIL & BIBRON

1841 *Hyla jervisiensis* DUMÉRIL & BIBRON, Erpétol. gén., Paris, **8:** 580. — T e r r a t y p i c a: Jervis Bay, New South Wales, Australia. — H o l o - t y p e: M.N.H.N. no. 4826.

1863 *Hyla krefftii* GÜNTHER, Ann. Mag. nat. Hist., London, (3) **11:** 28. — T e r r a t y p i c a: Sydney, New South Wales, Australia. — H o l o - t y p e: B.M.N.H. no. 1947. 2. 22. 78. (Synonymy fide LOVERIDGE, 1935: 44).

1863 *Hyla servesiensis* KREFFT (lapsus pro *Hyla jervisiensis*), Proc. zool. Soc. London, **1863:** 389.

1873 *Litoria jervisiensis* — PETERS, M.Ber. k. preuss. Akad. Wiss. Berlin, **1873:** 612.

1882 *Hyla jervisiensis* — BOULENGER, Cat. Batr. Sal. Brit. Mus. (Nat. Hist.), London: 383.

1882 *Hyla krefftii* — BOULENGER, Cat. Batr. Sal. Brit. Mus. (Nat. Hist.), London: 407.

1897 *Hyla jerviensis* WERNER (lapsus pro *Hyla jervisiensis*), S.Ber. math.-phys. Kl. Akad. Wiss. München, **27:** 216.

1898 *Hyla ewingii krefftii* — FLECHTER, Proc. Linn. Soc. New South Wales, Sydney, (2) **12:** 670.

1923 *Hyla krefftii* — NIEDEN, Das Tierreich, Berlin, **46:** 230.

1923 *Hyla jervisiensis* — NIEDEN, Das Tierreich, Berlin, **46:** 234.

1935 *Hyla jervisiensis* — LOVERIDGE, Bull. Mus. comp. Zool., Cambridge (Massachusetts), **78:** 44.

1961 *Hyla jervisiensis* — MOORE, Bull. Amer. Mus. nat. Hist., New York, **121:** 281.

1971 *Litoria jervisiensis* — TYLER, Univ. Kansas Publ. Mus. nat. Hist., Lawrence, **19:** 353.

D i s c u s s i o n: MOORE (1961: 281).

R a n g e: Southeastern New South Wales, Australia.

Litoria jeudii (Werner)

1901 *Hyla jeudii* Werner, Zool. Anz., Leipzig, **24:** 99. — Terra typica: German New Guinea. — Holotype: Z.M.B. no. 16498.
1923 *Hyla jeudii* — Nieden, Das Tierreich, Berlin, **46:** 217.
1968 *Hyla jeudei* — Tyler (nomen emendatum), Zool. Verh., Leiden, **96:** 116.
1971 *Litoria jeudei* — Tyler, Univ. Kansas Publ., Mus. nat. Hist., Lawrence, **19:** 353.

Discussion: Tyler (1968a: 116).

Range: Type locality (New Guinea).

Litoria kinghorni (Loveridge)

1950 *Hyla kinghorni* Loveridge, Proc. biol. Soc. Washington, **63:** 132. — Terra typica: Ulong, New South Wales, Australia. — Holotype: A.M. no. 13818.
1971 *Litoria kinghorni* — Tyler, Univ. Kansas Publ. Mus. nat. Hist., Lawrence, **19:** 353.

Discussion: Copland (1957: 98).

Range: Type locality (New South Wales, Australia).

Litoria latopalmata Günther

1867 *Litoria latopalmata* Günther, Ann. Mag. nat. Hist., London, (3) **20:** 55. — Terra typica: Part Denison (= Bowen), Queensland, Australia. — Syntypes: B.M.N.H. nos. 1947. 2. 24. 27—28.
1882 *Hyla latopalmata* — Boulenger, Cat. Batr. Sal. Brit. Mus. (Nat. Hist.), London: 414.
1923 *Hyla latopalmata* — Nieden, Das Tierreich, Berlin, **46:** 227.
1955 *Hyla palmata* Slevin (lapsus pro *Hyla latopalmata*), Proc. California Acad. Sci., San Francisco, **28:** 383.
1971 *Litoria latopalmata* — Tyler (partim), Univ. Kansas Publ. Mus. nat. Hist., Lawrence, **19:** 353.

Discussion: Moore (1961: 298).

Range: Arnhem Land, Northern Territory, Australia.

Litoria lesueurii Duméril & Bibron

1841 *Hyla lesueurii* Duméril & Bibron (*Hyla oculata* Peron & Lesueur, MS), Erpétol. gén., Paris, **8:** 595. — Terra typica: Port Jackson (= Sydney), New South Wales, Australia. — Syntypes: M.N.H.N. nos. 4845—46.
1843 *Euscelis lesueurii* — Fitzinger, Syst. Rept., Wien: 31.
1853 *Ranoidea flavoviridis* Girard, Proc. Acad. nat. Sci. Philadelphia, **6:** 422. — Terra typica: Wollongong, Illawara, New South Wales, Australia. Syntypes: U.S.N.M. nos. 15484—85. (Synonymy fide Moore, 1961: 298)
1861 *Euscelis lessonii* Fitzinger (? lapsus pro *Euscelis lesueurii*), S.Ber. Akad. Wiss. Wien, math.-natur. Kl., **42:** 413.
1864 *Litoria wilcoxii* Günther, Proc. zool. Soc. London, **1864:** 48. — Terra typica: Clarence River, New South Wales, Australia. — Syntypes:

B.M.N.H. nos. 1947. 2. 22. 76—77. (Synonymy fide BOULENGER, 1882: 412).
1866 *Hyla leseurei* COPE (lapsus pro *Hyla lesueurii*), J. Acad. nat. Sci. Philadelphia, (2) **6:** 84.
1867 *Litoria copei* STEINDACHNER, Amphib. Novara, Exped., Wien, **1:** 56. — Terra typica: "New South Wales." — Holotype: N.H.M.W. no. 16381. (Synonymy fide BOULENGER, 1882: 412).
1868 *Hyla (Litoria) copei* — KEFERSTEIN, Arch. Naturgesch., Berlin, **34:** 278.
1868 *Hyla (Litoria) wilcoxii* — KEFERSTEIN, Arch. Naturgesch., Berlin, **34:** 278.
1873 *Litoria lesueurii* — PETERS, M.Ber. k. preuss. Akad. Wiss. Berlin, **1873:** 611.
1882 *Hyla lesueurii* — BOULENGER, Cat. Batr. Sal. Brit. Mus. (Nat. Hist.), London: 412.
1923 *Hyla lesueurii* — NIEDEN (partim), Das Tierreich, Berlin, **46:** 235.
1961 *Hyla lesueuri* — MOORE, Bull. Amer. Mus. nat. Hist., New York, **121:** 294.
1971 *Litoria lesueuri* — TYLER, Univ. Kansas Publ. Mus. nat. Hist., Lawrence, **19:** 353.

Discussion: COPLAND (1957: 89) and Moore (1961: 294).

Range: Eastern Australia from northern Queensland to Victoria.

Litoria leucova (TYLER)

1968 *Hyla leucova* TYLER, Zool. Verh., Leiden, **96:** 119. — Terra typica: Busilmin, Eastern Mountains, New Guinea. — Holotype: S.A.M. no. R. 6461.
1971 *Litoria leucova* TYLER, Univ. Kansas Publ. Mus. nat. Hist., Lawrence, **19:** 353.

Range: Type locality (Eastern New Guinea).

Litoria longicrus (BOULENGER)

1911 *Hylella longicrus* BOULENGER, Ann. Mag. nat. Hist., London, (8) **8:** 55. — Terra typica: Fakfak and Wendessi, Vogelkop Peninsula, New Guinea. — Syntypes: B.M.N.H. nos. 1947. 2.22. 60—61.
1912 *Hyla longicrus* — BARBOUR, Mem. Mus. comp. Zool., Cambridge, (Massachusetts), **44** (1): 177.
1923 *Hyla longicrus* — NIEDEN, Das Tierreich, Berlin, **46:** 211.
1971 *Litoria longicrus* — TYLER, Univ. Kansas Publ. Mus. nat. Hist., Lawrence, **19:** 353.

Discussion: TYLER (1968a: 122).

Range: Eastern Mountains and Vogelkop Peninsula, New Guinea.

Litoria louisiadensis (TYLER)

1968 *Hyla louisiadensis* TYLER, Zool. Verh., Leiden, **96:** 124. — Terra typica: Mount Rossell, Rossell Island, Louisiade Archipelago, New Guinea. — Holotype: A.M.N.H. no. 60133.
1971 *Litoria louisiadensis* TYLER, Univ. Kansas Publ. Mus. nat. Hist., Lawrence, **19:** 353.

R a n g e: Rossell and Sudest islands, Louisiade Archipelago, New Guinea.

Litoria lutea (BOULENGER)

1887 *Hyla lutea* BOULENGER, Proc. zool. Soc. London, **1887:** 337. — T e r r a t y p i c a: Faro Island, Solomon Islands. — S y n t y p e s: B.M.N.H. nos. 1947. 2. 23. 50—52.
1923 *Hyla lutea* — NIEDEN, Das Tierreich, Berlin, **46:** 222.
1971 *Litoria lutea* — TYLER, Univ. Kansas Publ. Mus. nat. Hist., Lawrence, **19:** 353.

D i s c u s s i o n: TYLER (1968a: 127).

R a n g e: Northwestern islands of the Solomon Islands.

Litoria maculata (SPENCER)

1901 *Hyla maculata* SPENCER, Proc. roy. Soc. New South Wales, Sydney, (2) **13:** 177. — T e r r a t y p i c a: Poowong, Victoria, Australia. — H o l o t y p e: N.M.V. no. D. 8498.
1923 *Hyla maculata* — NIEDEN, Das Tierreich, Berlin, **46:** 236.
1971 *Litoria maculata* — TYLER, Univ. Kansas Publ. Mus. nat. Hist., Lawrence, **19:** 353.

D i s c u s s i o n: COPLAND (1961: 258).

R a n g e: Eastern Victoria, Australia.

Litoria meiriana (TYLER)

1969 *Hyla meiriana* TYLER, Rec. S. Austral. Mus., Adelaide, **16:** 2. — T e r r a t y p i c a: 98 miles north of Mainoru, Northern Territory, Australia. — H o l o t y p e: S.A.M. no. R. 9082.
1971 *Litoria meiriana* TYLER, Univ. Kansas Publ. Mus. nat. Hist., Lawrence, **19:** 353.

R a n g e: Northern Territory and northern Western Australia.

Litoria microbelos (COGGER)

1966 *Hyla dorsalis microbelos* COGGER, Austral. Zool., Sydney, **13:** 223. — T e r r a t y p i c a: Cairns, Queensland, Australia. — H o l o t y p e: A.M. no. 25836.
1968 *Hyla microbelos* — TYLER, Zool. Verh., Leiden, **96:** 82.
1971 *Litoria microbelos* — TYLER, Univ. Kansas Publ. Mus. nat. Hist., Lawrence, **19:** 353.

D i s c u s s i o n: TYLER (1968a: 82).

R a n g e: Cape York Peninsula, Queensland, and Corburg Peninsula, Northern Territory, Australia.

Litoria micromembrana (TYLER)

1963 *Hyla micromembrana* TYLER, Trans. roy. Soc. South Australia, Adelaide, **86:** 121. — T e r r a t y p i c a: Mt. Podamp, Wahgi-Sepik Divide, near

Nondugl, Central Highlands, New Guinea. — Holotype: S.A.M. no. R. 4150.
1971 *Litoria micromembrana* — TYLER, Univ. Kansas Publ. Mus. nat. Hist., **19:** 353.

Discussion: TYLER (1968a: 131).

Range: Snow and Eastern mountains, New Guinea.

Litoria modica (TYLER)

1968 *Hyla modica* TYLER, Zool. Verh., Leiden, **96:** 135. — Terra typica: Oruge, Eastern Mountains, New Guinea. — Holotype: M.C.Z. no. 52856.
1971 *Litoria modica* TYLER, Univ. Kansas Publ. Mus. nat. Hist., Lawrence, **19:** 354.

Range: Eastern Mountains, New Guinea.

Litoria moorei (COPLAND)

1882 *Hyla aurea* — BOULENGER (partim), Cat. Batr. Sal. Brit. Mus. (Nat. Hist.), London: 410.
1957 *Hyla moorei* COPLAND, Proc. Linn. Soc. New South Wales, Sydney, **82:** 83: — Terra typica: Pemberton, Western Australia. — Holotype: W.A.M. no. R. 5981.
1971 *Litoria moorei* — TYLER, Univ. Kansas Publ. Mus. nat. Hist., Lawrence, **19:** 354.

Range: Southwest Western Australia.

Litoria multiplica (TYLER)

1964 *Hyla multiplica* TYLER, Amer. Mus. Novit., New York, **2187:** 2. — Terra typica: Kassam, Kratke Mountains, Eastern Mountains, New Guinea. — Holotype: A.M.N.H. no. 66854.
1971 *Litoria multiplica* — TYLER, Univ. Kansas Publ. Mus. nat. Hist., Lawrence, **19:** 354.

Discussion: TYLER (1968a: 139).

Range: Eastern Mountains, New Guinea.

Litoria mystax (VAN KAMPEN)

1906 *Hyla mystax* VAN KAMPEN, Nova Guinea, Leiden, **5:** 173. — Terra typica: Moaif, Northern Lowlands, New Guinea. — Holotype: R.M.N.H. no. 4632.
1923 *Hyla bernsteini* — VAN KAMPEN (partim), Amphib. Indo-Austral. Arch. Leiden: 31.
1971 *Litoria mystax* — TYLER, Univ. Kansas Publ. Mus. Nat. Hist., Lawrence, **19:** 354.

Discussion: TYLER (1968a: 142).

Range: Type locality (Northern New Guinea).

Litoria nannotis (ANDERSSON)

1916 *Hyla nannotis* ANDERSSON, Svenska Vetensk.-Akad. Handl., Stockholm, **52** (9): 16. — Terra typica: Tully River, Queensland, Australia. — Holotype: N.H.R.M. no. 1645.
1935 *Hyla obsoleta* — LOVERIDGE (partim), Bull. Mus. comp. Zool., Cambridge (Massachusetts) **78:** 50.
1957 *Hyla obsoleta nannotis* — COPLAND, Proc. Linn. Soc. New South Wales, Sydney, **82:** 55.
1961 *Hyla nannotis* — MOORE, Bull. Amer. Mus. nat. Hist., New York, **121:** 344.
1971 *Litoria nannotis* — TYLER, Univ. Kansas Publ. Mus. nat. Hist., Lawrence, **19:** 354.

Discussion: COPLAND (1957: 55).

Range: Northeastern Queensland, Australia.

Litoria napaea (TYLER)

1968 *Hyla napaea* TYLER, Zool. Verh., Leiden, **96:** 145. — Terra typica: Camp 2, 3—4 miles southwest of Bernhard Camp, Idenburg River, Snow Mountains, New Guinea. — Holotype: A.M.N.H. no. 49659.
1971 *Litoria napaea* TYLER, Univ. Kansas Publ. Mus. nat. Hist., Lawrence, **19:** 354.

Range: Type locality (Snow Mountains, New Guinea).

Litoria nasuta (GRAY)

1842 *Pelodytes nasutus* GRAY, Zool. Misc., London **3:** 56. — Terra typica: Port Essington, Northern Territory, Australia. — Holotype: B.M.N.H. no. 1947. 2. 22. 81.
1859 *Litoria nasuta* — GÜNTHER, Cat. Batr. Sal. Brit. Mus. (Nat. Hist.), London: 97.
1868 *Hyla (Litoria) nasula* KEFERSTEIN, (lapsus pro *Hyla nasuta*), Arch. Naturgesch., Berlin, **34:** 277.
1882 *Hyla nasuta* — BOULENGER, Cat. Batr. Sal. Brit. Mus. (Nat. Hist.), London: 415.
1884 *Hyla peninsulae* DE VIS, Proc. roy. Soc. Queensland, Brisbane, **1:** 130. — Terra typica: Cape York Peninsula, Queensland, Australia. — Holotype: Formerly in Q.M.; now lost. (Synonymy fide BOULENGER, 1885: 387).
1885 *Hyla nasuta* — BOULENGER, Ann. Mag. nat. Hist., London, (5) **16:** 387.
1894 *Hyla semoni* BOETTGER, Denkschr. med.-naturwiss. Ges. Jena, **8:** 112. — Terra typica: Bou, Milne Bay, New Guinea. — Holotype: S.M.F. no. 2625. (Synonymy fide VAN KAMPEN, 1909: 35).
1909 *Hyla nasuta* — VAN KAMPEN, Nova Guinea, Leiden, **9:** 35.
1923 *Hyla nasuta* — NIEDEN, Das Tierreich, Berlin, **46:** 206.
1971 *Litoria nasuta* — TYLER, Univ. Kansas Mus. nat. Hist., Lawrence, **19:** 354.

Discussion: MOORE (1961: 305) and TYLER (1968a: 148).

Range: Coastal Australia from northern Western Australia to southern New South Wales; southern lowlands and southeast peninsula of New Guinea.

Litoria nigrofrenata (GÜNTHER)

1867 *Hyla nigrofrenata* GÜNTHER, Ann. Mag. nat. Hist., London, (3) **20:** 56. — Terra typica: Cape York Peninsula, Queensland, Australia. — Syntypes: B.M.N.H. nos. 1947. 2. 23. 46—47.
1882 *Hyla nigrofrenata* — BOULENGER, Cat. Batr. Sal. Brit. Mus. (Nat. Hist.), London: 413.
1923 *Hyla nigrofrenata* — NIEDEN, Das Tierreich, Berlin, **46:** 228.
1935 *Hyla lesueurii* — LOVERIDGE (partim), Bull. Mus. comp. Zool., Cambridge (Massachusetts), **78:** 51.
1961 *Hyla nigrofrenata* — MOORE, Bull. Amer. Nus. nat. Hist., New York, **121:** 312.
1971 *Litoria nigrofrenata* — TYLER, Univ. Kansas Publ. Mus. nat. Hist., Lawrence, **19:** 354.

Discussion: TYLER (1968b: 724).

Range: East coast of Cape York Peninsula, northern Australia, and southeastern New Guinea.

Litoria nigropunctata (MEYER)

1875 *Hyperolius nigropunctatus* MEYER, M.Ber. k. preuss. Akad. Wiss. Berlin, **1874:** 139. — Terra typica: Jobi Island, Geelvink Bay, New Guinea. — Holotype: Formerly in D.M.; destroyed in World War II.
1882 *Hylella nigropunctata* — BOULENGER, Cat. Batr. Sal. Brit. Mus. (Nat. Hist.), London: 421.
1883 *Hyla bernsteini* HORST, Notes Leyden Mus., **5:** 241. — Terra typica: Gebe Island, New Guinea. — Holotype: R.M.N.H. no. 4421. (Synonymy fide LOVERIDGE, 1948: 394).
1908 *Hyla ouwensii* BARBOUR, Bull. Mus. comp. Zool., Cambridge (Massachusetts), **51:** 325. — Terra typica: Jobi Island, Geelvink Bay, New Guinea. — Holotype: M.C.Z. no. 2434. (Synonymy fide LOVERIDGE, 1948: 394).
1908 *Hyla (Hylella) nigromaculata* BARBOUR (lapsus pro *Hyla nigropunctata*), Bull. Mus. comp. Zool., Cambridge (Massachusetts), **51:** 325.
1923 *Hyla bernsteini* — NIEDEN, Das Tierreich, Berlin, **46:** 205.
1923 *Hyla nigropunctata* — NIEDEN, Das Tierreich, Berlin, **46:** 210.
1923 *Hyla ouwensii* — NIEDEN, Das Tierreich, Berlin, **46:** 210.
1923 *Hyla atropunctata* VAN KAMPEN (nomen substitutum pro *Hyla nigropunctata*), Amphib. Indo-Austral. Archip., Leiden: 37.
1948 *Hyla nigropunctata* — LOVERIDGE, Bull. Mus. comp. Zool., Cambridge (Massachusetts), **101:** 394.
1971 *Litoria nigropunctata* — TYLER, Univ. Kansas Publ. Mus. nat. Hist., Lawrence, **19:** 354.

Discussion: TYLER (1968a: 151).

Range: Northern New Guinea and Gebe and Jobi islands.

Litoria nyakalensis LIEM

1974 *Litoria nyakalensis* LIEM, Mem. Queenslend Mus., Fortitude Valley, **17:** 157. — Terra typica: Henrietta Creek, Palmerston N. P., 800 m., Queensland, Australia — Holotype: Q.M. no. J. 22624.

Range: Northern Qoeensland, Australia.

Litoria obtusirostris MEYER

1875 *Litoria obtusirostris* MEYER, M.Ber. k. preuss. Akad. Wiss. Berlin, **1873:** 139. — Terra typica: Ansus, Jobi Island, Geelvink Bay, New Guinea. — Holotype: Formerly in D.M.; destroyed in World War II.
1882 *Hyla obtusirostris* — BOULENGER, Cat. Batr. Sal. Brit. Mus. (Nat. Hist.). London: 412.
1923 *Hyla obtusirostris* — NIEDEN, Das Tierreich, Berlin, **46:** 211.
1971 *Litoria obtusirostris* — TYLER, Univ. Kansas Publ. Mus. nat. Hist., Lawrence, **19:** 354.

Discussion: TYLER (1968a: 155).

Range: Type locality (Jobi Island, New Guinea).

Litoria oenicolen MENZIES & ZWEIFEL

1974 *Litoria oenicolen* MENZIES & ZWEIFEL, Amer. Mus. Novit., New York, 2558: 10. — Terra typica: Trauna River (tributary of Baiyer River), Baiyer River Wildlife Sanctuary (141°11′ E, 5°29′ S), Western Highlands District, Papua New Guinea. 1200 m. — Holotype: A.M.N.H. no. 87922.

Range: Type locality (Trauna River, New Guinea).

Litoria paraewingi WATSON, LOFTUS-HILLS & LITTLEJOHN

1971 *Litoria paraewingi* WATSON, LOFTUS-HILLS & LITTLEJOHN, Aust. J. Zool., Melbourne, **19:** 414. — Terra typica: O'Connors Flat, 8.3 km. south-southeast of Yea, Victoria, Australia. — Holotype: U.M. no. 1445/69.

Range: Type locality (Victoria, Australia).

Litoria pearsoni (COPLAND)

1960 *Hyla pearsoni* COPLAND, Proc. Linn. Soc. New South Wales, Sydney, **85:** 154. — Terra typica: Cedar Creek, east of Mt. Glorious, Queensland, Australia. — Holotype: Unknown.
1961 *Hyla pearsoniana* COPLAND (nomen substitutum pro *Hyla pearsoni*), Proc. Linn. Soc. New South Wales, Sydney, **86:** 168.
1971 *Litoria pearsoni* — TYLER, Univ. Kansas Publ. Mus. nat. Hist., Lawrence, **19:** 354.

Range: Mountains of southeastern Queensland, Australia.

Litoria peronii (TSCHUDI)

1838 *Dendrohyas peronii* TSCHUDI, Classif. Batr. Neuchâtel: 75. — Terra typica: "Nov. Holl." (= Australia). — Holotype: M.N.H.N. no. 4809.
1841 *Hyla peronii* — DUMÉRIL & BIBRON, Erpétol. gén., Paris, **8:** 569.
1882 *Hyla peronii* — BOULENGER (partim), Cat. Batr. Sal. Brit. Mus. (Nat. Hist.), London: 390.
1923 *Hyla peronii* — NIEDEN (partim), Das Tierreich, Berlin, **46:** 224.

1971 *Litoria peroni* — TYLER, Univ. Kansas Publ. Mus. nat. Hist., Lawrence, **19:** 354.

Discussion: MOORE (1961: 268).

Range: Eastern Australia, south from Mary River.

Litoria phyllochroa (GÜNTHER)

1863 *Hyla phyllochroa* GÜNTHER, Proc. zool. Soc. London, **1863:** 251. — Terra typica: Sydney and Errumanga, New South Wales, Australia. — Syntypes: B.M.N.H. nos. 1947. 2. 24. 3—5.
1882 *Hyla phyllochroa* — BOULENGER, Cat. Batr. Sal. Brit. Mus. (Nat. Hist.), London: 382.
1923 *Hyla phyllochroa* — NIEDEN, Das Tierreich, Berlin, **46:** 232.
1957 *Hyla phyllochroa phyllochroa* — COPLAND, Proc. Linn. Soc. New South Wales, Sydney, **82:** 43.
1957 *Hyla phyllochroa barringtonensis* COPLAND, Proc. Linn. Soc. New South Wales, Sydney, **82:** 45. — Terra typica: Cutler's Pass, Williams River, New South Wales, Australia. — Holotype: no. R. 9502A. (Synonymy fide MOORE, 1961: 256).
1961 *Hyla phyllochroa* — MOORE, Bull. Amer. Mus. nat. Hist., New York, **121:** 255.
1962 *Hyla phyllochrous nudidigitus* COPLAND, Proc. Linn. Soc. New South Wales, Sydney, **87:** 137. — Terra typica: Aberfeldy River, Walhalla, Victoria, Australia. — Holotype: S.J.C. (?); not in Australia Museum as stated by COPLAND (1962: 137). (Synonymy fide TYLER, 1971: 354).
1971 *Litoria phyllochroa* — TYLER, Univ. Kansas Publ. Mus. nat. Hist., Lawrence, **19:** 354.

Discussion: MOORE (1961: 255).

Range: Eastern part of New South Wales and adjacent Queensland and Victoria, Australia.

Litoria pratti (BOULENGER)

1911 *Hyla pratti* BOULENGER, Ann. Mag. nat. Hist., London, (8) **8:** 56. — Terra typica: Wendessi and Arfak Mountains, Vogelkop Peninsula, New Guinea. — Syntypes: B.M.N.H. nos. 1947. 2. 23. 54—56 (Wendessi), 1947. 2. 23. 57—58 (Arfak Mts.).
1923 *Hyla pratti* — NIEDEN, Das Tierreich, Berlin, **46:** 213.
1971 *Litoria pratti* — TYLER, Univ. Kansas Publ. Mus. nat. Hist., Lawrence, **19:** 354.

Discussion: TYLER (1968a: 157)

Range: Type localities (Vogelkop Peninsula, New Guinea).

Litoria prora (MENZIES)

1969 *Hyla prora* MENZIES, Trans. roy. Soc. South Australia, Adelaide, **93:** 165. — Terra typica: Near Efogi, Owen Stanley Mountains, 37 mi. northeast of Port Moresby, New Guinea. — Holotype: U.P.N.G. no. 1015.
1971 *Litoria prora* — TYLER, Univ. Kansas Publ. Mus. nat. Hist., Lawrence, **19:** 354.

Range: Type locality (near Port Moresby, New Guinea).

Litoria punctata Duméril

1853 *Litoria punctata* Duméril, Ann. Sci. nat., Paris, (3) **19:** 149. — Terra typica: "Sydney" (ex errore), Australia. — Holotype: M.N.H.N. no. 758.

1853 *Litoria marmorata* Duméril, Ann. Sci. nat., Paris, (3) **19:** 150. — Terra typica: "Australia." — Syntypes: M.N.H.N. no. 757 (2 specimens). (Synonymy fide Moore, 1961: 320).

1866 *Hyla thyposticta* Cope (nomen nudum), J. Acad. nat. Sci. Philadelphia, (2) **6:** 85.

1866 *Hyla dimolops* Cope (nomen nudum), J. Acad. nat. Sci. Philadelphia, (2) **6:** 85.

1868 *Hyla (Litoria) marmorata* — Keferstein, Arch. Naturgesch., Berlin, **34:** 277.

1868 (*Litoria ?*) *punctata* — Keferstein, Arch. Naturgesch., Berlin, **34:** 277.

1869 *Hyla thyposticta* Cope (nomen novum pro *Litoria marmorata*), Proc. Amer. philos, Soc., Philadelphia, **11:** 163.

1869 *Hyla dimolops* Cope (nomen novum pro *Litoria punctata*), Proc. Amer. philos. Soc., Philadelphia, **11:** 163.

1882 *Hyla thyposticta* — Boulenger, Cat. Batr. Sal. Brit. Mus. (Nat. Hist.), London: 337.

1882 *Hyla aurea* var. *cyclorhynchus* Boulenger, Cat. Batr. Sal. Brit. Mus. (Nat. Hist.), London: 411. — Terra typica: "Western Australia." — Syntypes: A.M.N.H. no. 62493, B.M.N.H. nos. 69. 7. 22. 2—7. (Synonymy fide Moore, 1961: 320).

1882 *Hyla dimolops* — Boulenger, Cat. Batr. Sal. Brit. Mus. (Nat. Hist.), London: 415.

1923 *Hyla aurea* — Nieden (partim), Das Tierreich, Berlin, **46:** 223.

1923 *Hyla dimolops* — Nieden, Das Tierreich, Berlin, **46:** 235.

1923 ?*Hyla thyposticta* — Nieden, Das Tierreich, Berlin, **46:** 315.

1938 *Hyla cyclorhynchus* — Parker, Ann. Mag. nat. Hist., London, (11) **2:** 304.

1947 *Hyla chlorhyncha* — Whitley (lapsus pro *Hyla cyclorhyncha*), W. Austral. Nat., Perth, **1:** 53.

1964 *Hyla aurea cychlorhynchus* — Condit, J. Ohio herpet. Soc., Cincinnati, **4:** 88.

1971 *Litoria cyclorhynchus* — Tyler, Univ. Kansas Publ. Mus. nat. Hist., Lawrence, **19:** 352.

Discussion: Moore (1961: 319).

Range: South coast of Western Australia.

Litoria pygmaea (Meyer)

1875 *Hyperolius pygmaeus* Meyer, M.Ber. k. preuss. Akad. Wiss. Berlin, **1875:** 139. — Terra typica: Jobi Island, Geelvink Bay, New Guinea. — Syntypes: Formerly in D.M.; destroyed in World War II.

1887 *Hylella pygmaea* Meyer, Abh. Ber. k. zool,. anthropol.-ethnol. Mus. Dresden, **1886/87** (2): 16.

1897 *Hylella boulengeri* Méhely, Természett. Füz., Budapest, **20:** 414. — Terra typica: Madang, New Guinea. — Holotype: Destroyed. (Synonymy fide Loveridge, 1948: 397).

1898 *Hyla fallax* Boulenger, Proc. zool. Soc. London, **1898:** 482. — Terra typica: Katow, New Guinea. — Holotype: B.M.N.H. no. 1947. 2. 23. 85. (Synonymy fide Loveridge, 1948: 397).

1923 *Hyla mehelyi* NIEDEN (nomen novum pro *Hylella boulengeri*), Das Tierreich, Berlin, **46:** 215.
1948 *Hyla pygmaea* — LOVERIDGE, Bull. Mus. comp. Zool., Cambridge (Massachusetts), **101:** 397.
1971 *Litoria pygmaea* — TYLER, Univ. Kansas Publ. Mus. nat. Hist., Lawrence, **19:** 354.

Discussion: TYLER (1968a: 159).

Range: Lowlands of New Guinea.

Litoria quadrilineata TYLER & PARKER

1974 *Litoria quadrilineata* TYLER & PARKER, Trans. roy. Soc. S. Austral., Adelaide, **98:** 71. — Terra typica: Jalan Trikora (= Trikora Road), Merauke, Irian Jaya, New Guinea. — Holotype: S.A.M.no. R. 13489.

Range: Type locality (Irian Jaya, New Guinea).

Litoria rheocola LIEM

1974 *Litoria rheocola* LIEM, Mem. Queensland Mus., Fortitude Valley, **17:** 152. — Terra typica: Kuranda, 50 km. west of Cairns, Queensland, Australia. — Holotype: Q.M. no. J 22631.

Range: Northern Queensland, Australia

Litoria rothii (DE VIS)

1884 *Hyla rothii* DE VIS, Proc. Linn. Soc. New South Wales, Sydney, **9:** 66. — Terra typica: Mackay, Queensland, Australia. — Syntypes: Formerly in Q.M.; now lost.
1885 *Hyla peronii* — BOULENGER (partim), Ann. Mag. nat. Hist., London, (5) **16:** 387.
1923 *Hyla peronii* — NIEDEN (partim), Das Tierreich, Berlin, **46:** 224.
1971 *Litoria rothi* — TYLER, Univ. Kansas Publ. Mus. nat. Hist., Lawrence, **19:** 354.

Range: Eastern Australia north of Mary River, and southeaestern New Guinea.

Litoria rubella (GRAY)

1842 *Hyla rubella* GRAY, Zool. Misc., London, **2:** 56. — Terra typica: Port Essington, Northern Territory, Australia. — Syntypes: B.M.N.H. nos. 1947. 2. 24. 7—9.
1882 *Hyla rubella* — BOULENGER, Cat. Batr. Sal. Brit. Mus. (Nat. Hist.), London: 405.
1923 *Hyla rubella* — NIEDEN, Das Tierreich, Berlin, **46:** 225.
1971 *Litoria rubella* — TYLER, Univ. Kansas Publ. Mus. nat. Hist., Lawrence, **19:** 354.

Discussion: COPLAND (1957: 46).

Range: Northern part of Australia and southeastern New Guinea.

Litoria sanguinolenta VAN KAMPEN

1909 *Hyla sanguinolenta* VAN KAMPEN, Nova Guinea, Leiden, **9:** 33. — Terra typica: Sabang. Loretz River, Southern Lowlands, New Guinea. — Lectotype: A.Z.M. no. 5676 (designated by DAAN & HILLENIUS, 1966, Beaufortia, Amsterdam, 158: 121).

1912 *Hyla infrafrenata* — BOULENGER (partim), Zool. Jb. 1. Suppl., **15:** 214.

1912 *Hyla sanguineolenta* BARBOUR (lapsus pro *Hyla sanguinolenta*), Mem. Mus. comp. Zool., Cambridge (Massachusetts), **44** (1): 175.

1923 *Hyla sanguinolenta* — VAN KAMPEN, Amphib. Indo-Austral. Archip., Leiden: 57.

1971 *Litoria sanguinolenta* — TYLER, Univ. Kansas Publ. Mus. nat. Hist., Lawrence, **19:** 354.

Discussion: TYLER (1968a: 164).

Range: Southern lowlands in western New Guinea

Litoria spinifera (TYLER)

1968 *Hyla spinifera* TYLER, Zool. Verh., Leiden, **96:** 167. — Terra typica: Oruge, Eastern Mountains, New Guinea. — Holotype: M.C.Z. no. 54510.

1971 *Litoria spinifera* TYLER, Univ. Kansas Publ. Mus. nat. Hist., Lawrence, **19:** 354.

Range: Eastern Mountains, New Guinea.

Litoria thesaurensis (PETERS)

1877 *Hyla thesaurensis* PETERS, M.Ber. k. preuss. Akad. Wiss. Berlin, **1877:** 421. — Terra typica: Treasury Island, Solomon Islands. — Syntypes: Z.M.B. no. 9121 (2 specimens).

1878 *Hyla* (*Litoria*) *impura* PETERS & DORIA, Ann. Mus. civ. Stor. nat. Genova, **13:** 426. — Terra typica: Yule Island, New Guinea. — Lectotype: M.C.S.N. no. 29719A (designated by CAPOCACCIA, 1957; Ann. Mus. civ. Stor. nat., Genova, **69:** 218). (Synonymy fide LOVERIDGE, 1948: 400).

1882 *Hyla impura* — BOULENGER, Cat. Batr. Sal. Brit. Mus. (Nat. Hist.), London: 409.

1882 *Hyla thesaurensis* — BOULENGER, Cat. Batr. Sal. Brit. Mus. (Nat. Hist.), London: 409.

1883 *Hyla macrops* BOULENGER, Ann. Mag. nat. Hist., London, (5) **10:** 164. — Terra typica: Treasury Island, Solomon Islands. — Holotype: B.M.N.H. no. 1947. 2. 23. 47. (Synonymy fide LOVERIDGE, 1948: 400).

1912 *Hyla solomonis* VOGT, S.Ber. Ges. naturf. Freunde Berlin, **1:** 10. — Terra typica: Bougainville Island, Solomon Islands. — Holotype: Formerly in Z.M.B., now lost. (Synonymy fide LOVERIDGE, 1948: 400).

1913 *Hyla salmonensis* REGAN (lapsus pro *Hyla solomonis*), Zool. Rec., London, **49** (1912, Rept. Batr.): 31.

1923 *Hyla impura* — NIEDEN, Das Tierreich, Berlin, **46:** 214.

1923 *Hyla thesaurensis* — NIEDEN, Das Tierreich, Berlin, **46:** 220.

1923 *Hyla solomonis* — NIEDEN, Das Tierreich, Berlin, **46:** 221.

1923 *Hyla macrops* — NIEDEN, Das Tierreich, Berlin, **46:** 222.

1945 *Nyctimystes milneana* LOVERIDGE, Proc. biol. Soc. Washington, **58:** 57. — Terra typica: Milne Bay, Southeastern Peninsula, New Guinea. — Holotype: M.C.Z. no. 11652. (Synonymy fide ZWEIFEL, 1958: 43).

1948 *Hyla macros* LOVERIDGE (lapsus pro *Hyla macrops*), Bull. Mus. comp. Zool., Cambridge (Massachusetts), **101:** 308.
1948 *Hyla thesaurensis* — LOVERIDGE (partim), Bull. Mus. comp. Zool., Cambridge (Massachusetts), **101:** 400.
1951 *Hyla macrop* TANNER (lapsus pro *Hyla macrops*), Gt. Basin Natural., Provo, **11:** 78.
1958 *Hyla thesaurensis* — ZWEIFEL, Amer. Mus. Novit., New York, **1896:** 43.
1971 *Litoria thesaurensis* — TYLER Univ. Kansas Publ. Mus. nat. Hist., Lawrence, **19:** 355.

Discussion: TYLER (1968a: 171).

Range: Lowlands of New Guinea, Bismarck Archipelago, and Solomon Islands.

Litoria timida TYLER & PARKER

1972 *Litoria timida* TYLER & PARKER, Trans. roy. Soc. South Australia, Adelaide, **96:** 157. — Terra typica: Menemsorae, Western District, Papua New Guinea. — Holotype: S.A.M. no. 11658.

Range: Eastern and central New Guinea.

Litoria vagabunda (PETERS & DORIA)

1878 *Hyla* (*Litoria*) *vagabunda* PETERS & DORIA, Ann. Mus. civ. Stor. nat. Genova, **13:** 424. — Terra typica: Wahai, Ceram Island, Moluccas. — Lectotype: M.C.S.N. no. 29704A (designated by CAPOCACCIA, 1957, Ann. Mus. Civ. stor. Nat., Genova, 69: 214).
1882 *Hyla vagabunda* BOULENGER, Cat. Batr. Sal. Brit. Mus. (Nat. Hist.), London: 410.
1923 *Hyla vagabunda* — NIEDEN, Das Tierreich, Berlin, **46:** 204.
1971 *Litoria vagabunda* — TYLER Univ. Kansas Publ. Mus. nat. Hist., Lawrence, **19:** 355.

Discussion: TYLER (1968a: 177).

Range: Vogelkop Peninsula, New Guinea, and Ceram Island, Moluccas.

Litoria verreauxii (DUMÉRIL)

1853 *Hyla verreauxii* DUMÉRIL, Ann. Sci. nat., Paris, (3) **19:** 171. — Terra typica: Sydney, New South Wales, Australia. — Syntypes: M.N.H.N. nos. 4849 (5 specimens), 4850 (9 specimens).
1915 *Hyla ewingii* var. *alpina* FRY, Proc. roy. Soc. Queensland, Brisbane, **27:** 79. — Terra typica: Mount Kosciusko, New South Wales, Australia. — Holotype: A.M. no. 4644. *New synonym.*
1935 *Hyla ewingii verreauxii* — LOVERIDGE, Bull. Mus. comp. Zool., Cambridge (Massachusetts), **78:** 46.
1955 *Hyla ewingii verauxii* SLEVIN (lapsus pro *Hyla verreauxii*), Proc. California Acad. Sci., San Francisco, **28:** 383.
1957 *Hyla ewingii alpina* — COPLAND, Proc. Linn. Soc. New South Wales, Sydney, **82:** 63.
1965 *Hyla verreauxii* — LITTLEJOHN, Evolution, Lancaster, **19:** 234.

1971 *Litoria verreauxii* — TYLER, Univ. Kansas Publ. Mus. nat. Hist., Lawrence, **19:** 355.

Discussion: LITTLEJOHN (1965: 234).

Range: Eastern Australia.

Litoria vinosa (LAMB)

1911 *Hyla vinosa* LAMB, Ann. Queensland Mus., Brisbane, **10:** 27. — Terra typica: Ithaca Creek, Brisbane, Queensland, Australia. — Holotype: Q.M. no. J. 74.
1915 *Hyla lesueurii* var. *vinosa* — FRY, Proc. roy. Soc. Queensland, Brisbane, **27:** 84.
1923 *Hyla lesueurii* — NIEDEN (partim), Das Tierreich, Berlin, **46:** 235.
1961 *Hyla vinosa* — MOORE, Bull. Amer. Mus. nat. Hist., New York, **121:** 212.
1971 *Litoria vinosa* — TYLER, Univ. Kansas Publ. Mus. nat. Hist., Lawrence, **19:** 355.

Discussion: MOORE (1961: 212).

Range: Northern Queensland, Australia.

Litoria vocivincens MENZIES

1972 *Litoria vocivincens* MENZIES, Herpetologica, Chicago etc., **28:** 296. — Terra typica: Brown River Forestry Station, 25 mi. northwest of Port Moresby, New Guinea. — Holotype: U.P.N.G. no. 1957.

Range: Coastal lowlands of southeastern New Guinea.

Litoria wisselensis (TYLER)

1968 *Hyla wisselensis* TYLER, Zool. Verh., Leiden, **96:** 180. — Terra typica: Enarotali, Lake Paniai, Wissel Lakes, Snow Mountains, New Guinea. — Holotype: R.M.N.H. no. 12295.
1971 *Litoria wisselensis* — TYLER, Univ. Kansas Publ. Mus. nat. Hist., Lawrence, **19:** 355.

Range: Montane lakes in Snow Mountains, New Guinea.

Litoria wollastoni (BOULENGER)

1914 *Hyla wollastoni* BOULENGER, Trans. zool. Soc. London, **20:** 248. — Terra typica: Octakuia River, Dutch New Guinea. — Holotype: B.M.N.H. no. 1947. 2. 23. 59.
1968 *Hyla arfakiana* — TYLER (partim), Zool. Verh., Leiden, **96:** 39.
1971 *Litoria arfakiana* — TYLER (partim), Univ. Kansas Publ. Mus. nat. Hist., Lawrence, **19:** 352.
1974 *Litoria wollastoni* — MENZIES & ZWEIFEL, Amer. Mus. Novit., New York, **2558:** 7.

Range: Highlands of New Guinea.

Litoria wotjulumensis (COPLAND)

1957 *Hyla latopalmata watjulumensis* COPLAND (partim), Proc. Linn. Soc. New South Wales, Sydney, **82:** 96. — Terra typica: Wotjulum Mission,

Western Australia. — Syntypes: W.A.M. nos. R. 11198—9, 11633, 11896—9, 11901—3, 11906—7, 11932—3, 11935—8 (designated by TYLER, 1968: 713).

1961 *Hyla latopalmata* — MOORE (partim), Bull. Amer. Mus. nat. Hist., New York, **121:** 298.

1964 *Hyla spaldingi* HOSMER, Amer. Mus. Novit., New York, **2182:** 2. — Terra typica: Elizabeth River, 50 miles south of Darwin, Northern Territory, Australia. — Holotype: W.A.M. no. R. 23886. (Synonymy fide TYLER 1968: 713).

1968 *Hyla wotjulumensis* — TYLER (nomen emendatum), Rec. S. Austral. Mus., **15:** 713.

1971 *Litoria wotjulumensis* — TYLER, Univ. Kansas Publ. Mus. nat. Hist., Lawrence, **19:** 355.

Discussion: TYLER (1968b: 713).

Range: Northern Western Australia and Northern Territory, Australia.

Nyctimantis BOULENGER

1882 *Nyctimantis* BOULENGER, Cat. Batr. Sal. Brit. Mus. (Nat. Hist.), London: 421. — Species typica (by monotypy): *Nyctimantis rugiceps* BOULENGER, 1882.

Range: Amazonian Ecuador.

Nyctimantis rugiceps BOULENGER

1882 *Nyctimantis rugiceps* BOULENGER, Cat. Batr. Sal. Brit. Mus. (Nat. Hist.), London: 422. — Terra typica: Ecuador; and Canelos, Pastaza, Ecuador. — Syntypes: B.M.N.H. nos. 80. 12. 5. 152 (Ecuador), 80. 12. 5. 163—64 (3 specimens) (Canelos).

1923 *Nyctimantis rugiceps* — NIEDEN, Das Tierreich, Berlin, **46:** 331.

Range: Amazonian Ecuador.

Nyctimystes STEJNEGER

1916 *Nyctimystes* STEJNEGER, Proc. biol. Soc. Washington, **29:** 85. — Species typica (by original designation): *Nyctimantis papua* BOULENGER, 1897.

Range: New Guinea, eastern islands in Moluccas Islands, and northern Queensland, Australia.

Nyctimystes avocalis ZWEIFEL

1958 *Nyctimystes avocalis* ZWEIFEL, Amer. Mus. Novit., New York, **1896:** 6. — Terra typica: Goodenough Island, D'Entrecasteaux Islands, New Guinea. — Holotype: A.M.N.H. no. 56886.

Range: Type locality (Goodenough Island, D'Entrecasteaux Islands).

Nyctimystes cheesmani TYLER

1936 *Nyctimystes montana* PARKER (non PETERS & DORIA 1878), Ann. Mag. nat. Hist., London, (10) **17:** 80. — Terra typica: Mondo, Southeast Peninsula, New Guinea. — Holotype: B.M.N.H. no. 1947. 2. 24. 31.
1964 *Nyctimystes cheesmani* TYLER (nomen novum pro *Nyctimystes montana*), Zool. Abh. staatl. Mus. Tierk. Dresden, **27:** 268.

Discussion: ZWEIFEL (1958: 21).

Range: Eastern New Guinea and D'Entrecasteaux Islands.

Nyctimystes dayi (GÜNTHER)

1897 *Hyla dayi* GÜNTHER, Novit. Zool., London, **4:** 406. — Terra typica: Bartle Frere Mountains, Queensland, Australia. — Holotype: Unknown.
1923 *Hyla dayi* NIEDEN — Das Tierreich, Berlin, **46:** 229.
1971 *Litoria dayi* — TYLER, Univ. Kansas Publ. Mus. nat. Hist., Lawrence, **19:** 352.
1974 *(Nyctimystes) dayi* — LIEM, Mem. Queesland Mus., Fortitude Valley, **17:** 157.

Discussion: LIEM (1974: 156).

Range: Type locality (Bartle Frere Mountains, Australia)

Nyctimystes daymani ZWEIFEL

1958 *Nyctimystes daymani* ZWEIFEL, Amer. Mus. Novit., New York, **1896:** 8: — Terra typica: North slope of Mt. Dayman, Southeastern Peninsula, New Guinea. — Holotype: A.M.N.H. no. 57070.

Range: Mountains of eastern New Guinea.

Nyctimystes disrupta TYLER

1963 *Nyctimystes disrupta* TYLER, Rec. Austral. Mus., Sydney, **26:** 118. — Terra typica: Kaironk Valley, Schrader Mts., New Guinea. — Holotype: A.M. no. R. 15923.

Range: Mountains of eastern New Guinea.

Nyctimystes fluviatilis ZWEIFEL

1958 *Nyctimystes fluviatilis* ZWEIFEL, Amer. Mus. Novit., New York, **1896:** 11. — Terra typica: Bernhard Camp, Idenburg River, West New Guinea. — Holotype: A.M.N.H. no. 49567.

Range: Type locality (West New Guinea).

Nyctimystes foricula TYLER

1963 *Nyctimystes foricula* TYLER, Rec. Austral. Mus., Sydney, **26:** 120. — Terra typica: Kaironk Valley, Schrader Mts., New Guinea. — Holotype: A.M. no. R. 15904.

Range: Mountains of eastern New Guinea.

Nyctimystes granti (BOULENGER)

1914 *Nyctimantis granti* BOULENGER, Trans. zool. Soc. London, **20:** 249. — Terra typica: Utakwa River, West New Guinea. — Holotype: B.M.N.H. no. 1947. 2. 24. 47.
1923 *Nyctimantis granti* — NIEDEN, Das Tierreich. Berlin, **46:** 332.
1936 *Nyctimystes granti* — PARKER, Ann. Mag. nat. Hist., London, (10) **17:** 77.

Discussion: ZWEIFEL (1958: 13)

Range: Mountains of New Guinea.

Nyctimystes gularis PARKER

1936 *Nyctimystes gularis* PARKER, Ann Mag. nat. Hist., London, (10) **17:** 78. — Terra typica: Mondo, New Guinea. — Holotype: B.M.N.H. no. 1947. 2. 24. 29.

Discussion: ZWEIFEL (1958: 14).

Range: Mountains of southeastern New Guinea.

Nyctimystes hosmeri TYLER

1964 *Nyctimystes hosmeri* TYLER, Trans. roy. Soc. South Austral., Adelaide, **88:** 111. — Terra typica: Tully Falls, Cape York Peninsula, Queensland, Australia. — Holotype: A.M.N.H. no. 65538.

Range: Atherton Tableland and adjacent mountains, Queensland, Australia.

Nyctimystes humeralis (BOULENGER)

1912 *Hyla humeralis* BOULENGER, Zool. Jahrb., 1. Suppl., **15:** 216. — Terra typica: Madew (= Madiu), St. Joseph River, New Guinea. — Holotype: B.M.N.H. no. 1947. 2. 23. 48.
1923 *Hyla humeralis* — NIEDEN, Das Tierreich, Berlin, **46:** 219.
1958 *Nyctimystes humeralis* — ZWEIFEL, Amer. Mus. Novit., New York, **1896:** 16.

Discussion: ZWEIFEL (1958: 16).

Range: Mountains of eastern New Guinea.

Nyctimystes kubori ZWEIFEL

1958 *Nyctimystes kubori* ZWEIFEL, Amer. Mus. Novit., New York, **1896:** 18. — Terra typica: Near Kup. Kubor Mts., northeastern New Guinea. — Holotype: A.M.N.H. no. 55913.

Discussion: TYLER (1963: 123).

Range: Mountains of eastern New Guinea.

Nyctimystes montana (PETERS & DORIA)

1878 *Hyla (Litoria) montana* PETERS & DORIA, Ann. Mus. civ. Stor. nat. Ge-

nova, **13:** 423. — T e r r a t y p i c a: Hatam, Arfak Mts., New Guinea. — H o l o t y p e: M.C.S.N. no. 29720.
1882 *Hyla montana* — BOULENGER, Cat. Batr. Sal. Brit. Mus. (Nat. Hist.), London: 385.
1923 *Hyla montana* — NIEDEN, Das Tierreich, Berlin, **46:** 215.
1964 *Nyctimystes montana* — TYLER, Zool. Abh. staatl. Mus. Tierk. Dresden, **27:** 266.

D i s c u s s i o n: TYLER (1964: 265).

R a n g e: Type locality (Arfak Mountains, New Guinea).

Nyctimystes narinosa ZWEIFEL

1958 *Nyctimystes narinosa* ZWEIFEL, Amer. Mus. Novit., New York, **1896:** 26. — T e r r a t y p i c a: Mt. Hagen, Wahgi Valley region, northeastern New Guinea. — H o l o t y p e: A.M.N.H. no. 60372.

R a n g e: Mountains of central New Guinea.

Nyctimystes obsoleta (LÖNNBERG)

1900 *Hyla obsoleta* LÖNNBERG, Ann. Mag. nat. Hist., London, (7) **6** (36): 580. — T e r r a t y p i c a: Simbang, Huon Peninsula, New Guinea. — H o l o - t y p e: Z.M.U.U. (no number).
1923 *Hyla obsoleta* — NIEDEN, Das Tierreich, Berlin, **46:** 218.
1957 *Hyla obsoleta* (*obsoleta* by fiat) — COPLAND, Proc. Linn. Soc. New South Wales, Sydney, **82:** 55.
1965 *Nyctimystes obsoleta* — TYLER, Proc. zool. Soc. London, **145** (1): 92.

D i s c u s s i o n: TYLER (1965: 92).

R a n g e: Type locality (Huon Peninsula, New Guinea).

Nyctimystes papua (BOULENGER)

1897 *Nyctimantis papua* BOULENGER (partim), Ann. Mag. nat. Hist., London; (6) **19:** 12. — T e r r a t y p i c a: Mt. Victoria, Owen Stanley Range, New Guinea. — S y n t y p e s: B.M.N.H. no. 1947. 2. 24. 46, M.C.Z. no. 12838.
1916 *Nyctimystes papua* — STEJNEGER, Proc. biol. Soc. Washington, **29:** 85.
1923 *Nyctimantis papua* — NIEDEN, Das Tierreich, Berlin, **46:** 332.
1931 *Hyla papua* — NOBLE (non VAN KAMPEN 1909), Biol. Amphib., New York: 513.
1937 *Nyctimystes papua* — PARKER, Ann. Mag. nat. Hist., London (10) **17:** 77.

D i s c u s s i o n: ZWEIFEL (1958: 28).

R a n g e: Mountains of New Guinea.

Nyctimystes perimetri ZWEIFEL

1958 *Nyctimystes perimetri* ZWEIFEL, Amer. Mus. Novit., New York, **1896:** 31. — T e r r a t y p i c a: West slope of Mt. Riu, Sudest (Tagula) Island, Louisiade Archipelago, New Guinea. — H o l o t y p e: A.M.N.H. no. 60081.

R a n g e: Sudest and Rossel islands, Louisiade Archipelago, New Guinea.

Nyctimystes persimilis ZWEIFEL

1958 *Nyctimystes persimilis* ZWEIFEL, Amer. Mus. Novit., New York, **1896:** 34, — Terra typica: North slope of Mt. Dayman, Territory of Papua. New Guinea. — Holotype: A.M.N.H. no. 56838.

Range: Type locality (Papua, New Guinea).

Nyctimystes pulchra (WANDOLLECK)

1911 *Hyla pulchra* WANDOLLECK, Abh. Ber. k. zool. anthropol.-ethnol. Mus. Dresden, **13** (6): 12. — Terra typica: Sacksackhutte, Torricelli Mountains, New Guinea. — Syntypes: Four specimens formerly in D.M.; destroyed in World War II.
1932 *Hyla pulchra* — NIEDEN, Das Tierreich, Berlin, **46:** 217.
1948 *Hyla montana montana* — LOVERIDGE (partim), Bull. Mus. comp. Zool., Cambridge (Massachusetts), **101:** 396.
1964 *Nyctimystes pulchra* — TYLER, Zool. Abh. staatl. Mus. Tierk. Dresden, **27:** 267.

Discussion: TYLER (1964: 267).

Range: Mountains of New Guinea.

Nyctimystes rueppelli (BOETTGER)

1895 *Hyla rueppelli* BOETTGER (partim), Zool. Anz., Leipzig, **18:** 137. — Terra typica: Kau, Halmahera Island, Molucca Islands. — Lectotype: S.M.F. no. 2614 (designated by MERTENS, 1967, Senckenbergiana, Frankfurt-a.-M., **48A:** 42).
1923 *Hyla rueppelli* — NIEDEN, Das Tierreich, Berlin, **46:** 203.
1958 *Nyctimystes rueppelli* — ZWEIFEL, Amer. Mus. Novit., New York, **1896:** 36.

Discussion: ZWEIFEL (1958: 36).

Range: Halmahera and Morotai islands, Molucca Islands and Vogelkop Peninsula, New Guinea.

Nyctimystes semipalmata PARKER

1897 *Nyctimantis papua* BOULENGER (partim), Ann. Mag. nat. Hist., London, (6) **19:** 12.
1936 *Nyctimystes semipalmata* PARKER, Ann. Mag. nat. Hist., London, (10) **17:** 83. — Terra typica: Kokoda, Territory of Papua, New Guinea. — Holotype: B.M.N.H. no. 1947. 2. 24. 25.

Discussion: ZWEIFEL (1958: 38).

Range: Northern and southeastern New Guinea.

Nyctimystes tympanocryptis (ANDERSSON)

1916 *Hyla tympanocryptis* ANDERSSON, K Svenska Vetensk. Akad. Handl., Stockholm, **52** (9): 19. — Terra typica: Malanda, Queensland, Australia. — Holotype: N.H.R.M. no. 1649.

1935 *Hyla dayi* — LOVERIDGE (partim), Bull. Mus. comp. Zool., Cambridge (Massachusetts), **78:** 38.
1968 *Nyctimystes tympanocryptis* — TYLER, Arkiv Zool., Stockholm, **20:** 501.

Discussion: TYLER (1968b: 501).

Range: Cape York Peninsula, Queensland, Australia.

Nyctimystes vestigia TYLER

1964 *Nyctimystes vestigia* TYLER, Trans. roy. Soc. South Australia, Adelaide, **88:** 113. — Terra typica: Mount Bartle Frere, Cape York Peninsula, Queensland, Australia. — Holotype: N.H.M.W. no. 17187.

Range: Northeastern Queensland, Australia.

Nyctimystes zweifeli TYLER

1967 *Nyctimystes zweifeli* TYLER, Trans. roy. Soc. South Australia, Adelaide, **91:** 191. — Terra typica: Telefomen, Western Highlands, New Guinea. — Holotype: S.A.M. no. R. 5426.

Range: Vicinity of type locality (Western Highlands of New Guinea).

Osteocephalus STEINDACHNER

1843 *Osteocephalus* FITZINGER (nomen nudum), Syst. Rept., Wien: 50.
1862 *Osteocephalus* STEINDACHNER, Arch. Zool. Anat. Physiol., Wien, **2:** 77. — Species typica (by original designation): *Osteocephalus taurinus* STEINDACHNER, 1862.

Discussion: TRUEB & DUELLMAN (1971).

Range: Guianas, Amazon Basin, upper Orinoco and Magdalena drainages in Venezuela and Colombia, southeastern Brasil and northeastern Argentina.

Osteocephalus buckleyi (BOULENGER)

1882 *Hyla buckleyi* BOULENGER, Cat. Batr. Sal. Brit. Mus. (Nat. Hist.), London: 362. — Terra typica: Sarayacu and Canelos, Provincia Pastaza, and "Paitanga" (= Pallatanga), Provincia Chimborazo (ex errore), Ecuador; type locality restricted to Canelos by COCHRAN & GOIN, 1970: 213). — Syntypes: B.M.N.H. nos. 1947. 2. 13. 36—39 (Sarayacu), 1947. 2. 13. 40—41, 1947. 2. 13. 43—45 (Canelos), 1947. 2. 13. 46 (Pallatanga); 1947. 2. 13. 44 designated as lectotype by TRUEB & DUELLMAN (1971: 19).
1904 *Hyla festae* PERACCA, Bull. mus. zool. Anat. comp., Torino, **19:** 39. — Terra typica: "Valle de Santiago" (= lower Río Zamora), Provincia Morona-Santiago, Ecuador. — Holotype: M.I.Z.S. no. 2950. (Synonymy fide TRUEB & DUELLMAN, 1971: 19).
1923 *Hyla buckleyi* — NIEDEN, Das Tierreich, Berlin, **46:** 267.
1923 *Hyla festae* — NIEDEN, Das Tierreich, Berlin, **46:** 272.
1961 *Osteocephalus buckleyi* — GOIN, Ann. Carnegie Mus., Pittsburgh, **36:** 13.
1970 *Hyla carri* COCHRAN & GOIN, Bull. U.S. nation. Mus., Washington, **288:** 211. — Terra typica: Acevedo, Río Suaza, Departamento Huila,

Colombia. — Holotype: F.M.N.H. no. 69702. (Synonymy fide TRUEB & DUELLMAN, 1971: 19).
1970 *Hyla cabrerai* COCHRAN & GOIN, Bull. U.S. nation. Mus., Washington, **288:** 215. — Terra typica: Río Apoporis, Comisaría Amazonas, Colombia. — Holotype: U.S.N.M. no. 152759. (Synonymy fide TRUEB & DUELLMAN, 1971: 19).
1971 *Osteocephalus buckleyi* — TRUEB & DUELLMAN, Occas. Pap. mus. nat. Hist. Univ. Kansas, Lawrence, **1:** 19.

Range: Periphery of Amazon Basin from Amapá, Brasil, through the Guyanas to Colombia, Ecuador, Perú, and Bolivia.

Osteocephalus langsdorffii (DUMÉRIL & BIBRON)

1841 *Hyla langsdorffii* DUMÉRIL & BIBRON, Erpétol. gén., Paris, **8:** 557. — Terra typica: "Brasil." — Holotype: M.N.H.N. no. 4634.
1843 *Hypsiboas langsdorffii* — FITZINGER, Syst. Rept., Wien: 30.
1867 *Osteocephalus langsdorffii* — COPE, J. Acad. nat. Sci. Philadelphia, (2) **6:** 200.
1882 *Hyla langsdorffii* — BOULENGER, Cat. Batr. Sal. Brit. Mus. (Nat. Hist.), London: 364.
1923 *Hyla langsdorffii* — NIEDEN, Das Tierreich, Berlin, **46:** 285.
1974 *Osteocephalus langsdorffii* — DUELLMAN, Occas. Pap. Mus. nat. Hist. Univ. Kansas, **27:** 20.

Range: Coastal lowlands from Bahia, Brasil, to northeastern Argentina.

Osteocephalus leprieurii (DUMÉRIL & BIBRON)

1841 *Hyla leprieurii* DUMÉRIL & BIBRON, Erpétol., gén., Paris, **8:** 553. — Terra typica: "Cayenne." — Holotype: M.N.H.N. no. 4629.
1867 *Hypsiboas leprieurii* — COPE, J. Acad. nat. Sci. Philadelphia, (2) **6:** 200.
1882 *Hyla leprieurii* — BOULENGER, Cat. Batr. Sal. Brit. Mus. (Nat. Hist.), London: 361.
1923 *Hyla leprieurii* — NIEDEN, Das Tierreich, Berlin, **46:** 305.
1941 *Hyla leprieurii britti* MELIN, Kungl. Vetensk.-Vitterh.-Saml. Handl., Göteborg, (ser. B) **1** (4): 42. — Terra typica: Rio Uaupés, north of the Rio Japu, Amazonas, Brasil. — Holotype: N.H.M.G. no. 489. (Synonymy fide TRUEB & DUELLMAN, 1971: 25).
1941 *Hyla leprieurii leprieurii* — MELIN, Kungl. Vetensk.-Vitterh.-Saml. Handl., Göteborg, (B) **1** (4): 42.
1961 *Osteocephalus britti* — GOIN, Ann. Carnegie Mus., Pittsburgh, **36:** 13.
1961 *Osteocephalus leprieurii* — GOIN, Ann. Carnegie Mus., Pittsburgh, **36:** 13.
1971 *Osteocephalus leprieurii* — TRUEB & DUELLMAN, Occas. Pap. Mus. nat. Hist. Univ. Kansas, Lawrence, **1:** 25.

Range: Periphery of the Amazon Basin, in the Guianas and the upper Amazon Basin in Colombia, Ecuador, Perú, and western Brasil.

Osteocephalus pearsoni (GAIGE)

1929 *Hyla pearsoni* GAIGE, Occas. Pap. Mus. zool. Univ. Michigan, Ann Arbor, **207:** 3. — Terra typica: Upper Río Beni, below mouth of Río

Mapiri, Departamento El Beni, Bolivia. — Holotype: U.M.M.Z. no. 57548.

1961 *Osteocephalus pearsoni* — GOIN, Ann. Carnegie Mus., Pittsburgh, **36:** 13.

Range: Upper Amazon Basin and lower Andean slopes from central Perú to northern Bolivia.

Osteocephalus taurinus STEINDACHNER

1862 *Osteocephalus taurinus* STEINDACHNER, Arch. Zool. Anat. Physiol., Wien, **2:** 77. — Terra typica: Barra de Rio Negro, Manáus, Amazonas, Brasil. — Holotype: N.H.M.W. no. 16492.

1862 *Osteocephalus flavolineatus* STEINDACHNER, Arch. Zool. Anat. Physiol., Wien, **2:** 80. — Terra typica: Cucuí, Amazonas, Brasil. — Holotype: N.H.M.W. no. 16495. (Synonymy fide BOULENGER, 1882: 363).

1867 *Trachycephalus* (*Osteocephalus*) *taurinus* STEINDACHNER, Amphib., Novara Exped., Wien, **1:** 64.

1867 *Trachycephalus* (*Osteocephalus*) *flavolineatus* STEINDACHNER, Amphib., Novara Exped., Wien, **1:** 64.

1874 *Osteocephalus planiceps* COPE, Proc. Acad. nat. Sci. Philadelphia, **25:** 122. — Terra typica: Nauta, Departamento Loreto, Perú. — Holotype: A.N.S.P. no. 11399. (Synonymy fide TRUEB & DUELLMAN, 1971: 31).

1882 *Hyla taurina* — BOULENGER, Cat. Batr. Sal. Brit. Mus. (Nat. Hist.), London: 363.

1882 *Hyla planiceps* — BOULENGER, Cat. Batr. Sal. Brit. Mus. (Nat. Hist.), London: 364.

1923 *Hyla taurina* — NIEDEN, Das Tierreich, Berlin, **46:** 303.

1923 *Hyla planiceps* — NIEDEN, Das Tierreich, Berlin, **46:** 306.

1941 *Hyla* (*Trachycephalus*) *vilarsi* MELIN, Kungl. Vetensk.-Vitterh.-Saml. Handl., Göteborg, (B) **1** (4): 40. — Terra typica: Taracua, Rio Uaupés, Amazonas, Brasil. — Holotype: N.H.M.G. no. 488. (Synonymy fide BOKERMANN, 1966: 64).

1945 *Hyla depressa* ANDERSSON, Arkiv Zool., Stockholm, **37A** (2): 73. — Terra typica: Río Pastaza watershed, Ecuador. — Holotype: N.H.R.M. 1966. (Synonymy fide TRUEB & DUELLMAN, 1971: 31).

1966 *Osteocephalus taurinus* — BOKERMANN, Lista anot. Tipo Local. Anf. Brasil., São Paulo: 64.

1971 *Osteocephalus taurinus* — TRUEB & DUELLMAN, Occas. Pap. Mus. nat. Hist. Univ. Kansas, Lawrence, **1:** 31.

Range: Amazon Basin, upper Orinoco Basin, and the Guyanas.

Osteocephalus verrucigerus (WERNER)

1901 *Hyla verrucigera* WERNER, Verh. zool.-bot. Ges. Wien, **50:** 601. — Terra typica: "Ecuador." — Holotype: Z.M.B. no. 16589.

1923 *Hyla verrucigera* — NIEDEN, Das Tierreich, Berlin, **46:** 266.

1945 *Hyla riopastazae* ANDERSSON, Arkiv Zool., Stockholm, **37A** (2): 72. — Terra typica: Baños, Río Pastaza, Provincia Tungurahua, Ecuador. — Holotype: N.H.R.M. no. 1960. (Synonymy fide TRUEB & DUELLMAN, 1970: 601).

1956 *Hyla orcesi* FUNKHOUSER, Zoologica, New York, **91:** 78. — Terra typica: Río Pacayacu, tributary of Río Cotopino, Provincia Napo, Ecuador. — Holotype: C.A.S.-S.U. no. 13150. (Synonymy fide TRUEB & DUELLMAN, 1970: 601).

1970 *Osteocephalus orcesi* — COCHRAN & GOIN, Bull. U.S. nation. Mus., Washington, **288:** 317.
1970 *Osteocephalus verrucigerus* — TRUEB & DUELLMAN, Copeia, New York etc., **1970** (4): 601.

Range: Lower Amazonian slopes of Andes from Colombia to central Perú.

Osteopilus FITZINGER

1843 *Osteopilus* FITZINGER, Syst. Rept., Wien: 30. — Species typica (by monotypy): *Trachycephalus marmoratus* BIBRON, 1842, in RAMÓN DE LA SAGRA, (= *Hyla septentrionalis* DUMÉRIL & BIBRON).

Discussion: TRUEB & TYLER (1974).

Range: The Greater Antilles, Bahama Islands, and southern Florida, U.S.A.

Osteopilus brunneus (GOSSE)

1851 *Hyla brunnea* GOSSE, Natur. Soj. Jamaica, London: 361. — Terra typica: Savanna-la-Mar, Jamaica. — Holotype: Unknown.
1863 *Trachycephalus sculigerus* COPE, Proc. Acad. nat. Sci. Philadelphia, **15:** 45. — Terra typica: "Jamaica." — Holotype: Formerly U.S.N.M. no. 6268, now apparently lost. (Synonymy fide DUNN, 1926: 125).
1882 *Hyla septentrionalis* — BOULENGER (partim), Cat. Batr. Sal. Brit. Mus. (Nat. Hist.), London: 368.
1882 *Hyla dominicensis* — BOULENGER (partim), Cat. Batr. Sal. Brit. Mus. (Nat. Hist.), London: 370.
1923 *Hyla brunnea* — NIEDEN, Das Tierreich, Berlin, **46:** 314.
1926 *Hyla brunnea* — DUNN, Proc. Boston Soc. nat. Hist., **38:** 125.
1937 *Hyla septentrionalis brunnea* — BARBOUR, Bull. Mus. comp. Zool., Cambridge (Massachusetts), **82:** 81.
1974 *Osteopilus brunneus* — TRUEB & TYLER, Occas. Pap. Mus. nat. Hist. Univ. Kansas, Lawrence, **24:** 36.

Range: Jamaica, West Indies.

Osteopilus dominicensis (TSCHUDI)

1838 *Hypsiboas dominicensis* TSCHUDI, Classif. Batr. Neuchâtel: 30. — Terra typica: "Saint-Dominque." — Syntypes: M.N.H.N. no. 4614 (4 specimens).
1841 *Trachycephalus dominicensis* — DUMÉRIL & BIBRON, Erpétol. gén., Paris, **8:** 540.
1863 *Trachycephalus ovatus* COPE, Proc. Acad. nat. Sci. Philadelphia, **15:** 44. — Terra typica: Jeremie, Haiti. — Holotype: M.C.Z. no. 1518. (Synonymy fide BOULENGER, 1882: 369).
1882 *Hyla ovata* — BOULENGER (partim), Cat. Batr. Sal. Brit. Mus. (Nat. Hist.), London: 369.
1882 *Hyla dominicensis* — BOULENGER (partim), Cat. Batr. Sal. Brit. Mus. (Nat. Hist.), London: 370.
1888 *Hyla* (*Trachycephalus*) *ovata* — FISCHER, Jahrb. hamburg. wiss. Anst., **5:** 44.

1901 *Hyla (Trachycephalus) dominicensis* — MEERWARTH, Mitth. naturhist. Mus. Hamburg, **18:** 40.
1923 *Hyla dominicensis* — NIEDEN, Das Tierreich, Berlin, **46:** 313.
1937 *Hyla septentrionalis dominicensis* — BARBOUR, Bull. Mus. comp. Zool., Cambridge (Massachusetts), **82:** 81.
1938 *Hyla dominicensis dominicensis* — MERTENS, Senckenbergiana, Frankfurt-a.-M., **20:** 332.
1974 *Osteopilus dominicensis* — TRUEB & TYLER, Occas. Pap. Mus. nat. Hist. Univ. Kansas, Lawrence, **24:** 38.

Range: Hispaniola, West Indies.

Osteopilus septentrionalis DUMÉRIL & BIBRON

1841 *Trachycephalus marmoratus* DUMÉRIL & BIBRON (non *Bufo marmoratus* LAURENTI, 1768), Erpétol. gén., Paris, **8:** 538. — Terra typica: "Cuba." — Holotype: M.N.H.N. no. 4612.
1841 *Hyla septentrionalis* DUMÉRIL & BIBRON (nomen novum pro *Trachycephalus marmoratus*), Erpétol. gén., Paris, **8:** 538.
1863 *Trachycephalus insulsus* COPE, Proc. Acad. nat. Sci. Philadelphia, **15:** 43. — Terra typica: "Cuba." — Syntypes: U.S.N.M. nos. 12166 and 167237 (formerly 6266). (Synonymy fide BOULENGER, 1882: 368).
1863 *Trachycephalus wrightii* COPE, Proc. Acad. nat. Sci. Philadelphia, **15:** 45. — Terra typica: "District of Guantanamo, southeastern Cuba." — Holotype: U.S.N.M. no. 5174. (Synonymy fide BOULENGER, 1882: 368).
1882 *Hyla septentrionalis* — BOULENGER (partim), Cat. Batr. Sal. Brit. Mus. (Nat. Hist.), London: 368.
1917 *Hyla schebestana* WERNER, Mitt. zool. Mus. Hamburg, **34:** 36. — Terra typica: "Cuba." — Holotype: Formerly in Z.M.H.; now lost. (Synonymy fide DUELLMAN & CROMBIE, 1970: 1).
1923 *Hyla septentrionalis* — NIEDEN, Das Tierreich, Berlin, **46:** 314.
1937 *Hyla septentrionalis septentrionalis* — BARBOUR, Bull. Mus. comp. Zool., Cambridge (Massachusetts), **82:** 81.
1938 *Hyla dominicensis septentrionalis* — MERTENS, Senckenbergiana, Frankfurt-a.-M., **20:** 333.
1950 *Hyla dominicensis insulsa* — MITTLEMAN, Herpetologica, Chicago etc., **6:** 26.
1952 *Hyla dominicensis* — PETERSON, Garrett, & Lantz, Herpetologica, Chicago etc., **8:** 63.
1966 *Hyla insulsa* — JAUME, Mus. Felipe Poey Acad. Gen. Cuba, Habana, **35:** 15.
1970 *Hyla septentrionalis* — DUELLMAN & CROMBIE, Cat. Amer. Amph. Rept., New York, **92:** 1.
1974 *Osteopilus septentrionalis* — TRUEB & TYLER, Occas. Pap. Mus. nat. Hist. Univ. Kansas, Lawrence, **24:** 39.

Range: West Indies: Cuba, Isle of Pines, Cayman Islands, Bahama Islands, Puerto Rico (introduced), and southern Florida (U.S.A.).

Pachymedusa DUELLMAN

1968 *Pachymedusa* DUELLMAN, Univ. Kansas Publ. Mus. nat. Hist., Lawrence, **18:** 5. — Species typica (by original designation): *Phyllomedusa dacnicolor* COPE, 1864.

Range: Pacific lowlands of México.

Pachymedusa dacnicolor (COPE)

1864 *Phyllomedusa dacnicolor* COPE, Proc. Acad. nat. Sci. Philadelphia, **16:** 181. — Terra typica: "near Colima," México. — Holotype: formerly in U.S.N.M.; now lost.
1866 *Agalychnis dacnicolor* COPE, J. Acad. nat. Sci. Philadephia, (2) **6:** 86.
1882 *Phyllomedusa dacnicolor* — BOULENGER, Cat. Batr. Sal. Brit. Mus. (Nat. Hist.), London: 426.
1923 *Phyllomedusa dacnicolor* — NIEDEN, Das Tierreich, Berlin, **46:** 345.
1952 *Agalychnis alcorni* TAYLOR, Copeia, New York etc., **1952:** 31. — Terra typica: South bank of Río Tepalcatepec, 17 mi. south of Apatzingan, Michoacán, México. — Holotype: K.U. no. 29763. (Synonymy fide DUELLMAN, 1957: 29).
1957 *Phyllomedusa alcorni* — FUNKHOUSER, Occas. Pap. nat. hist. Mus. Stanford Univ., **5:** 30.
1957 *Agalychnis dacnicolor* DUELLMAN, Herpetologica, Chicago etc., **13:** 30
1968 *Pachymedusa dacnicolor* — DUELLMAN, Univ. Kansas Publ. Mus. nat. Hist., Lawrence, **18:** 5.

Discussion: DUELLMAN (1970b: 81).

Range: Pacific lowlands of México from southern Sonora to the Isthmus of Tehauntepec.

Phrynohyas FITZINGER

1843 *Phrynohyas* FITZINGER, Syst. Rept., Wien, 30. — Species typica (designation by monotypy and declaration of International Commission on Zoological Nomenclature—Opin. 520, 1958): *Hyla zonata* SPIX, 1824 (= *Rana venulosa* LAURENTI, 1768).
1843 *Acrodytes* FITZINGER, Syst. Rept. Wien, 30, — Species typica (designation by monotypy): *Hyla venulosa* DAUDIN, 1803 (= *Rana venulosa* LAURENTI, 1768) (generic name suppressed by International Commission on Zoological Nomenclature—Opinion. 520, 1968).
1862 *Scytopis* COPE, Proc. Acad. nat. Sci. Philadelphia, **14:** 354. — Species typica (designation by monotypy): *Scytopis hebes* COPE, 1862.

Range: Lowlands of México, Central and South America east of the Andes, south to northern Argentina.

Phrynohyas coriacea (PETERS)

1867 *Hyla coriacea* PETERS, M.Ber. k. preuss. Akad. Wiss. Berlin, **1867:** 711. — Terra typica: "Surinam." — Syntypes: Z.M.B. no. 5807 (3 specimens).
1882 *Hyla quadrangulum* BOULENGER, Cat. Batr. Sal. Brit. Mus. (Nat. Hist.), London: 367. — Terra typica: "Western Ecuador." — Holotype: B.M.N.H. no. 1947. 2. 13. 75. (Synonymy fide DUELLMAN, 1971: 10).
1882 *Hyla coriacea* — BOULENGER, Cat. Batr. Sal. Brit. Mus. (Nat. Hist.), London: 367.
1923 *Hyla quadrangulum* — NIEDEN, Das Tierreich, Berlin, **46:** 271.
1923 *Hyla coriacea* — NIEDEN, Das Tierreich, Berlin, **46:** 309.
1968 *Phrynohyas coriacea* — DUELLMAN, Herpetologica, Chicago etc., **24:** 205.

1971 *Phrynohyas coriacea* — DUELLMAN, Occas. Pap. Mus. nat. Hist. Univ. Kansas, Lawrence, **4:** 10.

Discussion: DUELLMAN (1968: 205; 1971: 10).

Range: Surinam and upper Amazon Basin in Ecuador and Perú

Phrynohyas imitatrix (MIRANDA-RIBEIRO)

1926 *Hyla imitatrix* MIRANDA-RIBEIRO, Arch. Mus. nacion. Rio de Janeiro, **27:** 77. — Terra typica: Teresópolis, Rio de Janeiro, Brasil. — Syntypes: M.N.R.J. no. 154 (2 specimens).
1966 *Phrynohyas imitatrix* — BOKERMANN, Lista anot. Local. Tipo Anfib. Brasil., São Paulo: 52.

Range: Mountains of southeastern Brasil.

Phrynohyas mesophaea (HENSEL)

1867 *Hyla mesophaea* HENSEL, Arch. Naturgesch., Berlin, **33:** 154. — Terra typica: Porto Alegre, Rio Grande do Sul, Brasil. — Holotype: Z.M.B. no. 6810.
1882 *Hyla mesophaea* — BOULENGER, Cat. Batr. Sal. Brit. Mus. (Nat. Hist.), London: 366.
1923 *Hyla mesophaea* — NIEDEN, Das Tierreich, Berlin, **46:** 291.
1966 *Phrynohyas mesophaea* — BOKERMANN, Lista anot. Local. Tipo Anfib. Brasil., São Paulo: 55.

Range: Coastal lowlands of southeastern Brasil.

Phrynohyas venulosa (LAURENTI)

1768 *Rana venulosa* LAURENTI, Synops. Rept., Wien: 31. — Terra typica: "America." — Holotype: Unknown (based on SEBA, 1734, Thesaurus, pl. 72, fig. 4).
1768 *Hyla tibiatrix* LAURENTI, Synops. Rept., Wien: 34. — Terra typica: "America." — Holotype: Unknown (based on SEBA, 1734, Thesaurus, pl. 71, figs 1—2). (Synonymy fide GÜNTHER, 1859: 104).
1802 *Rana zebra* var. *venulosa* — SHAW, Gen. Zool., London, **3:** 124.
1802 *Rana meriana* SHAW, Gen. Zool., London, **3:** 133. — Terra typica: Unknown. — Holotype: Not designated. (Synonymy fide DUMÉRIL & BIBRON, 1841: 561).
1802 *Hyla venulosa* — DAUDIN, Hist. nat. Rain. Gren. Crap., Paris: 35.
1824 *Hyla zonata* SPIX, Spec. nov. Testud. Ran. Brasil., Monaco: 41. — Terra typica: Lago Tefé, Amazonas, Brasil. — Holotype: Formerly in Z.S.M., now lost. (Synonymy fide GÜNTHER, 1859: 104).
1824 *Hyla bufonia* SPIX, Spec. nov. Testud. Ran. Brasil, Monaco: 42. — Terra typica: Eca (= Tefé), Amazonas, Brasil. — Holotype: Formerly in Z.S.M., now lost. (Synonymy fide GÜNTHER, 1859: 104).
1830 *Hypsiboas venulosa* — WAGLER, Natürl. Syst. Amphib., München: 201.
1830 *Auletris tibiatrix* — WAGLER, Natürl Syst. Amphib., München: 201.
1838 *Dendrohyas tibiatrix* — TSCHUDI, Classif, Batr., Neuchâtel: 74.
1841 *Hyla vermiculata* DUMÉRIL & BIBRON, Erpétol. gén., Paris, **8:** 563. — Terra typica: "North America." — Holotype: M.N.H.N. no. 4797. (Synonymy fide BOULENGER, 1882: 365).
1843 *Phrynohyas zonata* — FITZINGER, Syst. Rept., Wien: 30.

1843 *Acrodytes venulosa* — FITZINGER, Syst. Rept., Wien: 30.
1859 *Hyla lichenosa* GÜNTHER, Cat. Batr. Sal. Brit. Mus. (Nat. Hist.), London: 102. — Terra typica: Amazonas, Brasil. — Lectotype: B.M.N.H. no. 1936. 3. 12. 119 (designated by SMITH & TAYLOR, 1948, Bull. U.S. nation. Mus., Washington, **194:** 75). (Synonymy fide BOULENGER, 1882: 364).
1859 *Hyla venulosa* — GÜNTHER, Cat. Batr. Sal. Brit. Mus. (Nat. Hist.), London: 104.
1862 *Scytopis hebes* COPE, Proc. Acad. nat. Sci. Philadelphia, **14:** 354. — Terra typica: "Paraguay" (restricted to Asunción by DUELLMAN, 1956; Misc. Publ. Mus. zool. Univ. Michigan, Ann Arbor, **96:** 16). — Holotype: U.S.N.M. no. 5837. (Synonymy fide BOULENGER, 1882: 365).
1866 *Scytopis venulosus* — COPE: J. Acad. nat. Sci. Philadelphia, (2) **6:** 85.
1877 *Hyla spilomma* COPE, Proc. Amer. philos. Soc., Philadelphia, **17:** 86. — Terra typica: Cosamaloapam, Veracruz, México. — Holotype: Unknown. (Synonymy fide KELLOGG, 1932: 176).
1879 *Hyla paenulata* BROCCHI, Bull. Soc. philomath. Paris, (7) **3:** 21. — Terra typica: "Western" (= Southern?) Guatemala. — Holotype: Formerly in M.N.H.N., now lost. (Synonymy fide GÜNTHER, 1901: 272).
1882 *Hyla venulosa* — BOULENGER, Cat. Batr. Sal. Brit. Mus. (Nat. Hist.), London: 364.
1882 *Hyla nigropunctata* BOULENGER, Cat. Batr. Sal. Brit. Mus. (Nat. Hist.), London: 366. — Terra typica: Jalapa, Veracruz, México. — Syntypes: B.M.N.H. nos. 59. 9. 20. 2. and 81. 10. 31. 20. (Synonymy fide KELLOGG, 1923: 176).
1882 *Hyla spilomma* — BOULENGER, Cat. Batr. Sal. Brit. Mus. (Nat. Hist.), London: 402.
1901 *Hyla venulosa* — GÜNTHER, Biol. Centr. Amer., Rept. Batr., London: 272.
1906 *Hyla palpebrogranulata* ANDERSSON, Arkiv Zool., Stockholm, **3** (12): 14. — Terra typica: Tatarenda, Departamento Santa Cruz, Bolivia. — Holotype: Z.I.U.S. no. A133. (Synonymy fide DUELLMAN, 1971: 11).
1907 *Hyla resinifictrix* GOELDI, Proc. zool. Soc. London, **1907:** 135. — Terra typica: San Antonio do Prata, Pará, Brasil. — Holotype: B.M.N.H. no. 1947. 2. 23. 24. (Synonymy fide DUELLMAN, 1956: 36).
1923 *Hyla nigropunctata* — NIEDEN, Das Tierreich, Berlin, **46:** 210.
1923 *Hyla venulosa* — NIEDEN, Das Tierreich, Berlin, **46:** 244.
1923 *Hyla spilomma* — NIEDEN, Das Tierreich, Berlin, **46:** 247.
1923 *Hyla palpebrogranulata* — NIEDEN, Das Tierreich, Berlin, **46:** 277.
1923 *Hyla resinifictrix* — NIEDEN, Das Tierreich, Berlin, **46:** 303.
1932 *Hyla venulosa* — KELLOGG, Bull. U.S. nation. Mus., Washington, **160:** 176.
1933 *Hyla wettsteini* AHL, Zool. Anz., Leipzig, **104:** 25. — Terra typica: Taperinha near Santarém, Pará, Brasil. — Holotype: N.H.M.W. no. 19013. (Synonymy fide DUELLMAN, 1971: 14).
1933 *Hyla zernyi* AHL, Zool. Anz., Leipzig, **104:** 27. — Terra typica: Taperinha, near Santarém, Pará, Brasil. — Holotype: N.H.M.W. no. 16503. (Synonymy fide DUELLMAN, 1971: 12).
1944 *Acrodytes inflata* TAYLOR, Univ. Kansas Sci. Bull., Lawrence, **30:** 63. — Terra typica: La Venta, Guerrero, México. — Holotype: F.M.N.H. no. 100046. (Synonymy fide McDIARMID, 1968: 13).
1944 *Acrodytes spilomma* — TAYLOR, Univ. Kansas Sci. Bull., Lawrence, **30:** 64.
1945 *Acrodytes modesta* TAYLOR & SMITH, Proc. U.S. nation. Mus., Washington, **95:** 594. — Terra typica: Cruz de Piedra, near Acacoyagua, Chiapas, México. — Holotype: U.S.N.M. no. 115013. (Synonymy fide DUELLMAN, 1966: 277).
1945 *Hyla macrotis* ANDERSSON, Arkiv Zool., Stockholm, **37A** (2): 70. —

Terra typica: Río Pastaza watershed, Ecuador. — Holotype: N.H.R.M. no. 1958. (Synonymy fide DUELLMAN, 1971: 12).

1956 *Phrynohyas hebes* — DUELLMAN, Misc. Publ. Mus. Zool. Univ. Michigan, Ann Arbor, **96:** 16.

1956 *Phrynohyas inflata* — DUELLMAN, Misc. Publ. Mus. Zool. Univ. Michigan, Ann Arbor, **96:** 19.

1956 *Phrynohyas ingens* DUELLMAN, Misc. Publ. Mus. Zool. Univ. Michigan, Ann Arbor, **96:** 22. — Terra typica: La Fría, Pueblo Nuevo, Estado Zulia, Venezuela. — Holotype: U.M.M.Z. no. 55570. (Synonymy fide DUELLMAN, 1971: 12).

1956 *Phrynohyas latifasciata* DUELLMAN, Misc. Publ. Mus. Zool. Univ. Michigan, Ann Arbor, **96:** 24. — Terra typica: Presidio, Sinaloa, México. — Holotype: B.M.N.H. no. 83. 2. 7. 1. (Synonymy fide MCDIARMID, 1968: 13).

1956 *Phrynohyas modesta* — DUELLMAN, Misc. Publ. Mus. Zool. Univ. Michigan, Ann Arbor, **96:** 25.

1956 *Phrynohyas spilomma* — DUELLMAN, Misc. Publ. Mus. Zool. Univ. Michigan, Ann Arbor, **96:** 28.

1956 *Phrynohyas zonata* — DUELLMAN, Misc. Publ. Mus. Zool. Univ. Michigan, Ann Arbor, **96:** 35.

1957 *Phrynohyas corasterias* SHANNON & HUMPHREY, Herpetologica, Chicago etc. **13:** 15. — Terra typica: 4.8 mi. east of San Blas, Nayarit, México. — Holotype: U.I.M.N.H. no. 67060. (Synonymy fide DUELLMAN, 1961: 45).

1958 *Phrynohyas venulosa* — HEMMING (Ed.), Opin. Declar. intern. Comm. zool. Nomencl., London, **19:** 172.

1961 *Hyla tibiatrix tibiatrix* — RIVERO, Bull. Mus. comp. Zool., Cambridge (Massachusetts), **126:** 127.

1961 *Hyla tibiatrix ingens* — RIVERO, Bull. Mus. comp. Zool., Cambridge (Massachusetts), **126:** 131.

1961 *Phrynohyas inflata* — DUELLMAN, Univ. Kansas Publ. Mus. nat. Hist., Lawrence, **15:** 45.

1964 *Hyla venulosa venulosa* — RIVERO, Carib. J. Sci., Mayagüez, **4:** 493.

1966 *Phrynohyas spilomma* — DUELLMAN, Univ. Kansas Publ. Mus. nat. Hist., Lawrence, **17:** 277.

1968 *Hyla adenoderma* LUTZ, Pearce Sellards Ser., Austin, **10:** 3. — Terra typica: Rio Branco, tributary of Rio Madeira, Rondônia, Brasil. — Holotype: M.N.R.J. no. 4054. (Synonymy fide DUELLMAN, 1971: 12).

1968 *Phrynohyas venulosa* — MCDIARMID, Contrib. Sci. Los Angeles Co. Mus., **134:** 2.

1971 *Phrynohyas venulosa* — DUELLMAN, Occas. Pap. Mus. nat. Hist. Univ. Kansas, Lawrence, **4:** 11.

Discussion: DUELLMAN (1971: 11).

Range: Lowlands of México, Central America, and Amazon Basin, northern coast, Guianas, northeastern Brasil, and Chaco in South America; Trinidad and Tobago.

Phyllodytes WAGLER

1830 *Phyllodytes* WAGLER, Natürl. Syst. Amphib. München: 202. — Species typica (by monotypy): *Hyla luteola* WIED, 1824.

1872 *Amphodus* PETERS, M.Ber. k. Akad. Wiss. Berlin, **1872:** 768. — Species typica (by original designation): *Amphodus wuchereri* PETERS, 1872.

1923 *Lophyohyla* MIRANDO-RIBEIRO, Bol. Mus. nacion., Rio de Janeiro, **1**: 5. — Species typica (by original designation): *Lophiohyla piperata* MIRANDA-RIBEIRO, 1923.

Range: Eastern Brasil; Trinidad.

Phyllodytes acuminatus BOKERMANN

1966 *Phyllodytes acuminatus* BOKERMANN, An. Acad. Brasil. Cien., Rio de Janeiro, **38**: 342. — Terra typica: Mangabeiras, Alagoas, Brasil. — Holotype: W.C.A.B. no. 2701.

Range: Type locality (Alagoas, Brasil).

Phyllodytes auratus (BOULENGER)

New Combination

1917 *Amphodus auratus* BOULENGER, Ann. Mag. nat. Hist., London, (8) **20**: 185. — Terra typica: Mt. Tucutche, Trinidad. — Syntypes: B.M.N.H. nos. 1917. 9. 27. 39—41.

Discussion: KENNY (1969: 28)

Range: Type locality (Trinidad).

Phyllodytes luteolus (WIED)

1824 *Hyla luteola* WIED, Abbild. Naturg. Brasil., Weimar: pl. 41, fig. 2. — Terra typica: Regência, Espírito Santo, Brasil (designated by Bokermann, 1966: 336). — Holotype: Unknown.
1843 *Hyla (Phyllodytes) luteolus* — FITZINGER, Syst. Rept., Wien: 30.
1872 *Amphodus wuchereri* PETERS, M.Ber. k. preuss. Akad. Wiss Berlin, **1872**: 769. — Terra typica: Bahia, Brasil. — Holotype: Z.M.B. no. 7506. (Synonymy fide BOKERMANN, 1966: 336).
1882 *Amphodus wuchereri* — BOULENGER, Cat. Batr. Sal. Brit. Mus. (Nat. Hist.), London: 455.
1923 *Amphodus wuchereri* — NIEDEN, Das Tierreich, Berlin, **46**: 361.
1923 *Lophiohyla piperata* MIRANDA-RIBEIRO, Bol. Mus. nacion., Rio de Janeiro, **1**: 5. — Terra typica: Rio de Janeiro, Guanabara, Brasil (ex errore fide BOKERMANN, 1966: 336). — Syntypes: M.N.R.J. no. 124 (4 specimens). (Synonymy fide BOKERMANN, 1966: 336).
1946 *Amphodus piperatus* — MYERS, Bol. Mus. nacion., Rio de Janeiro, **55**: 11.
1966 *Phyllodytes luteolus* — BOKERMANN, An. Acad. Brasil. Cien., Rio de Janeiro, **38**: 336.

Discussion: BOKERMANN (1966: 336).

Range: Coastal region of eastern Brasil from Pernambuco to southern Espírito Santo.

Phyllodytes tuberculosus BOKERMANN

1966 *Phyllodytes tuberculosus* BOKERMANN, An. Acad. Brasil. Cien., Rio de Janeiro, **38**: 339. — Terra typica: Maracás, Bahia, Brasil. — Holotype: W.C.A.B. no. 31922.

Range: Type locality (Bahia, Brasil).

Phyllomedusa WAGLER

1830 *Phyllomedusa* WAGLER, Natürl. Syst. Amphib., München: 201. — Species typica (by original designation): *Rana bicolor* Boddaert, 1772.
1866 *Pithecopus* COPE, J. Acad. nat. Sci. Philadelphia, (2) **6:** 86. — Species typica (by original designation): *Phyllomedusa azurea* COPE, 1862 (= *Hyla hypocondrialis* DAUDIN, 1802).
1872 *Hylomantis* PETERS, M.Ber. k. preuss. Akad. Wiss. Berlin, **1872:** 772. — Species typica (by monotypy): *Hylomantis aspera* PETERS, 1872.
1923 *Phrynomedusa* MIRANDA-RIBEIRO, Bol. Mus. nacion., Rio de Janeiro, **1:** 3. — Species typica (by subsequent designation: FUNKHOUSER, 1957, Occas, Pap. nat. hist. Mus., Stanford Univ., **5:** 18). *Phrynomedusa fimbriata* MIRANDA-RIBEIRO, 1923.
1926 *Bradymedusa* MIRANDA-RIBEIRO, Arch. Mus. nacion., Rio de Janeiro, **27:** 104. — Species typica (by subsequent designation: FUNKHOUSER, 1957, Occas. Pap. nat. hist. Mus. Stanford Univ., **5:** 18): *Bradymedusa moschata* MIRANDA-RIBEIRO, 1926 (= *Phyllomedusa rohdei* MERTENS, 1926).

Discussion: FUNKHOUSER (1957), DUELLMAN (1968, 1974).

Range: Costa Rica, Panamá, Pacific slopes of Colombia, and South America east of the Andes, including Trinidad, southward to northern Argentina.

Phyllomedusa aspera (PETERS)

1872 *Hylomantis aspera* PETERS, M.Ber. k. preuss. Akad. Wiss. Berlin, **1872:** 772. — Terra typica: Bahia (probably Caravelas), Brasil. — Syntypes: Z.M.B. no. 7507 (4 specimens).
1882 *Phyllomedusa aspera* — BOULENGER, Cat. Batr. Sal. Brit. Mus. (Nat. Hist.), London: 425.
1923 *Phyllomedusa aspera* — NIEDEN, Das Tierreich, Berlin, **46:** 339.
1950 *Phyllomedusa (Hylomantis) aspera* — B. LUTZ, Mem. Inst. Oswaldo Cruz, Rio de Janeiro, **48:** 601.
1957 *Phyllomedusa aspera* — FUNKHOUSER, Occas. Pap. nat. Hist. Mus. Stanford Univ., **5:** 29.

Range: Type locality (Bahia, Brasil).

Phyllomedusa ayeaye B. LUTZ

1966 *Pithecopus ayeaye* B. LUTZ, Copeia, New York etc., **1966** (2): 236. — Terra typica: Morro do Ferro, Poços de Caldas, Minas Gerais, Brasil. — Holotype: M.N.R.J. no. 3722.
1968 *Phyllomedusa ayeaye* — DUELLMAN, Univ. Kansas Publ. Mus. nat. Hist., Lawrence, **18:** 6.

Range: Type locality (Minas Gerais, Brasil).

Phyllomedusa bahiana A. LUTZ

1925 *Phyllomedusa bahiana* A. LUTZ, Compt. Rend. Soc. biol. Paris, **93:** 139. — Terra typica: São Salvador, Bahia, Brasil. — Holotype: A.L.-M.N.R.J. no. 768.

1950 *Phyllomedusa (Pithecopus) burmeisteri bahiana* — B. LUTZ, Mem. Inst. Oswaldo Cruz, Rio de Janeiro, **48:** 605.
1957 *Phyllomedusa bahiana* — FUNKHOUSER, Occas. Pap. nat. Hist. Mus. Stanford Univ., **5:** 55.

Range: Central and eastern Brasil in the states of Bahia and Minas Gerais.

Phyllomedusa bicolor (BODDAERT)

1772 *Rana bicolor* BODDAERT, Epist. *Rana bicolor*, Amsterdam: 19. — Terra typica: "Surinam." — Holotype: Unknown (orginally in collection of Johann Albert Schlosser).
1799 *Calamita bicolor* — SCHNEIDER, Hist. Amphib., Jena: 156.
1802 *Hyla bicolor* — DAUDIN, Hist. nat. Rain. Gren. Crap., Paris: 22.
1830 *Phyllomedusa bicolor* — WAGLER, Natürl. Syst. Amphib., München: 201.
1868 *Phyllomedusa scleroderma* COPE, Proc. Acad. nat. Sci. Philadelphia, **20:** 112. — Terra typica: "Surinam." — Holotype. A.N.S.P. no. 2173. (Synonymy fide BOULENGER, 1882: 427).
1882 *Phyllomedusa bicolor* — BOULENGER, Cat. Batr. Sal. Brit. Mus. (Nat. Hist.), London: 427.
1923 *Phyllomedusa bicolor* — NIEDEN, Das Tierreich, Berlin, **46:** 337.
1950 *Phyllomedusa (Phyllomedusa) bicolor* — B. LUTZ, Mem. Inst. Oswaldo Cruz, Rio de Janeiro, **48:** 601.
1957 *Phyllomedusa bicolor* — FUNKHOUSER, Occas. Pap. nat. Hist. Mus. Stanford Univ., **5:** 338.

Range: Amazon Basin in Brasil, Colombia, and Perú, the Guinanas, and the upper Orinoco Basin in Venezuela.

Phyllomedusa boliviana BOULENGER

1902 *Phyllomedusa boliviana* BOULENGER, Ann. Mag. nat. Hist., London (7) **10:** 395. Terra typica: Chulumani, Bolivia. — Syntypes: B.M.N.H. nos. 1947. 2. 22. 32—33.
1923 *Phyllomedusa boliviana* — NIEDEN, Das Tierreich, Berlin, **46:** 341.
1950 *Phyllomedusa (Pithecopus) boliviana* — B. LUTZ, Mem. Inst. Oswaldo Cruz, **48:** 602.
1957 *Phyllomedusa boliviana* — FUNKHOUSER, Occas. Pap. nat. hist. Mus. Stanford Univ., **5:** 57.

Range: Amazonian slopes of Andes in Perú and Bolivia.

Phyllomedusa buckleyi BOULENGER

1882 *Phyllomedusa buckleyi* BOULENGER Cat. Batr. Sal. Brit. Mus (Nat. Hist.), London: 425. — Terra typica: Sarayacu, Provincia Pastaza, Ecuador. — Holotype: B.M.N.H. no. 1947. 2. 22. 35.
1912 *Phyllomedusa loris* BOULENGER, Ann. Mag. nat. Hist., London, (8) **10:** 186. — Terra typica: El Topo, Río Pastaza, Provincia Tungurahua, Ecuador. — Holotype: B.M.N.H. no. 1947. 2. 22. 37. (Synonymy fide DUELLMAN, 1969: 135).
1923 *Phyllomedusa buckleyi* — NIEDEN, Das Tierreich, Berlin, **46:** 344.
1923 *Phyllomedusa loris* — NIEDEN, Das Tierreich, Berlin, **46:** 344.
1945 *Hyla (Hylella) porifera* ANDERSSON, Arkiv Zool., Stockholm, **37A (2):**

81. — Terra typica: Río Pastaza watershed, Ecuador, — Holotype: N.H.R.M. no. 1963. (Synonymy fide DUELLMAN, 1969: 135).
1950 *Phyllomedusa (Phyllomedusa) loris* — B. LUTZ, Mem. Inst. Oswaldo Cruz, Rio de Janeiro, **48:** 601.
1969 *Phyllomedusa buckleyi* — DUELLMAN, Herpetologica, Chicago etc. **25:** 135.

Range: Upper Amazon Basin and lower Amazonian slopes of the Andes in Ecuador.

Phyllomedusa burmeisteri BOULENGER

1882 *Phyllomedusa burmeisteri* BOULENGER, Cat. Batr. Sal. Brit. Mus. (Nat. Hist.), London: 428. — Terra typica: Rio de Janeiro, Guanabara, Brasil (restricted by FUNKHOUSER, 1957: 56). — Lectotype: B.M.N.H no. 1947. 2. 22. 22 (designated by FUNKHOUSER, 1957: 56; 8 paralectotypes from "Brasil").
1923 *Phyllomedusa burmeisteri* — NIEDEN, Das Tierreich, Berlin, **46:** 339.
1950 *Phyllomedusa (Pithecopus) burmeisteri burmeisteri* — B. LUTZ, Mem. Inst. Oswaldo Cruz, Rio de Janeiro, **48:** 601.
1957 *Phyllomedusa burmeisteri* — FUNKHOUSER, Occas. Pap. nat. hist. Mus. Stanford Univ., **5:** 57.
1968 *Phyllomedusa burmeisteri burmeisteri* — DUELLMAN, Univ. Kansas Publ. Mus. nat. Hist., Lawrence, **18:** 6.

Range: Central and southeastern Brasil.

Phyllomedusa centralis BOKERMANN

1965 *Phyllomedusa centralis* BOKERMANN, Rev. Brasil. Biol., Rio de Janeiro, **25:** 258. — Terra typica: Chapada dos Guimarães, Mato Grosso, Brasil. — Holotype: W.C.A.B. no. 15380.

Range: Type locality (Mato Grosso, Brasil).

Phyllomedusa cochranae BOKERMANN

1966 *Phyllomedusa cochranae* BOKERMANN, Herpetologica, Chicago etc., **22:** 293. — Terra typica: Campo de Fruticultura da Bocaina, Serra da Bocaina, São Jose do Barreiro, São Paulo, Brasil. — Holotype: W.C.A.B. no. 31164.

Range: Coastal mountains, São Paulo, Brasil.

Phyllomedusa coelestis (COPE)

1874 *Pithecopus coelestis* COPE, Proc. Acad. nat. Sci. Philadelphia, **26:** 121. — Terra typica: Moyobamba, Departamento San Martín, Perú. — Holotype: A.N.S.P. no. 11384.
1882 *Phyllomedusa coelestis* — BOULENGER, Cat. Batr. Sal. Brit. Mus. (Nat. Hist.), London: 429.
1923 *Phyllomedusa coelestis* — NIEDEN, Das Tierreich, Berlin, **46:** 342.
1950 *Phyllomedusa (Pithecopus) coelestis* — B. LUTZ, Mem. Inst. Oswaldo Cruz, Rio de Janeiro, **48:** 602.
1957 *Phyllomedusa coelestis* — FUNKHOUSER, Occas. Pap. nat. Hist. Mus. Stanford Univ., **5:** 46.

Range: Type locality (San Martín, Perú).

Phyllomedusa distincta B. LUTZ

1950 *Phyllomedusa (Pithecopus) burmeisteri distincta* B. LUTZ, Mem. Inst. Oswaldo Cruz, Rio de Janeiro, **48:** 608. — Terra typica: Rio Vermelho, Santa Catarina, Brasil. — Holotype: A.L.-M.N.R.J. no. 775.
1966 *Phyllomedusa distincta* — BOKERMANN, Lista anot. Local. Tipo Anfib. Brasil., São Paulo: 83.
1968 *Phyllomedusa burmeisteri distincta* — DUELLMAN, Univ. Kansas Publ. Mus. nat. Hist., Lawrence, **18:** 6.

Range: Southeastern Brasil (São Paulo and Santa Catarina).

Phyllomedusa fimbriata (MIRANDA-RIBEIRO)

1923 *Phrynomedusa fimbriata* MIRANDA-RIBEIRO, Bol. Mus. nacion. Rio de Janeiro, **1:** 4. — Terra typica: "Alto de Serra," Paranapiacaba, São Paulo, Brasil. — Holotype: M.Z.U.S.P. no. 316.
1925 *Phyllomedusa appendiculata* A. LUTZ, Compt. Rend. Soc. biol. Paris, **93:** 139. — Terra typica: Teresópolis, Rio de Janeiro, Brasil. — Holotype: A.L.-M.N.R.J. no. 770. (Synonymy fide BOKERMANN in FUNKHOUSER, 1957: 28).
1957 *Phyllomedusa fimbriata* — FUNKHOUSER, Occas. Pap. nat. Hist. Mus. Stanford Univ., **5:** 27.

Range: Serra do Mar from Rio de Janeiro to Santa Catarina, southeastern Brasil.

Phyllomedusa guttata A. LUTZ

1925 *Phyllomedusa guttata* A. LUTZ, Compt. Rend. Soc. biol. Paris, **90:** 241. — Terra typica: Tijuca, Sumare, and Paineiras, Rio de Janeiro, Guanabara, Brasil. — Syntypes: A.L.-M.N.R.J. no. 297, U.S.N.M. nos. 96244—6 (Tijuca); A.L.-M.N.R.J. no. 449, U.S.N.M. no. 96317 (Sumare); U.S.N.M. no. 96388 (Paineiras).
1950 *Phyllomedusa (Hylomantis) guttata* — B. LUTZ, Mem. Inst. Oswaldo Cruz, Rio de Janeiro, **48:** 601.
1957 *Phyllomedusa guttata* — FUNKHOUSER, Occas. Pap. nat. Hist. Mus. Stanford Univ., **5:** 28.

Range: Coastal mountains from Rio de Janeiro to São Paulo, Brasil.

Phyllomedusa hypocondrialis (DAUDIN)

1802 *Hyla hypocondrialis* DAUDIN, Hist. nat. Rain. Gren. Crap., Paris: 29. — Terra typica: "Surinam." — Holotype: Unknown.
1820 *Calamita hypocondrialis* — MERREM, Tent. Syst. Amphib., Marburg: 170.
1841 *Phyllomedusa bicolor* — DUMÉRIL & BIBRON (partim), Erpétol. gén., Paris, **8:** 629.
1862 *Phyllomedusa hyponchondrialis* COPE nomen sabstitutum pro H. hypocondrialis DAUDIN 1802, Proc. Acad. nat. Sci. Philadelphia, **14:** 355.
1862 *Phyllomedusa azurea* COPE, Proc. Acad. nat. Sci. Philadelphia, **14:** 355. — Terra typica: "Paraguay." — Syntypes: U.S.N.M. no. 5832; other syntype unknown. (Synonymy fide BOULENGER, 1882: 430).

1868 *Pithecopus hypochondrialis* — COPE, Proc. Acad. nat. Sci. Philadelphia, **20:** 112.
1868 *Pithecopus azureus* — COPE, Proc. Acad. nat. Sci. Philadelphia, **20:** 113.
1882 *Phyllomedusa hypochondrialis* — BOULENGER, Cat. Batr. Sal. Brit. Mus. (Nat. Hist.), London: 430.
1923 *Phyllomedusa hypochondrialis* — NIEDEN, Das Tierreich, Berlin, **46:** 37.
1923 *Phrynomedusa hypochondrialis* — MIRANDA-RIBEIRO, Bol. Mus. nacion., Rio de Janeiro, **1:** 3.
1926 *Bradymedusa megacephala* MIRANDA-RIBEIRO, Arch. Mus. nacion, Rio de Janeiro, **27:** 104. — Terra typica: ? Rio de Janeiro, Guanabara, Brasil. — Holotype: M.N.R.J. no. 257. (Synonymy fide A. LUTZ and B. LUTZ, 1939: 219).
1926 *Bradymedusa hypochondrialis* — MIRANDA-RIBEIRO, Arch. Mus. nacion., Rio de Janeiro, **27:** 105.
1939 *Phyllomedusa hypocondrialis* — A. LUTZ & B. LUTZ, Ann. Acad. Brasil. Cien., Rio de Janeiro, **11:** 219.
1950 *Phyllomedusa (Pithecopus) hypochondrialis* — B. LUTZ, Mem. Inst. Oswaldo Cruz, Rio de Janeiro, **48:** 601.
1961 *Phyllomedusa hypocondrialis hypocondrialis* — RIVERO, Bull. Mus. comp Zool., Cambridge (Massachusetts), **126:** 150.
1961 *Phyllomedusa hypocondrialis azurea* — RIVERO, Bull. Mus. comp. Zool. Cambridge (Massachusetts), **126:** 151.
1968 *Phyllomedusa hypochondrialis* — DUELLMAN, Univ. Kansas Publ. Mus. nat. Hist., Lawrence, **18:** 6.

Range: South America east of the Andes from Colombia and the Guianas southward to Bolivia, Paraguay, and southeastern Brasil.

Phyllomedusa iheringii BOULENGER

1885 *Phyllomedusa iheringii* BOULENGER, Ann. Mag. nat. Hist., London, (5) **16:** 88. — Terra typica: São Lurenço do Sul, Rio Grande do Sul, Brasil. — Syntypes: B.M.N.H. nos. 1947. 2. 22. 26—31.
1923 *Phyllomedusa iheringii* — NIEDEN, Das Tierreich, Berlin, **46:** 340.
1950 *Phyllomedusa (Pithecopus) burmeisteri iheringii* — B. LUTZ, Mem. Inst. Oswaldo Cruz, Rio de Janeiro, **48:** 604.
1950 *Phyllomedusa iheringii* — FUNKHOUSER, Occas Pap. nat. Hist. Mus. Stanford Univ., **5:** 49.

Range: Extreme southern Brasil (Rio Grande do Sul) and Uruguay.

Phyllomedusa lemur BOULENGER

1882 *Phyllomedusa lemur* BOULENGER, Cat. Batr. Sal. Brit. Mus. (Nat. Hist.), London: 425. — Terra typica: "Costa Rica." — Holotype: B.M.N.H. no. 1947. 2. 22. 37.
1887 *Agalychnis lemur* — COPE, Bull. U. S. nation. Mus., Washington, **32:** 15.
1923 *Phyllomedusa lemur* — NIEDEN, Das Tierreich, Berlin, **46:** 344.
1950 *Phyllomedusa (Agalychnis) lemur* — B. LUTZ, Mem. Inst. Oswaldo Cruz, Rio de Janeiro, **48:** 601.
1952 *Phyllomedusa lemur* — TAYLOR, Univ. Kansas Sci. Bull., Lawrence, **35:** 809.

Range: Moderate elevations in Costa Rica and Panamá.

Phyllomedusa medinae FUNKHOUSER

1962 *Phyllomedusa medinae* FUNKHOUSER, Copeia, New York etc., **1962** (3): 588. Terra typica: Parque Henry Pittier, Estado Aragua, Venezuela. — Holotype: E.B.R.G. (no number).

Range: Type locality (Aragua, Venezuela).

Phyllomedusa pailona SHREVE

1959 *Phyllomedusa pailona* SHREVE, Breviora, Mus. comp. Zool., Cambridge (Massachusetts), **113:** 1 — Terra typica: El Pailon, Río Grande, Departamento Santa Cruz, Bolivia. — Holotype: M.C.Z. no. 29677.

Range: Eastern Bolivia (Santa Cruz), northwestern Argentina (Mendoza), and southwestern Brasil (Mato Grosso).

Phyllomedusa palliata PETERS

1872 *Phyllomedusa palliata* PETERS, M.Ber. k. preuss. Akad. Wiss. Berlin **1872:** 773. — Terra typica: "Ucayali," Perú. — Holotype: Z.M.B. no. 7181.
1882 *Phyllomedusa palliata* — BOULENGER, Cat. Batr. Sal. Brit. Mus. (Nat. Hist.), London: 426.
1923 *Phyllomedusa palliata* — NIEDEN, Das Tierreich, Berlin, **46:** 342.
1957 *Phyllomedusa tomopterna* — FUNKHOUSER (partim), Occas. Pap. nat. Hist. Mus. Stanford Univ., **5:** 25.
1974 *Phyllomedusa palliata* — DUELLMAN, Herpetologica, Chicago etc., **30:** 107.

Range: Upper Amazon Basin in Ecuador and Perú.

Phyllomedusa perinesos DUELLMAN

1973 *Phyllomedusa perinesos* DUELLMAN, Herpetologica, Chicago etc., **29:** 226. — Terra typica: Río Salado, about 1 km. upstream from Río Coca, Provincia Napo, Ecuador. — Holotype: K.U. no. 146562.

Range: Type locality (Napo, Ecuador).

Phyllomedusa rohdei MERTENS

1926 *Phyllomedusa rohdei* MERTENS, Senckenbergiana, Frankfurt-a.-M., **8:** 140. — Terra typica: Rio de Janeiro, Guanabara, Brasil. — Holotype: S.M.F. no. 22061.
1926 *Bradymedusa moschata* MIRANDA-RIBEIRO, Arch. Mus. nacion. Rio de Janeiro, **27:** 104. — Terra typica: Teresópolis, Rio de Janeiro, Brasil. — Holotype: M.N.R.J. no. 258. (Synonymy fide MERTENS, 1929: 287).
1929 *Phyllomedusa rohdei* — MERTENS, Bl. Aqu.-Terr.-Kunde., Stuttgart, **40:** 287.
1950 *Phyllomedusa* (*Pithecopus*) *rohdei* — B. LUTZ, Mem. Inst. Oswaldo Cruz, Rio de Janeiro, **48:** 604.
1957 *Phyllomedusa rohdei* — FUNKHOUSER, Occas. Pap. nat. Hist. Mus. Stanford Univ., **5:** 45.

Range: Lowlands of Southeastern Brasil (Rio de Janeiro, Guanabara, and São Paulo).

Phyllomedusa sauvagii BOULENGER

1882 *Phyllomedusa sauvagii* BOULENGER, Cat. Batr. Sal. Brit. Mus. (Nat. Hist.), London: 429. — Terra typica: Orán, Departamento Salta, Argentina. — Syntypes: B.M.N.H. nos. 1947. 2. 25. 83—84.
1897 *Phyllomedusa rickettsii* GÜNTHER, Ann. Mag. nat. Hist., London (6) **20:** 365. — Terra typica: Santa Fe, Argentina. — Holotype: B.M.N.H. no. 1898. 11. 24. 6. (Synonymy fide FUNKHOUSER, 1957: 54).
1923 *Phyllomedusa rickettsii* — NIEDEN, Das Tierreich, Berlin, **46:** 340.
1923 *Phyllomedusa sauvagii* — NIEDEN, Das Tierreich, Berlin, **46:** 341.
1950 *Phyllomedusa (Pithecopus) sauvagii sauvagii* — B. LUTZ, Mem. Inst. Oswaldo Cruz, Rio de Janeiro, **48:** 602.
1957 *Phyllomedusa sauvagei* — FUNKHOUSER, Occas. Pap. nat. Hist. Mus. Stanford Univ., **5:** 54.

Range: The Chacoan region of eastern Bolivia, Paraguay, southwestern Brasil, and northern Argentina.

Phyllomedusa tarsius (COPE)

1868 *Pithecopus tarsius* COPE, Proc. Acad. nat. Sci. Philadelphia, **20:** 113. — Terra typica: Río Amazonas, below mouth of Río Napo, Departamento Loreto, Perú. — Holotype: Formerly Smithsonian Museum no. 6652; now lost.
1882 *Phyllomedusa tarsius* — BOULENGER, Cat. Batr. Sal. Brit. Mus. (Nat. Hist.), London: 428.
1923 *Phyllomedusa tarsius* — NIEDEN, Das Tierreich, Berlin, **46:** 343.
1926 *Phyllomedusa nicefori* BARBOUR, Occas. Pap. Boston Soc. nat. Hist., **5:** 191. — Terra typica: Villavicencio, Departamento Meta, Colombia. — Holotype: M.C.Z. no. 11611. (Synonymy fide DUELLMAN, 1974: 108).
1945 *Phyllomedusa edentula* ANDERSSON, Arkiv Zool., Stockholm, **34A** (2): 84. — Terra typica: Río Pastaza, Ecuador. — Holotype: N.H.R.M. no. 1965. (Synonymy fide DUELLMAN, 1974: 108).
1950 *Phyllomedusa (Pithecopus) nicefori* — B. LUTZ, Mem. Inst. Oswaldo Cruz, Rio de Janeiro, **48:** 602.
1950 *Phyllomedusa (Pithecopus) tarsius* — B. LUTZ, Mem. Inst. Oswaldo Cruz, Rio de Janeiro, **48:** 603.
1957 *Phyllomedusa orcesi* FUNKHOUSER, Occas. Pap. nat. Hist. Mus. Stanford Univ., **5:** 48. — Terra typica: Chichirota, Río Bobonaza, Provincia Pastaza, Ecuador. — Holotype: C.A.S.-S.U. no. 1036. (Synonymy fide DUELLMAN, 1974: 108).
1974 *Phyllomedusa tarsius* — DUELLMAN, Herpetologica, Chicago etc., **30:** 108.

Range: Upper Amazon Basin in southern Colombia, Ecuador, and Perú.

Phyllomedusa tomopterna (COPE)

1868 *Pithecopus tomopternus* COPE, Proc. Acad. nat. Sci. Philadelphia, **20:** 112. — Terra typica: Río Amazonas, below mouth of the Río Napo, Departamento Loreto, Peru. — Syntypes: Two, formerly Smithsonian Museum no. 6651, now lost.
1882 *Phyllomedusa tomopterna* — BOULENGER, Cat. Batr. Sal. Brit. Mus. (Nat. Hist.), London: 430.
1923 *Phyllomedusa tomopterna* — NIEDEN, Das Tierreich, Berlin, **46:** 342.

1950 *Phyllomedusa (Pithecopus) tomopternus* — B. LUTZ, Mem. Inst. Oswaldo Cruz, Rio de Janeiro, **48:** 603.
1957 *Phyllomedusa tomopterna* — FUNKHOUSER (partim), Occas. Pap. nat. Hist. Mus. Stanford Univ., **5:** 25.
1974 *Phyllomedusa tomopterna* — DUELLMAN, Herpetologica, Chicago etc., **30:** 109.

Range: Upper Amazon Basin in Ecuador and Perú.

Phyllomedusa trinitatis MERTENS

1926 *Phyllomedusa trinitatis* MERTENS, Senckenbergiana, Frankfurt-a.-M., **8:** 145. — Terra typica: Port of Spain, Trinidad. — Holotype: S.M.F. no. 2633.
1950 *Phyllomedusa (Pithecopus) trinitatis* — B. LUTZ, Mem. Inst. Oswaldo Cruz, Rio de Janeiro, **48:** 603.
1961 *Phyllomedusa burmeisteri trinitatis* — RIVERO, Bull. Mus. comp. Zool., Cambridge (Massachusetts), **126:** 148.
1968 *Phyllomedusa trinitatis* — DUELLMAN, Univ. Kansas Publ. Mus. nat. Hist., Lawrence, **18:** 6.

Range: Trinidad and the coastal mountains in northern Venezuela.

Phyllomedusa vaillanti BOULENGER

1882 *Phyllomedusa vaillanti* BOULENGER, Cat. Batr. Sal. Brit. Mus. (Nat. Hist.), London: 427. — Terra typica: Santarém, Pará, Brasil. — Holotype: B.M.N.H. no. 1947. 2. 22. 34.
1883 *Phyllomedusa perlata* BOULENGER, Proc. zool. Soc. London, **1883:** 638. — Terra typica: Yurimaguas, Río Huallaga, Perú. — Holotype: B.M.N.H. no. 1947. 2. 25. 82. (Synonymy fide DUELLMAN, 1974: 109).
1923 *Phyllomedusa vaillanti* — NIEDEN, Das Tierreich, Berlin, **46:** 339.
1923 *Phyllomedusa perlata* — NIEDEN, Das Tierreich, Berlin, **46:** 342.
1935 *Phyllomedusa feltoni* SHREVE, Occas. Pap. Boston Soc. nat. Hist., **8:** 214. — Terra typica: Sarayacu, Provincia Pastaza, Ecuador. — Holotype: M.C.Z. no. 19941. (Synonymy fide DUELLMAN, 1974: 109).
1950 *Phyllomedusa (Pithecopus) vaillanti* — B. LUTZ, Mem. Inst. Oswaldo Cruz, Rio de Janeiro, **48:** 603.
1950 *Phyllomedusa (Pithecopus) perlata* — V. LUTZ, Mem. Inst. Oswaldo Cruz, Rio de Janeiro, **48:** 604.
1957 *Phyllomedusa blombergi* FUNKHOUSER, Occas. Pap. nat. Hist. Mus. Stanford Univ., **5:** 41. — Terra typica: Santa Rosa de Sucumbios, Río Rumiyacu, Comisaría Putumayo, Colombia. — Holotype: C.A.S.—S.U. no. 13241. (Synonymy fide DUELLMAN, 1974: 109).
1974 *Phyllomedusa vaillanti* — DUELLMAN, Herpetologica, Chicago etc., **30:** 109.

Discussion: DUELLMAN (1974c: 109).

Range: Guyana and Amazon Basin from northeastern Brasil to Colombia, Ecuador, Perú and northern Bolivia.

Phyllomedusa venusta DUELLMAN & TRUEB

1967 *Phyllomedusa venusta* DUELLMAN & TRUEB, Copeia, New York etc., **1967** (1): 128. — Terra typica: 1 km. west-southwest of the junction of the Río Mono and the Río Tuira, Provincia Darién, Panamá. — Holotype: K.U. no. 96150.

Range: Eastern Panamá and Pacific lowlands of northern Colombia.

Plectrohyla BROCCHI

1877 *Plectrohyla* BROCCHI, Bull. Soc. philom., Paris, (7) **1:** 92. — Species typica (by original designation): *Plectrohyla guatemalensis* BROCCHI, 1877.
1877 *Cauphias* BROCCHI, Bull. Soc. philom., Paris, (7) **1:** 129 (nomen substitutum pro *Plectrohyla* BROCCHI).

Discussion: DUELLMAN (1970b).

Range: Highlands of southeastern México and northern Central America.

Plectrohyla avia STUART

1952 *Plectrohyla avia* STUART, Proc. biol. Soc. Washington, **65:** 6. — Terra typica: Granja Lorena, 10 km. airline northwest of Colomba, Departamento Quetzaltenango, Guatemala. — Holotype: U.M.M.Z. no. 102280.

Range: Pacific slopes of Chiapas, México, and southwestern Guatemala.

Plectrohyla glandulosa (BOULENGER)

1883 *Hyla glandulosa* BOULENGER, Ann. Mag. nat. Hist., London, (5) **12:** 164. — Terra typica: "Guatemala." — Syntypes: B.M.N.H. nos. 1947. 2. 20 40—41.
1923 *Hyla glandulosa* — NIEDEN, Das Tierreich, Berlin, **46:** 250.
1948 *Plectrohyla cotzicensis* STUART, Proc. biol. Soc. Washington, **61:** 17. — Terra typica: Source of Río Cuilco, slopes of Cerro Cotzic, 2 km. northwest of Ixchiguán, Departamento San Marcos, Guatemala. — Holotype: U.M.M.Z. no. 95902. (Synonymy fide DUELLMAN, 1964: 455).
1964 *Plectrohyla glandulosa* — DUELLMAN, Copeia, New York etc., **1964** (2): 455.

Range: Highlands of Guatemala and El Salvador.

Plectrohyla guatemalensis BROCCHI

1877 *Plectrohyla guatemalensis* BROCCHI, Bull. Soc. philom., Paris, (7) **1:** 92. — Terra typica: "Pacicilla" (= Patzicia), Departamento Chimaltenango, Guatemala. — Syntypes: M.N.H.N. no. 6332 (2 specimens).
1877 *Cauphias guatemalensis* — BROCCHI, Bull. Soc. philom., Paris, (7) **1:** 130.
1882 *Hyla guatemalensis* — BOULENGER, Cat. Batr. Sal. Brit. Mus. (Nat. Hist.), London: 396.
1923 *Hyla guatemalensis* — NIEDEN, Das Tierreich, Berlin, **46:** 250.

Range: Highlands of Chiapas, México, southeastward to El Salvador and north-central Honduras.

Plectrohyla hartwegi DUELLMAN

1968 *Plectrohyla hartwegi* DUELLMAN, Univ. Kansas Publ. Mus. nat. Hist., Lawrence, **17:** 576. — Terra typica: Barrejonel, 19 km. west of Chicomuselo, 100 m., Chiapas, México. — Holotype: U.M.M.Z. no. 94428.

Range: Pacific slopes of Chiapas and eastern Oaxaca, México.

Plectrohyla ixil STUART

1942 *Plectrohyla ixil* STUART, Occas. Pap. Mus. zool. Univ. Michigan, Ann Arbor, **455:** 4. — Terra typica: Finca San Francisco, 25 km. north of Nebaj, 1175 m., Departamento El Quiché, Guatemala. — Holotype: U.M.M.Z. no. 89092.

Range: Atlantic slopes of the highlands in western Guatemala and Chiapas, México.

Plectrohyla lacertosa BUMZAHEM & SMITH

1954 *Plectrohyla lacertosa* BUMZAHEM & SMITH, Herpetologica, Chicago etc., **10:** 64. — Terra typica: "Region de Soconusco," Chiapas, México. — Holotype: U.I.M.N.H. no. 33693.

Range: Type locality (Chiapas, México).

Plectrohyla matudai HARTWEG

1941 *Plectrohyla matudai* HARTWEG, Occas. Pap. Mus. zool. Univ. Michigan, Ann Arbor, **437:** 5. — Terra typica: Cerro Ovando, Distrito Soconusco, Chiapas, México. — Holotype: U.M.M.Z. no. 88863.

1949 *Plectrohyla brachycephala* TAYLOR, Amer. Mus. Novit., New York, **1437:** 16. — Terra typica: a tributary of the Río Ostuta, foot of Sierra Madre, between Sierra Madre and Cerro Altravesado, Oaxaca, México. — Holotype: A.M.N.H. no. 53761. (Synonymy fide LYNCH & SMITH, 1966: 62).

1954 *Plectrohyla matudai brachycephala* — BUMZAHEM & SMITH, Herpetologica, Chicago etc., **10:** 62.

1954 *Plectrohyla matudai matudai* — BUMZAHEM & SMITH, Herpetologica, Chicago etc., **10:** 62.

1966 *Plectrohyla matudai* — LYNCH & SMITH, Trans. Kansas Acad. Sci., Lawrence, 69: 62.

Range: Pacific slopes of southeastern México (Oaxaca and Chiapas) and Guatemala.

Plectrohyla pycnochila RABB

1959 *Plectrohyla pycnochila* RABB, Herpetologica, Chicago etc., **15:** 45. — Terra typica: "Coyame, Veracruz, México" (ex errore). — Holotype: A.M.N.H. no. 62667.

Range: Highlands of central Chiapas, México.

Plectrohyla quecchi STUART

1942 *Plectrohyla quecchi* STUART, Occas. Pap. Mus. zool. Univ. Michigan, Ann Arbor, **455:** 1. — Terra typica: Barranca Las Palmas, 2 km. north of Finca Los Alpes, Alta Verapaz, Guatemala. — Holotype: U.M.M.Z. no. 89086.

Range: Atlantic slopes of central Guatemala.

Plectrohyla sagorum HARTWEG

1941 *Plectrohyla sagorum* HARTWEG, Occas. Pap. Mus. zool. Univ. Michigan, Ann Arbor, **437:** 2. — Terra typica: Cerro Ovando, 1800 m., Distrito Soconusco, Chiapas, México. — Holotype: U.M.M.Z. no. 88862.

Range: Pacific slopes of southeastern México (Chiapas) to El Salvador.

Pseudacris FITZINGER

1843 *Pseudacris* FITZINGER, Syst. Rept., Wien: 31. — Species typica (by monotypy): *Rana nigrita* LE CONTE, 1825.
1854 *Chorophilus* BAIRD, Proc. Acad. nat. Sci. Philadelphia, **7:** 59. — Species typica (by original designation): *Rana nigrita* LE CONTE, 1825.
1854 *Helocaetes* BAIRD, Proc. Acad. nat. Sci. Philadelphia, **7:** 59. — Species typica (by subsequent designation: SCHMIDT, 1953, Check list N. Amer. Amph. Rept., Ed. 6, Chicago: 73): *Hyla triseriata* WIED, 1839.

Range: North America east of the Rocky Mountains from Hudson Bay to the Gulf of Mexico.

Pseudacris brachyphona (COPE)

1889 *Chorophilus feriarum brachyphonus* COPE, Bull. U.S. nation. Mus., Washington, **34:** 341. — Terra typica: near Kiskiminitas River, Westmoreland County, Pennsylvania, U.S.A. — Holotype: Unknown.
1923 *Chorophilus nigritus* — NIEDEN (partim), Das Tierreich, Berlin, **46:** 348.
1932 *Pseudacris brachyphona* — WALKER, Ohio J. Sci., Columbus, **32:** 379.

Range: Appalachian Mountains from Pennsylvania to Alabama, U.S.A.

Pseudacris brimleyi BRANDT & WALKER

1933 *Pseudacris brimleyi* BRANDT & WALKER, Occas. Pap. Mus. zool. Univ. Michigan, Ann Arbor, **272:** 2. — Terra typica: Washington, Beaufort County, North Carolina. — Holotype: U.M.M.Z. no. 74361.

Range: Atlantic Coastal Plain from Virginia to Georgia, U.S.A.

Pseudacris clarkii (BAIRD)

1854 *Helocaetes clarkii* BAIRD, Proc. Acad. nat. Sci. Philadelphia, **7:** 60. — Terra typica: Galveston, Galveston County, Texas. — Syntypes: U.S.N.M. no. 3313, 3315, 3317.

1875 *Chorophilus triseriatus clarkii* — COPE, Bull. U.S. nation. Mus., Washington, **1:** 30.
1932 *Pseudacris triseriata clarkii* — BURT, Amer. Midl. Natural., Notre Dame, **13:** 80.
1934 *Pseudacris clarkii* — SMITH, Amer. Midl. Natural., Notre Dame, **15:** 462.

R a n g e: Central U.S.A. from Kansas to the Gulf of Mexico; lower Rio Grande Valley.

Pseudacris nigrita (LE CONTE)

1825 *Rana nigrita* LE CONTE, Ann. Lyc. nat. Hist. New York, **1:** 282. — T e r r a t y p i c a: None given; restricted to Liberty County, Georgia, U.S.A., by SCHMIDT (1953 Check list N. Amer. Amph. Rept., Ed. 6, Chicago: 74). — H o l o t y p e: Unknown.
1841 *Acris nigrita* — DUMÉRIL & BIBRON, Erpétol. gén., Paris, **8:** 509.
1842 *Cystignathus nigritus* — HOLBROOK, N. Amer. Herpetol., Ed. 2, Charleston, **4:** 107.
1843 *Pseudacris nigrita* — FITZINGER, Syst. Rept., Wien: 31.
1854 *Chorophilis nigritus* — BAIRD, Proc. Acad. nat. Sci. Philadelphia, **7:** 59.
1882 *Chorophilus nigritus* — BOULENGER, Cat. Batr. Sal. Brit. Mus. (Nat. Hist.), London: 333.
1923 *Chorophilus nigritus* — NIEDEN (partim), Das Tierreich, Berlin, **46:** 348.

D i s c u s s i o n: SMITH & SMITH (1952) and SCHWARTZ (1957).

R a n g e: Atlantic Coastal Plain from North Carolina to Mississippi, U.S.A.

Pseudacris nigrita nigrita (LE CONTE)

1825 *Rana nigrita* LE CONTE, Ann. Lyc. nat. Hist. New York, **1:** 282. — T e r r a t y p i c a: None given; restricted to Liberty County, Georgia, by SCHMIDT (1953, Check list N. Amer. Amph. Rept., Chicago, Ed. 6, 74). — H o l o t y p e: Unknown.
1892 *Chorophilus nigritus nigritus* — HAY, Report Geol. Surv., Indianapolis, 17: 470.
1943 *Pseudacris nigrita nigrita* — STEJNEGER & BARBOUR, Check List N. Amer. Amph. Rept., Ed. 5, Cambridge (Massachusetts): 46.

R a n g e: Atlantic Coastal Plain from North Carolina to Mississippi, exclusive of the Florida Peninsula, U.S.A.

Pseudacris nigrita verrucosa (COPE)

1877 *Chorophilus verrucosus* COPE, Proc. Amer. philos. Soc., Philadelphia, **17:** 87. — T e r r a t y p i c a: Volusia, Volusia County, Florida. — H o l o t y p e: A.N.S.P. no. 10773.
1882 *Chorophilus verrucosus* — BOULENGER, Cat. Batr. Sal. Brit. Mus. (Nat. Hist.), London: 335.
1889 *Chorophilus nigritus verrucosus* — COPE, Bull. U.S. nation, Mus., Washington, **34:** 338.
1935 *Pseudacris nigrita verrucosa* — BRADY & HARPER, Proc. biol. Soc. Washington, **48:** 108.

R a n g e: Peninsular Florida, U.S.A.

Pseudacris ornata (HOLBROOK)

1836 *Rana ornata* HOLBROOK, N. Amer. Herpetol., Ed. 1, Charleston, **1:** 97. — Terra typica: about 4 miles from Charleston, between the Cooper and Ashley rivers, Charleston County, South Carolina, U.S.A. — Holotype: Unknown.

1842 *Cystignathus ornatus* — HOLBROOK, N. Amer. Herpetol., Ed. 2, Charleston, **4:** 103.

1853 *Litoria occidentalis* BAIRD & GIRARD, Proc. Acad. nat. Sci. Philadelphia, **6:** 301. — Terra typica: "San Francisco," California, U.S.A. (ex error); restricted to Liberty County, Georgia, by SCHMIDT (1953, Check list N. Amer. Amph. Rept., Ed. 6, Chicago: 76). — Holotype: Unknown. (Synonymy fide SCHMIDT, 1953: 76).

1854 *Chorophilus ornatus* — LE CONTE, Proc. Acad. nat. Sci. Philadelphia, **7:** 428.

1882 *Chorophilus ornatus* — BOULENGER, Cat. Batr. Sal. Brit. Mus. (Nat. Hist.), London: 333.

1882 *Chorophilus copii* BOULENGER, Cat. Batr. Sal. Brit. Mus. (Nat. Hist.), London: 334. — Terra typica: "Georgia," U.S.A. — Holotype: B.M.N.H. no. 58. 2. 23. 55. (Synonymy fide NIEDEN, 1923: 351).

1889 *Chorophilus occidentalis* — COPE (partim), Bull. U.S. nation, Mus., Washington, **34:** 335.

1917 *Pseudacris ornata* — STEJNEGER & BARBOUR, Check List N. Amer. Amph. Rept., Ed. 1, Cambridge (Massachusetts): 31.

1923 *Chorophilus ornatus* — NIEDEN, Das Tierreich, Berlin, **46:** 351.

1923 *Chorophilus occidentalis* — NIEDEN (partim), Das Tierreich, Berlin, **46:** 351.

1923 *Hyla weberi* NOBLE (nomen novum pro *Chorophilus copii* Boulenger), Amer. Mus. Novit., New York, **70:** 5.

1953 *Pseudacris ornata* — SCHMIDT, Check list N. Amer. Rept., Ed. 6, Chicago: 76.

Discussion: HARPER (1937).

Range: Atlantic Coastal Plain from North Carolina to Louisiana, U.S.A.

Pseudacris streckeri A. H. WRIGHT & A. A. WRIGHT

1923 *Pseudacris streckeri* A. H. WRIGHT & A. A. WRIGHT, Handb. Frogs Toads, Ithaca: 26. — Terra typica: Somerset, Bexar County, Texas, U.S.A. — Syntypes: C.U. 2485 (5 specimens, now lost; fide SMITH, 1966, Cat. Amer. Amph. Rept., New York: 27).

Discussion: SMITH (1966a).

Range: Discontinuous in south-central North America: Illinois, middle Mississippi Valley; eastern Oklahoma south to the Gulf of Mexico, U.S.A.

Pseudacris streckeri streckeri A. H. WRIGHT & A. A. WRIGHT

1933 *Pseudacris streckeri* A. H. WRIGHT & A. A. WRIGHT, Handb. Frogs Toads, Ithaca: 26. — Terra typica: Somerset, Bexar County, Texas. — Syntypes: C.U. 2485 (5 specimens now lost; fide SMITH, 1966, Cat. Amer. Amph. Rept., New York: 27).

1951 *Pseudacris streckeri streckeri* — SMITH, Bull. Chicago Acad. Sci., **9:** 190.

R a n g e: Eastern Oklahoma and western Arkansas southward to the Gulf of Mexico in Texas, U.S.A.

Pseudacris streckeri illinoensis SMITH

1951 *Pseudacris streckeri illinoensis* SMITH, Bull. Chicago Acad. Sci., **9:** 190. T e r r a t y p i c a: 3 mi. north of Meredosia, Morgan County, Illinois, U.S.A. — H o l o t y p e: I.N.H.S. no. 5982.
1953 *Pseudacris streckeri illinoisensis* SCHMIDT (nomen emendatum), Check list N. Amer. Amph. Rept., Ed. 6, Chicago: 76.

R a n g e: Discontinuous in west-central Illinois and Mississippi Valley in southern Illinois, Missouri, Kentucky, and northeastern Arkansas, U.S.A.

Pseudacris triseriata (WIED)

1839 *Hyla triseriata* WIED, Reise N.-Amer., Coblenz, **1:** 249. — T e r r a t y p i c a: "Mount Vernon, Ohio River, Indiana"; restricted to between Rush Creek and Big Creek along route from New Harmony to Mt. Vernon, Posey County, Indiana, U.S.A., by HARPER (1955, Proc. biol. Soc. Washington, **68:** 155). — H o l o t y p e: Lost.
1854 *Helocaetes triseriatus* — BAIRD, Proc. Acad. nat. Sci. Philadelphia, **7:** 60.
1882 *Chorophilus triseriatus* — BOULENGER, Cat. Batr. Sal. Brit. Mus. (Nat. Hist.), London: 335.
1933 *Pseudacris nigrita triseriata* — STEJNEGER & BARBOUR, Check list N. Amer. Amph. Rept., Ed. 3., Cambridge (Massachusetts): 32.

D i s c u s s i o n: SMITH & SMITH (1952) and SCHWARTZ (1957).

R a n g e: North America east of Rocky Mountains from Great Bear Lake and southeastern Quebec, Canada, southward to northern Florida and Texas, U.S.A.

Pseudacris triseriata triseriata (WIED)

1834 *Hyla triseriata* WIED, Reise N.-Amer., Coblenz, **1:** 249. — T e r r a t y p i c a: "Mount Vernon, Ohio River, Indiana"; restricted to between Rush Creek and Big Creek along route from New Harmony to Mt. Vernon, Posey County, Indiana, U.S.A. by HARPER (1955, Proc. biol. Soc. Washington, **68:** 155). — H o l o t y p e: Lost.
1875 *Chorophilus triseriatus triseriatus* — COPE, Bull. U.S. nation. Mus., Washington, **1:** 30.
1892 *Chorophilus nigritus triseriatus* — HAY, Report geol. Surv. Indiana, Indianapolis, **17:** 470.
1923 *Chorophilus nigritus triseriatus* — NIEDEN, Das Tierreich, Berlin, **46:** 351.
1933 *Pseudacris nigrita triseriata* — STEJNEGER & BARBOUR, Check list N. Amer. Amph. Rept., Ed. 3, Cambridge (Massachusetts): 32.
1957 *Pseudacris triseriata triseriata* — SCHWARTZ, Amer. Mus. Novit., New York, **1838:** 11.

R a n g e: Eastern North America, exclusive of coastal plain from New Jersey to Florida, from southeastern Quebec and Minnesota southward to eastern Texas.

Pseudacris triseriata feriarum (BAIRD)

1854 *Helocaetes feriarum* BAIRD, Proc. Acad. nat. Sci. Philadelphia, **7:** 60. — Terra typica: Carlisle, Cumberland County, Pennsylvania, U.S.A. — Syntypes: U.M.M.Z. no. 3857, U.S.N.M. no. 3592 (11 specimens).
1875 *Chorophilus triseriatus corporalis* COPE (nomen nudum), Bull. U.S. nation. Mus., Washington, **1:** 30.
1889 *Chorophilus feriarum* — COPE, Bull. U.S. nation. Mus., Washington, **34:** 339.
1892 *Chorophilus nigritus feriarum* — HAY, Report geol. Surv. Indiana, Indianapolis, **17:** 469.
1923 *Chorophilus nigritus feriarum* — NIEDEN, Das Tierreich, Berlin, **46:** 350.
1933 *Pseudacris nigrita feriarum* — STEJNEGER & BARBOUR, Check list N. Amer. Amph. Rept., Ed. 3, Cambridge (Massachusetts): 31.
1957 *Pseudacris triseriata feriarum* — SCHWARTZ, Amer. Mus. Novit., New York, **1838:** 11.

Range: Eastern U.S.A. from Pennsylvania and New Jersey to northern Florida.

Pseudacris triseriata kalmi HARPER

1955 *Pseudacris nigrita kalmi* HARPER, Nat. Hist. Misc., Chicago, **150:** 1. — Terra typica: Centreton, 5 mi. northeast of Moorestown, Burlington County, New Jersey, U.S.A. — Holotype: C.M. no. 33917.
1957 *Pseudacris triseriata kalmi* — SCHWARTZ, Amer. Mus. Novit., New York, **1838:** 11.

Range: Eastern U.S.A. from eastern Pennsylvania and New Jersey to Delaware and northeastern Virginia.

Pseudacris triseriata maculata (AGASSIZ)

1850 *Hylodes maculatus* AGASSIZ, Lake Superior. . ., Boston: 378. — Terra typica: North shore of Lake Superior, Canada; restricted to vicinity of Sault Ste. Marie, Ontario, Canada, by SCHMIDT (1953, Check list N. Amer. Amph. Rept., Ed. 6, Chicago: 75). — Syntypes: M.C.Z. no. 38 (2).
1882 *Chorophilus septentrionalis* BOULENGER, Cat. Batr. Sal. Brit. Mus. (Nat. Hist.), London: 355. — Terra typica: Great Bear Lake, Northwest Territory, Canada. — Holotype: B.M.N.H. no. 50. 4. 22. 8. (Synonymy fide SMITH, 1956: 171).
1906 *Chorophilus nigritus septentrionalis* — DICKERSON, Frog Book, New York: 335.
1917 *Pseudacris septentrionalis* — STEJNEGER & BARBOUR, Check list N. Amer. Amph. Rept., Cambridge (Massachusetts): 31.
1923 *Chorophilus nigritus triseriatus* — NIEDEN (partim), Das Tierreich, Berlin, **46:** 351.
1923 *Hyla canadensis* NOBLE (nomen novum pro *Chorophilus septentrionalis* BOULENGER), Amer. Mus. Novit., New York, **70:** 5.
1933 *Pseudacris nigrita septentrionalis* — A. H. WRIGHT & A. A. WRIGHT, Handb. Frogs Toads, Ithaca: 250.
1956 *Pseudacris nigrita maculata* — SMITH, Proc. biol. Soc. Washington, **69:** 171.
1957 *Pseudacris triseriata maculata* — SCHWARTZ, Amer. Mus. Novit., **1838:** 11.

Range: North America from Great Bear Lake to Hudson Bay, Canada, southward to New Mexico.

Pternohyla BOULENGER

1882 *Pternohyla* BOULENGER, Ann. Mag. nat. Hist., London, (5) **10:** 326. — Species typica (by monotypy): *Pternohyla fodiens* BOULENGER, 1882.

Discussion: TRUEB (1970a) and DUELLMAN (1970b)

Range: Southwestern U.S.A. (southern Arizona) southward to Michoacán, México.

Pternohyla dentata SMITH

1957 *Pternohyla dentata* SMITH, Herpetologica, Chicago etc., **13:** 1. — Terra typica: 8 miles northeast of Lagos de Moreno, Jalisco, México. — Holotype: U.I.M.N.H. no. 40551.

Range: Central México (Aguascalientes and Jalisco).

Pternohyla fodiens BOULENGER

1882 *Pternohyla fodiens* BOULENGER, Ann. Mag. nat. Hist., London, (5) **10:** 326. — Terra typica: Presidio, Sinaloa, México. — Holotype: B.M.N.H. no. 1947. 2. 24. 26.
1899 *Hyla rudis* MOCQUARD, Bull. Soc. philom., Paris, (9) **1:** 163. — Terra typica: Guadalajara, Jalisco, México. — Holotype: M.N.H.N. no. 373a. (Synonymy fide KELLOGG, 1932: 135).
1923 *Hyla rudis* NIEDEN, Das Tierreich, Berlin, **46:** 245.
1923 *Pternohyla fodiens* — NIEDEN, Das Tierreich, Berlin, **46:** 327.
1932 *Pternohyla fodiens* — KELLOGG, Bull. U.S. nation. Mus., Washington, **160:** 135.

Range: Southern Arizona, U.S.A., southward to Michoacán, México.

Ptychohyla TAYLOR

1944 *Ptychohyla* TAYLOR, Univ. Kansas sci. Bull., Lawrence, **30:** 41. — Species typica (by original designation): *Ptychohyla adipoventris* TAYLOR, 1944 (= *Hyla leonhardschultzei* AHL, 1934).

Discussion: DUELLMAN (1970b).

Range: Moderate elevations of southern México (Chiapas, Guerrero, Oaxaca) southeastward in Central America to northern Nicaragua.

Ptychohyla euthysanota (KELLOGG)

1923 *Hyla euthysanota* KELLOGG, Proc. biol. Soc. Washington, **41:** 123. — Terra typica: Los Esemiles, Departamento Chalatenango, El Salvador. — Holotype: U.S.N.M. no. 73296.

Range: Southeastern México (Chiapas, Oaxaca) and Pacific slopes of Guatemala and El Salvador.

Ptychohyla euthysanota euthysanota (Kellogg)

1923 *Hyla euthysanota* Kellogg, Proc. biol. Soc. Washington, **41:** 123. — Terra typica: Los Esemiles, Departamento Chalatenango, El Salvador. — Holotype: U.S.N.M. no. 73296.
1942 *Hyla rozellae* Taylor, Univ. Kansas sci. Bull., Lawrence, **28:** 78. — Terra typica: Salto de Agua, Chiapas, México. — Holotype: U.S.N.M. no. 115039. (Synonymy fide Duellman, 1963: 315).
1949 *Ptychohyla bogerti* Taylor, Amer. Mus. Novit., New York, **1437:** 13. — Terra typica: Río Grande, Oaxaca, México. — Holotype: A.M.N.H. no. 51847. (Synonymy fide Duellman, 1963: 315).
1961 *Ptychohyla euthysanota* — Duellman, Univ. Kansas Publ. Mus. Nat. Hist., Lawrence, **13:** 351.
1963 *Ptychohyla rozellae* — Gorham, Canad. Field-Natural., Ottawa, **77:** 24.
1963 *Ptychohyla euthysanota euthysanota* — Duellman, Univ. Kansas Publ. Mus. nat. Hist., Lawrence, **15:** 315.

Range: Pacific slopes of southeastern México (Chiapas and eastern Oaxaca), Guatemala, and El Salvador.

Ptychohyla euthysanota macrotympanum (Tanner)

1957 *Hyla macrotympanum* Tanner, Great Basin Natural., Provo, **17:** 52. — Terra typica: 10 mi. east of Chiapa de Corzo, Chiapas, México. — Holotype: A. M.N.H. no. 62141.
1961 *Ptychohyla macrotympanum* — Duellman, Univ. Kansas Publ. Mus. nat. Hist., Lawrence, **13:** 351.
1963 *Ptychohyla euthysanota macrotympanum* — Duellman, Univ. Kansas Publ. Mus. nat. Hist., Lawrence, **15:** 320.

Range: Atlantic slopes and Grijalva Valley of Guatemala and Chiapas, México.

Ptychohyla ignicolor Duellman

1961 *Ptychohyla ignicolor* Duellman, Univ. Kansas Publ. Mus. nat. Hist., Lawrence, **13:** 352. — Terra typica: 6 km. (by road) south of Campamento Vista Hermosa, Oaxaca, México. — Holotype: U.M.M.Z. no. 119603.

Range: Northern slopes of Sierra de Juárez, Oaxaca, México.

Ptychohyla leonhardschultzei (Ahl)

1934 *Hyla leonhard-schultzei* Ahl, Zool. Anz., Leipzig, **106:** 185. — Terra typica: Malinaltepec, Guerrero, México. — Holotype: Z.M.B. no. 34353.
1944 *Ptychohyla adipoventris* Taylor, Univ. Kansas sci. Bull., Lawrence, **30:** 41. — Terra typica: Agua del Obispo, Guerrero, México. — Holotype: U.I.M.N.H. no. 25047. (Synonymy fide Duellman, 1960: 191).
1951 *Hyla milleri* Shannon, Proc. U.S. nation. Mus., Washington, **101:** 473. — Terra typica: San Lucas Camotlán, Oaxaca, México. — Holotype: U.S.N.M. no. 123700. (Synonymy fide Duellman, 1960: 191).
1960 *Ptychohyla leonhard-schultzei* — Duellman, Herpetologica, Chicago etc., **16:** 191.

1963 *Ptychohyla leonhardschultzei* — DUELLMAN, Univ. Kansas Publ. Mus. nat. Hist., Lawrence, **15:** 323.

Range: Atlantic and Pacific slopes of Oaxaca and Guerrero, México.

Ptychohyla schmidtorum STUART

1954 *Ptychohyla schmidtorum* STUART, Proc. biol. Soc. Washington, **67:** 169. — Terra typica: El Porvenir, 17 km. airline west of San Marcos, Departmento San Marcos, Guatemala. — Holotype: F.M.N.H. no. 27055.

Range: Atlantic slopes of Chiapas, México, and Pacific slopes of southeastern México and Guatemala.

Ptychohyla schmidtorum schmidtorum STUART

1954 *Ptychohyla schmidtorum* STUART, Proc. biol. Soc. Washington, **67:** 169. — Terra typica: El Porvenir, 17 km. airline west of San Marcos, Departmento San Marcos, Guatemala. — Holotype: F.M.N.H. no. 27055.
1963 *Ptychohyla schmidtorum schmidtorum* — DUELLMAN, Univ. Kansas Publ. Mus. nat. Hist., Lawrence, **15:** 331.

Range: Pacific slopes of southeastern México (eastern Oaxaca, Chiapas) and western Guatemala.

Ptychohyla schmidtorum chamulae DUELLMAN

1961 *Ptychohyla chamulae* DUELLMAN, Univ. Kansas Publ. Mus. nat. Hist., Lawrence, **13:** 354. — Terra typica: Stream, 6.2 km. (by road) south of Rayón Mescalapa, Chiapas, México. — Holotype: K.U. no. 58063.
1963 *Ptychohyla schmidtorum chamulae* DUELLMAN, Univ. Kansas Publ. Mus. nat. Hist., Lawrence, **15:** 334.

Range: Atlantic slopes of Central Highlands, Chiapas, México.

Ptychohyla spinipollex (SCHMIDT)

1936 *Hyla spinipollex* SCHMIDT, Proc. biol. Soc. Washington, **49:** 45. — Terra typica: "Mountains behind Ceiba," Departmento Atlantidad, Honduras. — Holotype: M.C.Z. no. 21300.
1954 *Ptychohyla spinipollex* — STUART, Contr. Lab. vert. Biol., Univ. Michigan., Ann Arbor, **68:** 48.

Range: Atlantic slopes of Central American highlands from Guatemala to northern Nicaragua.

Smilisca COPE

1865 *Smilisca* COPE, Proc. Acad. nat. Sci. Philadelphia, **17:** 194. — Species typica (by monotypy): *Smilisca daulinia* COPE, 1865 (= *Hyla baudinii* DUMÉRIL & BIBRON, 1841).

Discussion: DUELLMAN & TRUEB (1966), DUELLMAN (1970b).

R a n g e: Lowlands of México, extreme southern Texas, U.S.A., Central America and northwestern South America (exclusive of Amazon Basin).

Smilisca baudinii (Duméril & Bibron)

1841 *Hyla baudinii* Duméril & Bibron, Erpétol. gén., Paris, **8:** 564. — T e r r a t y p i c a: "Mexique," restricted to Córdoba, Veracruz, México, by Smith & Taylor, 1950, Univ. Kansas Sci. Bull., Lawrence, **33:** 347. — H o l o t y p e: M.N.H.N. no. 4798.

1854 *Hyla vanvlietii* Baird, Proc. Acad. nat. Sci. Philadelphia, **7:** 61. — T e r r a t y p i c a: Brownsville, Cameron County, Texas, U.S.A. — H o l o t y p e: U.S.N.M. no. 3256. (Synonymy fide Boulenger, 1882: 371).

1859 *Hyla vociferans* Baird, Report U.S. Mexican Boundary Surv., Washington, pl. 38, figs. 11—13. — T e r r a t y p i c a: not designated. — H o l o t y p e: Name used in legend to figures. (Synonymy fide Cope, 1887: 13).

1862 *Hyla muricolor* Cope, Proc. Acad. nat. Sci. Philadelphia, **14:** 359. — T e r r a t y p i c a: Hacienda Mirador, Veracruz, México. — H o l o t y p e: U.S.N.M. no. 25097. (Synonymy fide Boulenger, 1882: 371).

1865 *Smilisca daulinia* Cope (lapsus pro *baudinii*), Proc. Acad. nat. Sci. Philadelphia, **17:** 194.

1871 *Smilisca daudinii* Cope (lapsus pro *baudinii*), Proc. Acad. nat. Sci. Philadelphia, **23:** 205.

1875 *Smilisca baudinii* — Cope, Bull. U.S. nation. Mus., Washington, **1:** 31.

1877 *Hyla pansosana* Brocchi, Bull. Soc. philom. Paris, (7) **1:** 125. — T e r r a t y p i c a: Panzós, Departmento Alta Verapaz, Guatemala. — H o l o t y p e: M.N.H.N. no. 6313. (Synonymy fide Boulenger, 1882: 371).

1882 *Hyla baudinii* — Boulenger, Cat. Batr. Sal. Brit. Mus. (Nat. Hist.), London: 371.

1887 *Smilisca baudinii* — Cope, Bull. U.S. nation. Mus., Washington, **32:** 13.

1923 *Hyla baudinii* — Nieden, Das Tierreich, Berlin, **46:** 243.

1923 *Hyla baudinii baudinii* — Stejneger & Barbour, Checklist N. Amer. Amph. Rept., Ed. 2, Cambridge (Massachusetts): 34.

1942 *Hyla beltrani* Taylor, Univ. Kansas Sci. Bull., Lawrence, **28:** 306. — T e r r a t y p i c a: Tapachula, Chiapas, México. — H o l o t y p e: U.I.M.N.H. no. 25046. (Synonymy fide Duellman & Trueb, 1966: 289).

1947 *Smilisca baudini baudini* — Smith, J. Washington Acad. Sci., **37:** 408.

1954 *Hyla manisorum* Taylor, Univ. Kansas Sci. Bull., Lawrence, **35:** 630. — T e r r a t y p i c a: Batán, Provincia Limón, Costa Rica. — H o l o t y p e: K.U. no. 34927 (Synonymy fide Duellman & Trueb, 1966: 289).

1966 *Smilisca baudinii* — Duellman & Trueb, Univ. Kansas Publ. Mus. nat. Hist., Lawrence, **17:** 289.

R a n g e: Lowlands of México and extreme southern Texas, U.S.A., southward to Costa Rica.

Smilisca cyanosticta (Smith)

1953 *Hyla phaeota cyanosticta* Smith, Herpetologica, Chicago etc., **8:** 150. — T e r r a t y p i c a: Piedras Negras, Departmento El Petén, Guatemala. — H o l o t y p e: U.S.N.M. no. 111147.

1963 *Smilisca phaeota cyanosticta* — Stuart, Misc. Publ. Mus. Zool. Univ. Michigan, Ann Arbor, **122:** 42.

1965 *Smilisca cyanosticta* — Duellman & Cole, Syst. Zool., Washington etc., **14:** 141.

R a n g e: Atlantic slopes of southeastern México and Guatemala.

Smilisca phaeota (Cope)

1862 *Hyla phaeota* Cope, Proc. Acad. nat. Sci. Philadelphia, **14:** 358. — Terra typica: Turbo, Intendencia de Chocó, Colombia. — Holotype: U.S.N.M. no. 4347.
1882 *Hyla phaeota* — Boulenger, Cat. Batr. Sal. Brit. Mus. (Nat. Hist.), London: 402.
1923 *Hyla phaeota* — Nieden, Das Tierreich, Berlin, **46:** 261.
1923 *Hyla baudini dolomedes* Barbour, Occas. Pap. Mus. Zool. Univ. Michigan, Ann Arbor, **129:** 11. — Terra typica: Río Esnape, Sambú Valley, Provincia Darién, Panamá. — Holotype: M.C.Z. no. 8539. (Synonymy fide Dunn, 1931: 413).
1931 *Hyla phaeota* — Dunn, Occas. Pap. Boston Soc. nat. Hist., **5:** 413.
1953 *Hyla phaeota phaeota* — Smith, Herpetologica, Chicago etc. **8:** 152.
1960 *Smilisca phaeota* — Starrett, Copeia, New York etc. **1960** (4): 303.

Range: Caribbean lowlands of Central America from Nicaragua to northwestern Colombia; Pacific lowlands of southeastern Costa Rica, eastern Panamá, Colombia, and northwestern Ecuador; valleys of the Río Cauca and Río Magdalena, Colombia.

Smilisca puma (Cope)

1885 *Hyla puma* Cope, Proc. Amer. philos. Soc., Philadelphia **22:** 183. — Terra typica: "Nicaragua." — Holotype: U.S.N.M. no. 13735
1923 *Hyla puma* — Nieden, Das Tierreich, Berlin, **46:** 251.
1952 *Hyla wellmanorum* Taylor, Univ. Kansas Sci. Bull., Lawrence, **35:** 842. — Terra typica: Batán, Provincia Limón, Costa Rica. — Holotype: K.U. no. 30302. (Synonymy fide Duellman & Trueb, 1966: 314).
1960 *Smilisca wellmanorum* — Starrett, Copeia, New York etc. **1960** (4): 30.
1966 *Smilisca puma* — Duellman & Trueb, Univ. Kansas Publ. Mus. nat. Hist., Lawrence, **17:** 314.

Range: Caribbean lowlands of Costa Rica.

Smilisca sila Duellman & Trueb

1966 *Smilisca sila* Duellman & Trueb, Univ. Kansas Publ. Mus. nat. Hist., Lawrence, **17:** 318. — Terra typica: El Volcán, Provincia Chiriquí, Panamá. — Holotype: K.U. no. 91852.

Range: Pacific lowlands of Costa Rica and Panamá; Caribbean lowlands of Panamá and Colombia.

Smilisca sordida (Peters)

1863 *Hyla sordida* Peters, M.Ber. k. preuss. Acad. Wiss. Berlin, **1863:** 460. — Terra typica: "Veraguas," Panamá. — Syntypes: Z.M.B. no. 3141 (2 specimens).
1876 *Hyla gabbi* Cope, J. Acad. nat. Sci. Philadelphia, (2) **8:** 103. — Terra typica: "near Sipurio," Provincia Limón, Costa Rica. — Syntypes: U.S.N.M. nos. 30658—9. (Synonymy fide Duellman & Trueb, 1966: 323).
1876 *Hyla nigripes* Cope, J. Acad. nat. Sci. Philadelphia, (2) **8:** 104. — Terra typica: "Pico Blanco," Provincia Limón, Costa Rica. — Syntypes:

U.S.N.M. nos. 30685—6. (Synonymy fide DUELLMAN and TRUEB, 1966: 323).
1882 *Hyla gabbi* — BOULENGER, Cat. Batr. Sal. Brit. Mus. (Nat. Hist.), London: 372.
1882 *Hyla salvini* BOULENGER, Cat. Batr. Sal. Brit. Mus. (Nat. Hist.), London: 372. — Terra typica: Cartago, Provincia Cartago, Costa Rica. — Syntypes: B.M.N.H. nos. 1947. 2. 24. 12 (Costa Rica), 1947. 2. 24. 13 (Cartago). (Synonymy fide NIEDEN, 1923: 252).
1882 *Hyla nigripes* — BOULENGER, Cat. Batr. Sal. Brit. Mus. (Nat. Hist.), London: 394.
1923 *Hyla gabbii* — NIEDEN, Das Tierreich, Berlin, **46:** 252.
1923 *Hyla nigripes* — NIEDEN, Das Tierreich, Berlin, **46:** 253.
1960 *Smilisca gabbi* — STARRETT, Copeia, New York etc. **1960** (4): 303.
1966 *Smilisca sordida* — DUELLMAN & TRUEB, Univ. Kansas Publ. Mus. nat. Hist., Lawrence, **17:** 323.

Range: Costa Rica and western Panamá.

Sphaenorhynchus TSCHUDI

1838 *Sphaenorhynchus* TSCHUDI, Classif. Batr., Neuchâtel: 71. — Species typica (by monotypy): *Hyla lactea* DAUDIN, 1803 (= *Sphaenorhynchus eurhostus* RIVERO, 1969).
1841 *Sphaenorhincus* DUMÉRIL & BIBRON (lapsus pro *Sphaenorhynchus*), Erpétol. gén., Paris, **8:** 612.
1843 *Dryomelictes* FITZINGER, Syst. Rept., Wien: 31. — Species typica (by monotypy): *Hyla lactea* DAUDIN, 1803.
1938 *Sphoenorhynchus* A. LUTZ & LUTZ (lapsus pro *Sphaenorhynchus*), Ann. Acad. Brasil. Sci., Rio de Janeiro, **10:** 175.
1938 *Sphoenohyla* A. LUTZ & B. LUTZ (nomen substitutum pro *Sphaenorhynchus* Ann. Acad. Brasil. Sci., Rio de Janeiro, **10:** 178.

Range: Amazon and Orinoco Basins of South America; Guianas, and eastern Brasil; Trinidad.

Sphaenorhynchus bromelicola BOKERMANN

1966 *Sphaenorhynchus bromelicola* BOKERMANN, Rev. Brasil. Biol., Rio de Janeiro, **26:** 18. — Terra typica: Fazenda Santa Onofre, 10 km. east of Maracás, Bahia, Brasil. — Holotype: W.C.A.B. no. 31941.

Range: Type locality (Bahia, Brasil).

Sphaenorhynchus carneus (COPE)

1868 *Hylella carnea* COPE, Proc. Acad. nat. Sci. Philadelphia, **20:** 111. — Terra typica: "Napo or upper Maranon" (? Perú). — Holotype: Lost.
1882 *Hylella carnea* — BOULENGER, Cat. Batr. Sal. Brit. Mus. (Nat. Hist.), London: 420.
1923 *Hyla carnea* — NIEDEN, Das Tierreich, Berlin, **46:** 270.
1957 *Sphoenohyla habra* GOIN, Caldasia, Bogotá, **8:** (36): 18. — Terra typica: Leticia, Comisaría Amazonas, Colombia. — Holotype: F.S.M. no. 8508. (Synonymy fide DUELLMAN, 1974: 22).
1961 *Dryomelictes habra* — GOIN, Ann. Carnegie Mus., Pittsburgh, **36:** 9.
1963 *Hyla habra* — GORHAM, Canad. Field-Natural., Ottawa, **77:** 22.

1969 *Sphaenorhynchus habrus* — RIVERO, Copeia, New York etc., **1969** (4): 702.
1974 *Sphaenorhynchus carneus* — DUELLMAN, Occas. Pap. Mus. nat. Hist. Univ. Kansas, Lawrence, **27:** 22.

Range: Upper Amazon Basin in southern Colombia, Perú, and Ecuador.

Sphaenorhynchus dorisae (GOIN)

1957 *Sphoenohyla dorisae* GOIN, Caldasia, Bogotá, 8 (36): 16. — Terra typica: Leticia, Comisaría Amazonas, Colombia. — Holotype: F.S.M. no. 8506.
1961 *Dryomelictes dorisae* GOIN, Ann. Carnegie Mus., Pittsburgh, **36:** 9.
1963 *Hyla dorisae* — GORHAM, Canad. Field-Natural., Ottawa, **77:** 22.
1969 *Sphaenorhynchus dorisae* — RIVERO, Copeia, New York etc., — **1969** (4): 702.

Range: Upper Amazon Basin in southeastern Colombia and western Brasil (Acre).

Sphaenorhynchus eurhostus RIVERO

1802 *Hyla aurantiaca* DAUDIN (non LAURENTI 1768), Hist. Rain. Gren. Crap., Paris: 20. — Terra typica: "Brasil." — Holotype: M.N.H.N. no. 4871.
1802 *Hyla lactea* DAUDIN (non LAURENTU 1768), Hist. nat. Rain. Gren. Crap., Paris: 21. — Terra typica: "America." — Holotype: M.N.H.N. no. 4870. (Synonymy fide GÜNTHER, 1859: 106).
1820 *Calamita aurantiacus* — MERREM, Tent. Syst. Amphib., Marburg: 172.
1820 *Calamita lacteus* — MERREM, Tent. Syst. Amphib., Marburg: 172.
1838 *Sphaenorhynchus lacteus* — TSCHUDI, Classif. Batr., Neuchâtel: 71.
1838 *Dendrohyas rubra* — TSCHUDI (partim), Classif. Batr., Neuchâtel: 74.
1843 *Dryomelictes lactea* — FITZINGER, Syst. Rept., Wien: 31.
1859 *Hyla aurantiaca* — GÜNTHER, Cat. Batr. Sal. Brit. Mus. (Nat. Hist.), London: 106.
1870 *Dendropsophus (Dryomelictes) aurantiacus* — COPE, Proc. Amer. philos. Soc., Philadelphia, **11:** 554.
1874 *Scytopis aurantiacus* — COPE, Proc. Acad. nat. Sci. Philadelphia, **26:** 124.
1882 *Hyla aurantiaca* — BOULENGER, Cat. Batr. Sal. Brit. Mus. (Nat. Hist.), London: 388.
1923 *Hyla aurantiaca* — NIEDEN, Das Tierreich, Berlin, **46:** 308.
1938 *Hyla (Sphoenohyla) aurantiaca* — A. LUTZ & B. LUTZ, Ann. Acad. Brasil. Sci., Rio de Janeiro, **10:** 178.
1957 *Sphoenohyla aurantiaca* — GOIN, Caldasia, Bogotá, 8 (36): 12.
1961 *Sphoenohyla lactea* — GOIN, Ann. Carnegie Mus. Pittsburgh, **36:** 8.
1961 *Sphaenorhynchus aurantiacus* — MYERS & LEVITON, Herpetologica, Chicago etc., **16:** 62.
1963 *Hyla aurantiaca* — GORHAM, Canad. Field-Natural., Ottawa, 77: 21.
1969 *Sphaenorhynchus eurohostus* RIVERO (nomen novum pro *Hyla aurantiaca*), Copeia, New York etc., **1969** (4): 701.

Discussion: RIVERO (1969b).

Range: Amazon and Orinoco basins, Guiana, and Trinidad.

Sphaenorhynchus orophilus (A. Lutz & B. Lutz)

1895 *Hyla parvula* Boulenger (partim), Proc. zool. Soc. London, **1894:** 646.
1926 *Hyla aurantiaca* — Miranda—Ribeiro (partim), Arch. Mus. nacion., Rio de Janeiro, **27:** 70.
1938 *Hyla* (*Sphoenohyla*) *orophila* A. Lutz & B. Lutz, Ann. Acad. Brasil. Sci., Rio de Janeiro, **10:** 178. — Terra typica: Quitandinha, Petró polis, Rio de Janeiro, Brasil. — Holotype: A.L.—M.N.R.J. no. 3309.
1955 *Hyla aurantiaca orophila* — Cochran, Bull. U.S. nation. Mus., Washington, **206:** 184.
1957 *Sphoenohyla orophila* — Goin, Caldasia, Bogotá, 8 (36): 22.
1961 *Hyla orophila orophila* — Rivero, Bull. Mus. comp. Zool., Cambridge (Massachusetts), **126:** 137.
1969 *Sphaenorhynchus orophilus* — Rivero, Copeia, New York etc., **1969** (4): 702.

Range: Serra do Mar in Guanabara and São Paulo, Brasil.

Sphaenorhynchus palustris Bokermann

1966 *Sphaenorhynchus palustris* Bokermann, Rev. Brasil. Biol., Rio de Janeiro, **26:** 16. — Terra typica: Sooretama, Linhares, Espírito Santo, Brasil. — Holotype: W.C.A.B. no. 19235.

Range: Type locality (Espírito Santo, Brasil).

Sphaenorhynchus pauloalvini Bokermann

1973 *Sphaenorhynchus pauloalvini* Bokermann, Rev. Brasil. Biol., Rio de Janeiro, **33:** 592. — Terra typica: Centro de Pesquisas do Cacau, Ilheus, Bahia, Brasil. — Holotype: W.C.A.B. no. 46453.

Range: Type locality (Bahia, Brasil).

Sphaenorhynchus planicola (A. Lutz & B. Lutz)

1926 *Hyla aurantiaca* — Miranda—Ribeiro (partim), Arch. Mus. nacion., Rio de Janeiro, **27:** 70.
1938 *Hyla* (*Sphoenohyla*) *planicola* A. Lutz & B. Lutz, Ann. Acad. Brasil. Sci., Rio de Janeiro, **10:** 182. — Terra typica: Recreio dos Bandeirantes, Rio de Janeiro, Guanabara, Brasil. — Holotype: A.L.—M.N.R.J. no. 2658.
1946 *Hyla planicola* — Myers, Bol. Mus. nacion., Rio de Janeiro, (new ser.) **55:** 12.
1955 *Hyla aurantiaca planicola* — Cochran, Bull. U.S. nation. Mus., Washington, **206:** 186.
1957 *Sphoenohyla planicola* — Goin, Caldasia, Bogotá, 8 (36): 23.
1961 *Hyla orophila planicola* — Rivero, Bull. Mus. comp. Zool., Cambridge (Massachusetts), **126:** 136.
1969 *Sphaenorhynchus planicola* — Rivero, Copeia, New York etc., **1969** (4): 702.

Range: Coastal lowlands of Guanabara, southeastern Brasil.

Sphaenorhynchus prasinus BOKERMANN

1973 *Sphaenorhynchus prasinus* BOKERMANN, Rev. Brasil. Biol., Rio de Janeiro, **33**: 589. — Terra typica: Centro de Pesquisas do Cacau, Ilheus, Bahia, Brasil. — Holotype: W.C.A.B. no. 46499.

Range: Type locality (Bahia, Brasil).

Sphaenorhynchus surdus (COCHRAN)

1953 *Hyla aurantiaca surda* COCHRAN, Herpetologica, Chicago etc., **8**: 112. — Terra typica: Curitiba, Paraná, Brasil. — Holotype: U.M.M.Z. no. 106736.
1957 *Sphoenohyla surda* — GOIN, Caldasia, Bogotá, **8**: (36): 24.
1966 *Sphoenorhynchus surdus* — BOKERMANN, Lista anot. Local. Tipo Anfib. Brasil., São Paulo: 45.
1969 *Sphaenorhynchus surdus* — RIVERO, Copeia, New York etc., **1969** (4): 702.

Range: Type locality (Paraná, Brasil).

Stefania RIVERO

1968 *Stefania* RIVERO, Carib. J. Sci., Mayagüez, **6**: 142. — Species typica (by original designation): *Hyla evansi* BOULENGER, 1904.

Discussion: RIVERO (1968, 1970).

Range: Highlands of the Guiana Shield in Venezuela and Guyana.

Stefania evansi (BOULENGER)

1904 *Hyla evansi* BOULENGER, Proc. zool. Soc. London, **1094**: 106. — Terra typica: Groete Creek, Essequibo, Guyana. — Holotype: B.M.N.H. no. 1947. 2. 13. 11.
1923 *Hyla evansi* — NIEDEN, Das Tierreich, Berlin, **46**: 309.
1968 *Stefania evansi* — RIVERO, Carib. J. Sci., Mayagüez, **6**: 143.

Range: Southeastern Guyana.

Stefania ginesi RIVERO

1968 *Stefania ginesi* RIVERO, Carib. J. Sci., Mayagüez, **6**: 145. — Terra typica: Chimantá-Tepui, Estado Bolívar, Venezuela. — Holotype: F.M.N.H. no. 74041.

Range: Type locality (Bolívar, Venezuela).

Stefania goini RIVERO

1968 *Stefania goini* RIVERO, Carib. J. Sci., Mayagüez, **6**: 145. — Terra typica: Vegas Falls, Cerro Duida, Territorio Amazonas, Venezuela. — Holotype: A.M.N.H. no. 23193.

Range: Type locality (Territorio Amazonas, Venezuela).

Stefania marahuaquensis (RIVERO)

1961 *Hyla marahuaquensis* RIVERO, Bull. Mus. comp. Zool, Cambridge (Massachusetts), **126:** 118. — Terra typica: Caño Cajú, Cerro Marahuaca, Territorio Amazonas, Venezuela. — Holotype: M.C.Z. no. 28566.
1968 *Stefania marahuaquensis* — RIVERO, Carib. J. Sci., Mayagüez, **6:** 142.

Range: Type locality (Territorio Amazonas, Venezuela).

Stefania scalae RIVERO

1970 *Stefania scalae* RIVERO, Bol. Soc. Venez. Cien. Nat., Caracas, **28:** 456. — Terra typica: La Escalera, road between El Dorado and Santa Elena de Uairén, Estado Bolívar, Venezuela. — Holotype: M.C.Z. no. 64373.

Range: Type locality (Bolívar, Venezuela).

Stefania woodleyi RIVERO

1968 *Stefania woodleyi* RIVERO, Carib. J. Sci., Mayagüez, **6:** 147. — Terra typica: Mt. Kanaima, near the Potaro River, Guyana. — Holotype: O.U.M. no. 3056.

Range: Type locality (Guyana).

Trachycephalus TSCHUDI

1838 *Trachycephalus* TSCHUDI, Classif. Batr., Neuchâtel: 74. — Species typica: (by monotypy): *Trachycephalus nigromaculatus* TSCHUDI, 1838.
1891 *Tetraprion* STEJNEGER & TEST, Proc. U.S. nation. Mus., Washington, **14:** 167. — Species typica (by original designation): *Tetraprion jordani* STEJNEGER & TEST, 1891.

Discussion: TRUEB (1970a).

Range: Eastern Brasil and Pacific lowlands from southern Colombia to northern Perú.

Trachycephalus atlas BOKERMANN

1966 *Trachycephalus atlas* BOKERMANN, Neotropica, Buenos Aires, **12:** 120. — Terra typica: Fazenda Santo Onofre, 10 km. east of Maracás, Bahia, Brasil. — Holotype: W.C.A.B. 33669.

Range: Northeastern Brasil.

Trachycephalus jordani (STEJNEGER & TEST)

1891 *Tetraprion jordani* STEJNEGER & TEST, Proc. U.S. nation. Mus., Washington, **14:** 167. — Terra typica: Guayaquil, Provincia Guayas, Ecuador. — Holotype: U.S.N.M. no. 12274.
1891 *Diaglena jordani* — BOULENGER, Ann. Mag. nat. Hist., London, (6) **8:** 456.
1923 *Diaglena jordani* — NIEDEN, Das Tierreich, Berlin, **46:** 328.

1970 *Trachycephalus jordani* — TRUEB, Univ. Kansas Publ. Mus. nat. Hist., Lawrence, **18:** 601.

Range: Pacific lowlands of South America from southern Colombia to northern Perú.

Trachycephalus nigromaculatus TSCHUDI

1826 *Hyla occipitalis* FITZINGER (nomen nudum), Neue Classif. Rept., Wien: 63. (Synonymy fide STEINDACHNER, 1864: 243).
1838 *Trachycephalus nigromaculatus* TSCHUDI, Classif. Batr. Neuchâtel: 72. — Terra typica: "America meridionalis." — Syntypes: M.N.H.N. nos. 4608—9.
1841 *Trachycephalus geographicus* DUMÉRIL & BIBRON, Erpétol. gén., Paris, **8:** 536. — Terra typica: "Brasil." — Syntypes: M.N.H.N. nos. 4608—9. (Synonymy fide GÜNTHER, 1859: 118).
1859 *Trachycephalus geographicus* — GÜNTHER, Cat. Batr. Sal. Brit. Mus. (Nat. Hist.), London: 118.
1864 *Trachycephalus marmoratus* — STEINDACHNER, Verhandl. k. zool.-bot. Ges, Wien, **14:** 243. (Misapplication of *Trachycephalus marmoratus* (= *Hyla septentrionalis* DUMÉRIL & BIBRON).
1882 *Hyla nigromaculata* — BOULENGER, Cat. Batr. Sal. Brit. Mus. (Nat. Hist.), London: 368.
1893 *Hyla (Trachycephalus) angustifrons* WERNER, Zool. Anz., Leipzig **16:** 83. — Terra typica: "Brasil." — Holotype: Unknown. (Synonymy fide NIEDEN, 1923: 299).
1923 *Hyla nigromaculata* — NIEDEN, Das Tierreich, Berlin, **46:** 299.
1963 *Trachycephalus nigromaculatus* — GORHAM, Canadian Field-Natural., Ottawa, **77:** 24.

Range: Coastal regions of southern Brasil from Espírito Santo to São Paulo; interior in Minas Gerais.

Triprion COPE

1865 *Pharyngodon* COPE (non DIESING 1861 = Nemathelminthes), Proc. Acad. nat. Sci. Philadelphia, **17:** 193. — Species typica (by monotypy): *Pharyngodon petasatus* COPE, 1865.
1866 *Triprion* COPE, Proc. Acad. nat. Sci. Philadelphia, **18:** 127 (nomen novum pro *Pharyngodon* COPE).
1887 *Diaglena* COPE, Bull. U.S. nation. Mus., Washington, **32:** 12. — Species typica (by monotypy): *Triprion spatulatus* GÜNTHER, 1882.

Discussion: DUELLMAN (1970b).

Range: Pacific lowlands of México; Yucatan Peninsula of México and Guatemala.

Triprion petasatus (COPE)

1865 *Pharyngodon petasatus* COPE, Proc. Acad. nat. Sci. Philadelphia, **17:** 193. — Terra typica: Cenote Tamaché, 17 km. north of Mérida, Yucatán, México. — Holotype: U.S.N.M. no. 12287.
1866 *Triprion petasatus* — COPE, Proc. Acad. nat. Sci. Philadelphia, **18:** 127.

1882 *Triprion petasatus* — BOULENGER, Cat. Batr. Sal Brit. Mus. (Nat. Hist.), London: 431.
1923 *Triprion petasatus* — NIEDEN, Das Tierreich, Berlin, **46:** 330.

Range: Yucatan Peninsula, México, and El Petén, Guatemala.

Triprion spatulatus GÜNTHER

1882 *Triprion spatulatus* GÜNTHER, Ann. Mag. nat. Hist., London (5) **10:** 279. — Terra typica: Presidio de Mazatlán, Sinaloa, México. — Syntypes: B.M.N.H. nos. 1947. 2. 25. 79—81.

Range: Pacific lowlands of western México (Sinaloa to Oaxaca).

Triprion spatulatus spatulatus GÜNTHER

1882 *Triprion spatulatus* GÜNTHER, Ann. Mag. nat. Hist., London (5) **10:** 279. — Terra typica: Presidio de Mazatlán, Sinaloa, México. — Syntypes: B.M.N.H. nos. 1947. 2. 25. 79—81.
1887 *Diaglena spatulata* — COPE, Bull. U.S. nation. Mus., Washington, **32:** 12.
1923 *Diaglena spatulata* — NIEDEN, Das Tierreich, Berlin, **46:** 328.
1968 *Diaglena spatulata spatulata* — DUELLMAN, Herpetologica, Chicago etc., **24:** 200.
1970 *Triprion spatulatus spatulatus* — TRUEB, Univ. Kansas Publ. Mus. nat. Hist., Lawrence, **18:** 602.

Range: Pacific lowlands of Sinaloa, México.

Triprion spatulatus reticulatus (TAYLOR)

1942 *Diaglena reticulata* TAYLOR, Univ. Kansas sci. Bull., Lawrence, **28:** 60. — Terra typica: Cerro Arenal, Oaxaca, México. — Holotype: U.S.N.M. no. 115500.
1968 *Diaglena spatulata reticulata* — DUELLMAN, Herpetologica, Chicago etc., **24:** 200.
1970 *Triprion spatulatus reticulatus* — TRUEB, Univ. Kansas Publ. Mus. nat. Hist., Lawrence, **18:** 602.

Range: Pacific lowlands of southwestern México (Colima to Oaxaca).

Family Centrolenidae TAYLOR

Centrolene JIMÉNEZ DE LA ESPADA

1872 *Centrolene* JIMÉNEZ DE LA ESPADA, Anal. Soc. Hispaniola Hist. Nat., Madrid, **1:** 87. — Species typica (by monotypy): *Centrolene geckoideum* JIMÉNEZ DE LA ESPADA, 1872.

Range: Andean slopes of Colombia and Ecuador.

Centrolene geckoideum Jiménez de la Espada

1872 *Centrolene geckoideum* Jiménez de la Espada, Anal. soc. Hispaniola Hist. Nat., Madrid, **1:** 87. — Terra typica: "Río Napo," Ecuador. — Holotype: Formerly in M.N.C.N.; now lost.
1882 *Centrolene geckoideum* — Boulenger, Cat. Batr. Sal. Brit. Mus. (Nat. Hist.), London: 188.
1923 *Centrolene geckoideum* — Nieden, Das Tierreich, Berlin, **46:** 369.

Discussion: Goin (1964).

Range: Andean slopes of Colombia and Ecuador.

Centrolenella Noble

1920 *Centrolenella* Noble, Bull. Amer. Mus. nat. Hist., New York, **42:** 441. — Species typica (by original designation): *Centrolenella antioquiensis* Noble, 1920.
1951 *Cochranella* Taylor, Proc. biol. Soc. Washington, **64:** 34. — Species typica (by original designation): *Centrolenella granulosa* Taylor, 1949.
1951 *Teratohyla* Taylor, Proc. biol. Soc. Washington, **64:** 35. — Species typica (by original designation): *Centrolenella spinosa* Taylor, 1949.

Discussion: Goin (1964), Savage (1967), Lynch & Duellman (1973).

Range: Tropical America from Guerrero and Veracruz, México to Perú and northeastern Argentina, with a large hiatus in the lower Amazon Basin.

Centrolenella albomaculata Taylor

1949 *Centrolenella albomaculata* Taylor, Univ. Kansas Sci. Bull., Lawrence, **33:** 267. — Terra typica: Los Diamantes, 1 km. east of Guápiles, Provincia Limón, Costa Rica. — Holotype: K.U. no. 23814.
1951 *Cochranella albomaculata* — Taylor, Proc. biol. Soc. Washington, **64:** 35.
1967 *Centrolenella albomaculata* — Savage, Copeia, New York etc., **1967** (2): 328.

Range: Caribbean slopes of Costa Rica and Pacific slopes of Costa Rica and Panamá.

Centrolenella albotunica (Taylor & Cochran)

1953 *Cochranella albotunica* Taylor & Cochran, Univ. Kansas Sci. Bull., Lawrence, **35:** 1648. — Terra typica: Serra da Bocaina, Rio de Janeiro, Brasil. — Holotype: U.S.N.M. no. 96559.
1973 *Centrolenella albotunica* — Lynch & Duellman, Occas. Pap. Mus. nat. Hist. Univ. Kansas, Lawrence, **16:** 63.

Range: Highlands of southeastern Brasil from Rio de Janeiro to São Paulo.

Centrolenella altitudinalis Rivero

1968 *Centrolenella altitudinalis* Rivero, Mem. Soc. Cien. nat. La Salle, Caracas,

28: 319. — T e r r a t y p i c a: Quebrada near Río Albarregas, 2400 m., Estado Mérida, Venezuela. — H o l o t y p e: M.C. Z. no. 72500.

R a n g e: Type locality (Mérida, Venezuela).

Centrolenella andina RIVERO

1968 *Centrolenella andina* RIVERO, Mem. Soc. Cienc. nat. La Salle, Caracas, **28:** 317. — T e r r a t y p i c a: La Azulita, 1.050 m., Estado Mérida, Venezuela. — H o l o t y p e: M.C.Z. no. 72502.

R a n g e: Northern slopes of Mérida Andes, western Venezuela.

Centrolenella anomala LYNCH & DUELLMAN

1973 *Centrolenella anomala* LYNCH & DUELLMAN, Occas. Pap. Mus. nat. Hist. Univ. Kansas, Lawrence, **16:** 14. — T e r r a t y p i c a: Río Azuela, 1740 m., Quito-Lago Agrio road, Provincia Napo, Ecuador. — H o l o - t y p e: K.U. no. 143299.

R a n g e: Type locality (Napo, Ecuador).

Centrolenella antioquiensis NOBLE

1920 *Centrolenella antioquiensis* NOBLE, Bull. Amer. Mus. nat. Hist., New York, **42:** 444. — T e r r a t y p i c a: Santa Rita Creek, 14 mi. north of Mesopotamia, Departamento Antioquia, Colombia. — H o l o t y p e: A.M.N.H. no. 1354.

1931 *Centrolene antioquiensis* — DUNN, Occas. Pap. Boston Soc. nat. Hist., **5:** 399.

1964 *Centrolenella antioquiensis* — GOIN, Herpetologica, Chicago etc., **20:** 6.

R a n g e: North-central Colombia.

Centrolenella antisthenesi GOIN

1963 *Centrolenella antisthenesi* GOIN, Acta biol. Venezuela, Caracas, **3:** 283. — T e r r a t y p i c a: Parque Nacional de Rancho Grande, Estado Aragua, Venezuela. — H o l o t y p e: M.B.U.C.V. no. 4033.

1967 *Centrolene antisthenesi* — RIVERO, Mem. Soc. Cien. nat. La Salle, Caracas, **27:** 8.

1968 *Centrolenella antisthenesi* — RIVERO, Mem. Soc. Cien. nat. La Salle, Caracas, **28:** 311.

R a n g e: Cordillera de la Costa, northern Venezuela.

Centrolenella audax LYNCH & DUELLMAN

1973 *Centrolenella audax* LYNCH & DUELLMAN, Occas. Pap. Mus. nat. Hist. Univ. Kansas, Lawrence, **16:** 16. — T e r r a t y p i c a: Salto de Agua, 2.5 km. north-northeast of the Río Reventador, 1660 m., Quito-Lago Agrio road, Provincia Napo, Ecuador. — H o l o t y p e: K.U. no. 146624.

R a n g e: Amazonian slopes of Andes in Napo Province, Ecuador.

Centrolenella bokermanni (TAYLOR & COCHRAN)

New Combination

1953 *Cochranella bokermanni* TAYLOR & COCHRAN, Univ. Kansas Sci. Bull., Lawrence, **35:** 1641. — Terra typica: Itatiaia, Rio de Janeiro, Brasil. — Holotype: M.Z.U.S P no. 328.

Range: Type locality (Rio de Janeiro, Brasil).

Centrolenella buckleyi (BOULENGER)

1882 *Hylella buckleyi* BOULENGER, Cat. Batr. Sal. Brit. Mus. (Nat. Hist.), London: 420. — Terra typica: Intac and "Paitanga" (= Pallatanga), Ecuador. — Syntypes: B.M.N.H. nos. 78. 1. 25. 16 (Intac), 80. 12. 5. 201 (Pallatanga).

Range: Andes from western Venezuela to southern Ecuador.

Centrolenella buckleyi buckleyi (BOULENGER)

1882 *Hylella buckleyi* BOULENGER, Cat. Batr. Sal. Brit. Mus. (Nat. Hist.), London: 420. — Terra typica: Intac and "Paitanga" (= Pallatanga, Ecuador. (Syntypes: B.M.N.H. nos. 78. 1. 25. 16 (Intac), 80. 12. 5. 201 (Pallatanga).

1923 *Hyla purpurea* NIEDEN (nomen novum pro *Hyla buckleyi*), Das Tierreich, Berlin, **46:** 267.

1951 *Cochranella buckleyi* — TAYLOR, Proc. biol. Soc. Washington, **64:** 35.

1964 *Centrolenella buckleyi* — GOIN, Herpetologica, Chicago etc., **20:** 6.

1968 *Centrolenella buckleyi* (*buckleyi* by fiat) — RIVERO, Mem. Soc. Cien. nat. La Salle, Caracas, **28:** 323.

Range: Andes of Colombia and Ecuador.

Centrolenella buckleyi venezuelensis RIVERO

1968 *Centrolenella buckleyi venezuelensis* RIVERO, Mem. Soc. Cien. nat. La Salle, Caracas, **28:** 323. — Terra typica: Valle de la Culata, 2700 m., Estado Mérida, Venezuela. — Holotype: M.C.Z. no. 75503.

Range: Mérida Andes, western Venezuela.

Centrolenella chirripoi (TAYLOR)

1958 *Cochranella chirripoi* TAYLOR, Univ. Kansas Sci. Bull., Lawrence, **39:** 59. — Terra typica: Cocales Creek, Suretka, Provincia Limón, Costa Rica. — Holotype: K.U. no. 36865.

1967 *Centrolenella chirripoi* — SAVAGE, Copeia, New York etc., **1967** (2): 328.

Range: Type locality (Limón, Costa Rica).

Centrolenella cochranae (GOIN)

1961 *Cochranella cochranae* GOIN, Zool. Anz., Leipzig, **166:** 97. — Terra typica: El Topo, Provincia Tungurahua, Ecuador. — Holotype: B.M.N.H. no. 1912. 11. 1. 68.

1964 *Centrolenella cochranae* — GOIN, Herpetologica, Chicago etc., **20:** 6.

R a n g e: Lower Amazonian slopes of Andes in Ecuador.

Centrolenella colymbiphyllum TAYLOR

1949 *Centrolenella colymbiphyllum* TAYLOR, Univ. Kansas Sci. Bull., Lawrence, **33:** 262. — T e r r a t y p i c a: Isla Bonita, Provincia Heredia, Costa Rica. — H o l o t y p e: K.U. no. 23812.
1951 *Cochranella colymbiphyllum* — TAYLOR, Proc. biol. Soc. Washington, **64:** 34.
1967 *Centrolenella colymbiphyllum* — SAVAGE, Copeia, New York etc., **1967** (2): 328.

R a n g e: Central and southeastern Costa Rica.

Centrolenella delicatissima (TAYLOR & COCHRAN)

New Combination

1953 *Cochranella delicatissima* TAYLOR & COCHRAN, Univ. Kansas Sci. Bull., Lawrence, **35:** 1640. — T e r r a t y p i c a: Angra dos Reis, Rio de Janeiro, Brasil. — H o l o t y p e: U.S.N.M. no. 96481.

R a n g e: Type locality (Rio de Janeiro, Brasil).

Centrolenella divaricans (TAYLOR & COCHRAN)

New Combination

1953 *Cochranella divaricans* TAYLOR & COCHRAN, Univ. Kansas Sci. Bull., Lawrence, **35:** 1643. — T e r r a t y p i c a: Serra da Bocaina, Rio de Janeiro, Brasil. — H o l o t y p e: U.S.N.M. no. 96562.

R a n g e: Type locality (Rio de Janeiro, Brasil).

Centrolenella dubia (TAYLOR & COCHRAN)

New Combination

1953 *Cochranella dubia* TAYLOR & COCHRAN, Univ. Kansas Sci. Bull., Lawrence, **35:** 1644. — T e r r a t y p i c a: Serra da Bocaina, Rio de Janeiro, Brasil. — H o l o t y p e: U.S.N.M. no. 96722.

R a n g e: Type locality (Rio de Janeiro, Brasil).

Centrolenella estevesi RIVERO

1968 *Centrolenella estevesi* RIVERO, Mem. Soc. Cien. nat. La Salle, Caracas, **28:** 314. — T e r r a t y p i c a: Quebrada near Río Albarregas, 2400 m., Estado Mérida, Venezuela. — H o l o t y p e: M.C.Z. no. 72498.

R a n g e: Mérida Andes, western Venezuela.

Centrolenella euknemos SAVAGE & STARRETT

1967 *Centrolenella euknemos* SAVAGE & STARRETT, Copeia, New York etc., **1967**

(3): 604. — T e r r a t y p i c a: 1.5 km south of Alto La Palma, Provincia San José, Costa Rica. — H o l o t y p e: L.A.C.M. no. 26764.

R a n g e: Costa Rica and Panamá.

Centrolenella eurygnatha (A. Lutz)

1925 *Hyla (Hylella) eurygnatha* A. Lutz, Compt. Rend. Mem. Soc. Biol., Paris, **93:** 137. — T e r r a t y p i c a: Serra da Bocaina, Rio de Janeiro, Brasil. — S y n t y p e s: A.L.—M.N.R.J. nos. 973—5.
1947 *Centrolenella eurygnatha* — B. Lutz, Copeia, New York etc., **1947** (4): 243.
1953 *Cochranella eurygnatha* — Taylor & Cochran, Univ. Kansas Sci. Bull., Lawrence, **35:** 1633.
1954 *Centrolenella eurygnatha* — Lutz, Mem. Inst. Oswaldo Cruz, Rio de Janeiro, **52:** 159.

R a n g e: Highlands of southeastern Brasil southwestward of Rio de Janeiro.

Centrolenella flavopunctata Lynch & Duellman

1973 *Centrolenella flavopunctata* Lynch & Duellman, Occas. Papers Mus. Nat. Hist., Univ. Kansas, Lawrence, **16:** 25. — T e r r a t y p i c a: Mera, Provincia Pastaza, Ecuador. — H o l o t y p e: K.U. no. 121048.

R a n g e: Lower Amazonian slopes of Andes in Ecuador.

Centrolenella fleischmanni (Boettger)

1893 *Hylella fleischmanni* Boettger, Ber. naturf. Ges., Frankfurt-a.-M., **1892—1893** (1893): 251. — T e r r a t y p i c a: San José, Provincia San José, Costa Rica. — H o l o t y p e: S.M.F. no. 3760.
1894 *Hylella chrysops* Cope, Proc. Acad. nat. Sci. Philadelphia, **34:** 196. — T e r r a t y p i c a: Alajuela and San José, Costa Rica. — S y n t y p e s: Lost; neotype: S.M.F. no. 3760, designated by Starrett & Savage, 1973: 64. (Synonymy fide Nieden, 1923: 255).
1904 *Hylella cappellei* Lidth de Jeude, Notes Leiden Mus., **25:** 94. — T e r r a t y p i c a: Saramacca, Surinam. — H o l o t y p e: R.M.N.H. no. 4463. (Synonymy fide Goin, 1964: 1)
1923 *Hyla fleischmani* — Nieden, Das Tierreich, Berlin, **46**: 225.
1923 *Hyla cappellei* — Nieden, Das Tierreich, Berlin, **46**: 309.
1924 *Centrolenella fleischmanni* — Noble, Proc. biol. Soc. Washington, **37**: 67.
1926 *Centrolenella cappellei* Noble, Amer. Mus. Novit, New York, **212**: 18.
1942 *Centrolenella viridissima* Taylor, Univ. Kansas Sci. Bull., Lawrence, **28**: 74. — T e r r a t y p i c a: Agua del Obispo. Guerrero, Mexico. — H o l o - t y p e: F.M.N.H. no. 100093. (Synonymy fide Starrett & Savage, 1973: 64).
1951 *Cochranella chrysops* — Taylor, Proc. biol. Soc. Washington, **64:** 34.
1951 *Cochranella fleischmanni* — Taylor, Proc. biol. Soc. Washington, **64:** 34.
1951 *Cochranella viridissima* Taylor, Proc. biol. Soc. Washington, **64:** 34.
1958 *Cochranella decorata* Taylor, Univ. Kansas Sci. Bull., Lawrence, **39:** 50. — T e r r a t y p i c a: Hacienda La Florentina, 3 mi. west of Turrialba, Provincia Cartago, Costa Rica. — H o l o t y p e: K.U. no. 36896. (Synonymy fide Starrett & Savage, 1973: 64).

1958 *Cochranella millepunctata* TAYLOR, Univ. Kansas Sci. Bull., Lawrence, **39**: 53. — Terra typica: La Palma, Provincia San José, Costa Rica. — Holotype: K.U. no. 36887. (Synonymy fide STARRETT & SAVAGE, 1973: 64).
1961 *Cochranella petersi* GOIN, Zool. Anz., Leipzig, **166**: 96. — Terra typica: Río Durango, Provincia Esmeraldas, Ecuador. — Holotype: B.M.N.H. no. 1902. 5. 27. 24. (Synonymy fide LYNCH & DUELLMAN, 1973: 28).
1964 *Centrolenella fleischmanni* — GOIN, Herpetologica, Chicago etc., **20**: 1.
1964 *Centrolenella petersi* — GOIN, Herpetologica, Chicago etc., **20**: 6.
1967 *Centrolenella fleischmanni* — SAVAGE, Copeia, New York etc., **1967** (2): 328.
1973 *Centrolenella fleischmanni* — LYNCH & DUELLMAN, Occas. Pap. Mus. nat. Hist. Univ. Kansas, Lawrence, **16**: 28.
1973 *Centrolenella fleischmanni* — STARRETT & SAVAGE. Bull. South California Acad. Sci., Los Angeles, **72**: 63.

Discussion: LYNCH & DUELLMAN (1973), STARRETT & SAVAGE (1973).

Range: Guerrero and Veracruz, México to Surinam and Ecuador.

Centrolenella geijskesi GOIN

1966 *Centrolenella geijskesi* GOIN, Stud. Fauna Surinam..., The Hague, **8**: 77. — Terra typica: South slope of Wilhelmina Mtns., 200 m., Nickerie, Surinam. — Holotype: R.M.N.H. no. 11041.

Range: Type locality (Surinam).

Centrolenella grandisonae COCHRAN & GOIN

1970 *Centrolenella grandisonae* COCHRAN & GOIN, Bull. U.S. nation. Mus., Washington, **288**: 513. — Terra typica: Pueblo Rico, Departamento Caldas, Colombia. — Holotype: B.M.N.H. no. 1910. 7. 11. 68.

Range: Pacific slopes of Andes in southern Colombia and Ecuador.

Centrolenella granulosa TAYLOR

1949 *Centrolenella granulosa* TAYLOR, Univ. Kansas Sci. Bull., Lawrence, **33**: 265. — Terra typica: Los Diamantes, 1 km. east of Guápiles, Provincia Limón, Costa Rica. — Holotype: F.M.N.H. no. 178269.
1951 *Cochranella granulosa* — TAYLOR, Proc. biol. Soc. Washington, **64**: 34.
1967 *Centrolenella granulosa* — SAVAGE, Copeia, New York etc., **1967** (2): 328.

Range: Caribbean and Pacific slopes of lowlands of Costa Rica.

Centrolenella griffithsi (GOIN)

1961 *Cochranella griffithsi* GOIN, Zool. Anz., Leipzig, **166**: 97. — Terra typica: Río Saloya, Provincia Pichincha, Ecuador. — Holotype: B.M.N.H. no. 1940. 2. 20. 4.
1964 *Centrolenella griffithsi* — GOIN, Herpetologica, Chicago etc., **20**: 6.

Range: Pacific slopes of Andes in southern Colombia and Ecuador.

Centrolenella ilex SAVAGE

1967 *Centrolenella ilex* SAVAGE, Copeia New York etc., **1967** (2): 326. — Terra typica: 16 km. southwest of Amburi, Río Lara, 300 m., Provincia Limón, Costa Rica. — Holotype: L.A.C.M. no. 25205.

Range: Caribbean slopes of Costa Rica and Panamá, and Pacific slopes of Colombia.

Centrolenella johnelsi COCHRAN & GOIN

1970 *Centrolenella johnelsi* COCHRAN & GOIN, Bull. U.S. nation. Mus., Washington, **288:** 515. — Terra typica: San Pedro, north of Medellín, Departamento Antioquia, Colombia. — Holotype: M.L.S. no. 432.

Range: Type locality (Antioquia, Colombia).

Centrolenella lutzorum (TAYLOR & COCHRAN)

New Combination

1953 *Cochranella lutzorum* TAYLOR & COCHRAN, Univ. Kansas Sci. Bull., Lawrence, **35:** 1638. — Terra typica: Petrópolis, Rio de Janeiro, Brasil. — Holotype: U.S.N.M. no. 101134.

Range: Type locality (Rio de Janeiro, Brasil).

Centrolenella medemi COCHRAN & GOIN

1970 *Centrolenella medemi* COCHRAN & GOIN, Bull. U.S. nation. Mus., Washington, **288:** 511. — Terra typica: Puerto Asís, Comisaría Putumayo, Colombia. — Holotype: U.S.N.M. no. 152277.

Range: Type locality (Putumayo, Colombia).

Centrolenella megacheira LYNCH & DUELLMAN

1973 *Centrolenella megacheira* LYNCH & DUELLMAN, Occas. Pap. Mus. nat. Hist. Univ. Kansas, Lawrence, **16:** 36. — Terra typica: 16.5 km. north-northeast of Santa Rosa, 1700 m., Quito-Lago Agrio road, Provincia Napo, Ecuador. — Holotype: K.U. no. 143245.

Range: Amazonian slopes of Andes in Napo Province, Ecuador.

Centrolenella midas LYNCH & DUELLMAN

1973 *Centrolenella midas* LYNCH & DUELLMAN, Occas. Pap. Mus. nat. Hist. Univ. Kansas, Lawrence, **16:** 38. — Terra typica: Santa Cecilia, 340 m., Provincia Napo, Ecuador. — Holotype: K.U. no. 123219.

Range: Amazon Basin in northeastern Ecuador.

Centrolenella munozorum LYNCH & DUELLMAN

1973 *Centrolenella munozorum* LYNCH & DUELLMAN, Occas. Pap. Mus. nat.

Hist. Univ. Kansas, **16:** 40. — T e r r a t y p i c a: Santa Cecilia, 340 m., Provincia Napo, Ecuador. — H o l o t y p e: K.U. no. 118054.

R a n g e: Upper Amazon Basin in Ecuador and southern Colombia.

Centrolenella ocellata (Boulenger)

1918 *Hylella ocellata* Boulenger, Ann. Mag. nat. Hist., London, (9) **2:** 433. — T e r r a t y p i c a: Huancabamba, Departamento Pasco, Perú. — H o l o t y p e: B.M.N.H. no. 1912. 11. 1. 19.
1953 *Cochranella ocellata* — Taylor & Cochran, Univ. Kansas Sci. Bull., Lawrence, **35:** 1628.
1964 *Centrolenella ocellata* — Goin, Herpetologica, Chicago etc., **20:** 6.

R a n g e: Amazonian slopes of Andes in central Perú.

Centrolenella ocellifera (Boulenger)

1899 *Hyla ocellifera* Boulenger, Ann. Mag. nat. Hist., London, (7) **3:** 277. — T e r r a t y p i c a: Paramba, Provincia Imbabura, Ecuador. — H o l o t y p e: B.M.N.H. no. 98. 5. 19. 3.
1923 *Hyla ocellifera* — Nieden, Das Tierreich, Berlin, **46:** 269.
1951 *Cochranella ocellifera* — Taylor, Proc. Biol. Soc. Washington, **64:** 35.
1964 *Centrolenella ocellifera* — Goin, Herpetologica, Chicago etc., **20:** 6.

R a n g e: Pacific slopes of Andes in Ecuador.

Centrolenella orientalis Rivero

1968 *Centrolenella orientalis* Rivero, Mem. Soc. Cien. nat. La Salle, Caracas, **28:** 308. — T e r r a t y p i c a: Cerro Turumiquire, 1200 m., Estados Sucre-Monagas, Venezuela. — H o l o t y p e: M.C.Z. no. 72497.

R a n g e: Mountains of northeastern Venezuela and Tobago.

Centrolenella orocostalis Rivero

1968 *Centrolenella orocostalis* Rivero, Mem. Soc. Cien. nat. La Salle, Caracas, **28:** 305. — T e r r a t y p i c a: Cerro Platillón (Hacienda Picachitos), 1200 m., Cordillera del Interior, Estado Guárico, Venezuela. — H o l o t y p e: M.C.Z. no. 47501.

R a n g e: Cordillera del Interior and Cordillera de la Costa, northcentral Venezuela.

Centrolenella parvula (Boulenger)

New Combination

1894 *Hylella parvula* Boulenger, Proc. Zool. Soc. London, **1894:** 646. — T e r r a t y p i c a: Lages and Teresópolis, Santa Catarina, Brasil. — S y n t y p e s: B.M.N.H. nos. 88. 2. 7. 32 (Lages), 93. 12. 22. 16 (Teresópolis).
1923 *Hyla parvula* — Nieden, Das Tierreich, Berlin, **46:** 297.

1953 *Cochranella parvula* — TAYLOR & COCHRAN, Univ. Kansas Sci. Bull., Lawrence, **35:** 1650.

Range: Santa Catarina, southeastern Brasil.

Centrolenella pellucida LYNCH & DUELLMAN

1973 *Centrolenella pellucida* LYNCH & DUELLMAN, Occas. Pap. Mus. nat. Hist. Univ. Kansas, Lawrence, **16:** 43. — Terra typica: Río Azuela, 1740 m., Quito-Lago Agrio road, Provincia Napo, Ecuador. — Holotype: K.U. no. 143298.

Range: Type locality (Napo, Ecuador).

Centrolenella peristicta LYNCH & DUELLMAN

1973 *Centrolenella peristicta* LYNCH & DUELLMAN, Occas. Pap. Mus. nat. His. Univ. Kansas, Lawrence, **16:** 45. — Terra typica: Tandapi, 1460 m., Provincia Pichincha, Ecuador. — Holotype: K.U. no. 118051.

Range: Type locality (Pichincha, Ecuador).

Centrolenella petropolitana (TAYLOR & COCHRAN)

New Combination

1953 *Cochranella petropolitana* TAYLOR & COCHRAN, Univ. Kansas Sci. Bull., Lawrence, **35:** 1637. — Terra typica: Petrópolis, Rio de Janeiro, Brasil. — Holotype: U.S.N.M. no. 101135.

Range: Type locality (Rio de Janeiro, Brasil).

Centrolenella pipilata LYNCH & DUELLMAN

1973 *Centrolenella pipilata* LYNCH & DUELLMAN, Occas. Pap. Mus. nat. Hist. Univ. Kansas, Lawrence, **16:** 46. — Terra typica: 16.5 km. north-northeast of Santa Rosa, 1700 m., Quito-Lago Agrio road, Provincia Napo, Ecuador. — Holotype: K.U. no. 143278.

Range: Amazonian slopes of Andes in Napo Province, Ecuador.

Centrolenella prosoblepon (BOETTGER)

1892 *Hyla prosoblepon* BOETTGER, Kat. Batr.-Samml. Mus. senckenberg. naturf. Ges., Frankfurt-a.-M.: 45. — Terra typica: "Plantago Cairo" (= La Junta), near Limón, Costa Rica. — Syntypes: S.M.F. no. 3756, Z.M.B. no. 28019.

1896 *Hylella puncticrus* BOULENGER, Ann. Mag. nat. Hist., London, (6) **18:** 431. — Terra typica: La Palma, Provincia San José, Costa Rica. — Syntypes: B.M.N.H. nos. 96. 10. 8. 70—71. (Synonymy fide GÜNTHER, 1901: 280).

1898 *Hyla parabambae* BOULENGER, Proc. zool. Soc. London, **1898:** 125. — Terra typica: Paramba, Provincia Imbabura, Ecuador. — Holotype: B.M.N.H. no. 98. 4. 28. 163. (Synonymy fide LYNCH & DUELLMAN, 1973: 49).

1901 *Hyla prosoblepon* — GÜNTHER, Biol. Centr. Amer., Rept. Batr., London: 280.
1923 *Hyla prosoblepon* — NIEDEN, Das Tierreich, Berlin, **46:** 256.
1923 *Hyla parabambae* — NIEDEN, Das Tierreich, Berlin, **46:** 265.
1924 *Centrolene prosoblepon* — NOBLE, Proc. biol. Soc. Washington, **37:** 66.
1933 *Centrolene parambae* DUNN (nomen emendatum), Occas. Pap. Boston Soc. nat. Hist., **8:** 73.
1951 *Cochranella parabambae* — TAYLOR, Proc. biol. Soc. Washington, **64:** 35.
1964 *Centrolenella prosoblepon* — GOIN, Herpetologica, Chicago etc., **20:** 5.
1964 *Centrolenella parabambae* — GOIN, Herpetologica, Chicago etc., **20:** 6.
1973 *Centrolenella prosoblepon* — LYNCH & DUELLMAN, Occas. Pap. Mus. nat. Hist. Univ. Kansas, Lawrence, **16:** 49.

Discussion: LYNCH & DUELLMAN (1973).

Range: Costa Rica, Panamá, and Pacific slopes of Colombia and Ecuador.

Centrolenella pulidoi RIVERO

1968 *Centrolenella pulidoi* RIVERO, Mem. Soc. Cien. nat. La Salle, Caracas, **28:** 312. — Terra typica: Monte Duida, 2000 ft., Territorio Amazonas, Venezuela. — Holotype: M.C.Z. no. 72499.

Range: Type locality (Territorio Amazonas, Venezuela).

Centrolenella pulverata (PETERS)

1873 *Hyla pulverata* PETERS, M.Ber. k. preuss. Akad. Wiss. Berlin, **1873:** 614. — Terra typica: "Chiriquí," Panamá. — Holotype: Z.M.B. no. 7842.
1881 *Hyla pulverulata* BROCCHI (nomen emendatum), Miss. Scient. Mexique Amer.-Centr., Paris, 3: 41.
1882 *Hyla pulverata* — BOULENGER. Cat. Batr. Sal. Brit. Mus. (Nat. Hist.), London: 386.
1923 *Hyla pulverata* — NIEDEN, Das Tierreich, Berlin, **46:** 258.
1931 *Centrolene pulveratum* — DUNN, Occas. Pap. Boston Soc. nat. Hist., **5:** 393.
1949 *Centrolenella pulveratum* — TAYLOR, Univ. Kansas Sci. Bull., Lawrence, **33:** 258.
1951 *Cochranella pulverata* — TAYLOR, Proc. biol. Soc. Washington, **64:** 35.
1967 *Centrolenella pulverata* — SAVAGE, Copeia, New York etc., **1967** (2): 328.

Range: Caribbean and Pacific slopes and lowlands in Nicaragua, Costa Rica, and Panamá.

Centrolenella resplendens LYNCH & DUELLMAN

1973 *Centrolenella resplendens* LYNCH & DUELLMAN, Occas. Pap. Mus. nat. Hist. Univ. Lawrence, **16:** 51. — Terra typica: Santa Cecilia, 340 m., Provincia Napo, Ecuador. — Holotype: K.U. no. 118053.

Range: Upper Amazon Basin in Ecuador and southern Colombia.

Centrolenella ritae (A. LUTZ & KLOSS)

New Combination

1952 *Centrolene ritae* A. LUTZ & KLOSS, Mem. Inst. Oswaldo Cruz, Rio de Janeiro, **50**: 658. — Terra typica: Benjamin Constant, Territorio do Amazonas, Brasil. — Holotype: Formerly in M.N.R.J.; destroyed.

Range: Type locality (Territorio do Amazonas, Brasil).

Centrolenella siren LYNCH & DUELLMAN

1973 *Centrolenella siren* LYNCH & DUELLMAN, Occas. Pap. Mus. nat. Hist. Univ. Kansas, Lawrence, **16**: 54. — Terra typica: Tributary of Río Salado, about 1 km. upstream from Río Coca, 1410 m., Provincia Napo, Ecuador. — Holotype: K.U. no. 146610.

Range: Amazonian slopes of Andes in Napo Province, Ecuador.

Centrolenella spinosa TAYLOR

1949 *Centrolenella spinosa* TAYLOR, Univ. Kansas Sci. Bull., Lawrence, **33**: 259. — Terra typica: Los Diamantes, 1 km. east of Guápiles, Provincia Limón, Costa Rica. — Holotype: K.U. no. 23809.
1951 *Teratohyla spinosa* — TAYLOR, Proc. biol. Soc. Washington, **64**: 35.
1967 *Centrolenella spinosa* — SAVAGE, Copeia, New York etc., **1967** (2): 328.

Range: Caribbean slopes of Costa Rica and Pacific slopes from Costa Rica to Ecuador.

Centrolenella surda (TAYLOR & COCHRAN)

New Combination

1953 *Cochranella surda* TAYLOR & COCHRAN, Univ. Kansas Sci. Bull., Lawrence, **35**: 1630. — Terra typica: Passo Quatro, Minas Gerais, Brasil. — Holotype: U.S.N.M. no. 96916.

Range: Type locality (Minas Gerais, Brasil).

Centrolenella talamancae (TAYLOR)

1952 *Cochranella talamancae* TAYLOR, Univ. Kansas Sci. Bull., Lawrence, **35**: 781. — Terra typica: Moravia de Chirripó, Provincia Cartago, Costa Rica. — Holotype: K.U. no. 30887.
1967 *Centrolenella talamancae* — SAVAGE, Copeia, New York etc., **1967** (2): 328.

Range: Type locality (Cartago, Costa Rica).

Centrolenella taylori GOIN

1968 *Centrolenella taylori* GOIN, Quart. J. Florida Acad. Sci., Gainesville, **30**: 115. — Terra typica: New River, 750 ft., Guyana. — Holotype: B.M.N.H. no. 1939. 1. 1. 65.

Range: Southern Surinam and Guyana.

Centrolenella uranoscopa (Müller)

New Combination

1924 *Hyla (Hylella) uranoscopa* Müller, Zool. Anz., Leipzig, **59:** 234. — Terra typica: Humboldt, Santa Catarina, Brasil. — Holotype: Z.S.M. no. 81/1921.
1953 *Cochranella uranoscopa* — Taylor & Cochran, Univ. Kansas Sci. Bull., Lawrence, **35:** 1635.

Range: Type locality (Santa Catarina, Brasil).

Centrolenella valeroi (Dunn)

1931 *Centrolene valeroi* Dunn, Occas. Pap. Boston Soc. nat. Hist., **5:** 397. — Terra typica: La Palma, Provincia San José, Costa Rica. — Holotype: M.C.Z. no. 16003.
1949 *Centrolenella valeroi* — Taylor, Univ. Kansas Sci. Bull., Lawrence, **33:** 264.
1951 *Cochranella valeroi* — Taylor, Proc. biol. Soc. Washington, **64:** 35.
1958 *Cochranella reticulata* Taylor, Univ. Kansas Sci. Bull., Lawrence, **39:** 61. — Terra typica: Río Reventazon at Inter-American Institute of Agriculture, Provincia Cartago, Costa Rica. — Holotype: K.U. no. 32922. (Synonymy fide Starrett & Savage, 1973: 65).
1967 *Centrolenella valeroi* — Savage, Copeia, New York etc., **1967** (2): 328.
1973 *Centrolenella valeroi* — Starrett & Savage, Bull. South. California, Acad. Sci., Los Angeles, **72:** 65.

Range: Central Costa Rica to central Panamá.

Centrolenella vanzolinii (Taylor & Cochran)

1953 *Cochranella vanzolinii* Taylor & Cochran, Univ. Kansas Sci. Bull., Lawrence, **35:** 1646. — Terra typica: "Boracea, São Paulo" (= Estação Biológica de Boraceia, Salesópolis, São Paulo, Brasil, fide Bokermann, 1966, Lista anot. Local. Tipo Anf. Brasil., São Paulo: 28). — Holotype: M.Z.U.S.P. no. 2952.
1973 *Centrolenella vanzolinii* — Lynch & Duellman, Occas. Pap. Mus. nat. Hist. Univ. Kansas, Lawrence, **16:** 64.

Range: Highlands of southeastern Brasil from Rio de Janeiro to São Paulo.

Centrolenella vireovittata Starrett & Savage

1973 *Centrolenella vireovittata* Starrett & Savage, Bull. South. California Acad. Sci., Los Angeles, **72:** 66. — Terra typica: 0.5 km. northeast of Alfombra (16 km. southwest of San Isidro de El General), Provincia San José, Costa Rica. — Holotype: L.A.C.M. no. 75141.

Range: Type locality (San José, Costa Rica).

Family Pseudidae

Lysapsus Cope

1862 *Lysapsus* Cope, Proc. Acad. nat. Sci. Philadelphia, **14:** 155. — Species typica (by monotypy): *Lysapsus limellus* Cope, 1862.
1864 *Podonectes* Fitzinger in Steindachner, Verh. zool.-bot. Ges. Wien, **14:** 262. — Species typica (by monotypy): *Podonectes palmatus* Fitzinger, 1864 (= *Lysapsus limellus* Cope, 1862).
1867 *Lisapsus* Steindachner (lapsus pro *Lysapsus*), Reise Novara, Amphib., Wien: 50.

Discussion: Savage & Carvalho (1953) and Gallardo (1961).

Range: Tropical South America east of the Andes.

Lysapsus limellus Cope

1862 *Lysapsus limellum* Cope, Proc. Acad. nat. Sci. Philadelphia, **14:** 155. — Terra typica: Rió Curumba, Paraguay. — Holotype: Formerly Smithsonian Mus. no. 5494, now lost.
1863 *Pseudis brasiliensis* Wiegmann in Peters (nomen nudum), M.Ber. k. preuss. Akad. Wiss. Berlin, **1863:** 76.
1864 *Hyla quadrilineata* Natterer in Steinfachner (nomen nudum), Verh. zool. — bot. Ges. Wien, **14:** 262.
1864 *Podonectes palmatus* Fitzinger in Steindachner (nomen nudum), Verh. zool.-bot. Ges. Wien, **14:** 262.
1867 *Lisapsus limellum* Steindachner (lapsus pro *Lysapsus limellum*), Reise Novara, Amphib. Wien: 50.
1882 *Pseudis limellum* — Boulenger (partim), Cat. Batr. Sal. Brit. Mus. (Nat. Hist.), London: 187.
1923 *Pseudis limellum* — Nieden (partim), Das Tierreich, Berlin, **46:** 367.
1953 *Lysapsus limellus* — Savage & Carvalho, Zoologica, New York, **38:** 194.

Range: Guianas and northern Brasil, central and southern Brasil, Paraguay, northern Argentina and eastern Bolivia.

Lysapsus limellus limellus Cope

1862 *Lysapsus limellum* Cope, Proc. Acad. nat. Sci. Philadelphia, **14:** 155. — Terra typica: Río Curumba, Paraguay. — Holotype: Formerly Smithsonian Mus. no. 5494; now lost.
1863 *Pseudis brasiliensis* Wiegmann in Peters (nomen nudum), M.Ber. k. preuss. Akad. Wiss. Berlin, **1863:** 76.
1864 *Hyla quadrilineata* Natterer in Steindachner (nomen nudum), Verh. zool.-bot. Ges. Wien **14:** 262.
1864 *Podonectes palmatus* Fitzinger in Steindachner (nomen nudum), Verh. zool.-bot. Ges. Wien, **14:** 262.
1867 *Lisapsus limellum* Steindachner (lapsus pro *Lysapsus limellum*), Reise Novara, Amphib. Wien: 50.

1961 *Lysapsus limellus limellus* — GALLARDO, Bull. Mus. comp. Zool., Cambridge, (Massachusetts), **125:** 126.

Range: Paraná and Paraguay river systems in northeastern Argentina, Paraguay, and Mato Grosso, Brasil.

Lysapsus limellus bolivianus GALLARDO

1961 *Lysapsus limellus bolivianus* GALLARDO, Bull. Mus. comp. Zool., Cambridge (Massachusetts), **125:** 127. — Terra typica: Reyes, Departamento Beni, Bolivia. — Holotype: M.C.Z. no. 17493.

Range: Beni river drainage in northeastern Bolivia.

Lysapsus limellus caraya GALLARDO

1964 *Lysapsus limellus caraya* GALLARDO, Acta zool. Lilloana, Tucumán, **20:** 194. — Terra typica: Mato Verde, Ilha do Bananal, Goiás, Brasil. — Holotype: M.Z.U.S.P. no. 3984.

Range: Type locality (Goiás, Brasil).

Lysapsus limellus laevis (PARKER)

1935 *Pseudis laevis* PARKER, Proc. zool. Soc. London, **1935:** 510. — Terra typica: Rupununi Savana, Guyana. — Holotype: B.M.N.H. no. 1947. 2. 25. 85.
1953 *Lysapsus laevis* — SAVAGE & CARVALHO, Zoologica, New York, **38:** 197.
1961 *Lysapsus limellus laevis* — GALLARDO, Bull. Mus. comp. Zool., Cambridge (Massachusetts), **125:** 128.

Range: Guyana and northern Brasil (Rio Branco and Pará).

Lysapsus mantidactylus (COPE)

1862 *Pseudis mantidactyla* COPE, Proc. Acad. nat. Sci. Philadelphia, **14:** 352. — Terra typica: Buenos Aires, Argentina. — Holotype: formerly in A.N.S.P.; now lost.
1882 *Pseudis mantidactyla* — BOULENGER, Cat. Batr. Sal. Brit. Mus. (Nat. Hist.), London: 187.
1923 *Pseudis mantidactyla* — NIEDEN, Das Tierreich, Berlin, **46:** 367.
1926 *Pseudis meridionalis* MIRANDA—RIBEIRO, Arch. Mus. nacion., Rio de Janeiro, **27:** 27. — Terra typica: Probably Torres, Rio Grande do Sul, Brasil. — Holotype: M.N.R.J. no. 81. (Synonymy fide BOKERMANN, 1966: 87).
1953 *Pseudis paradoxus* — SAVAGE & CARVALHO (partim), Zoologica, New York, **38:** 193.
1961 *Lysapsus mantidactylus* — GALLARDO, Bull. Mus. comp. Zool., Cambridge (Massachusetts), **125:** 124.
1966 *Lysapsus mantidactylus* — BOKERMANN, Lista anot. Local. Tipo Anfib Brasil., São Paulo: 87.

Range: Northeastern Argentina, Uruguay, and extreme southeastern Brasil (Rio Grande do Sul).

Pseudis WAGLER

1830 *Pseudis* WAGLER, Natürl. Syst. Amphib., München: 203. — Species typica (by monotypy): *Rana paradoxa* LINNAEUS, 1758.
1876 *Batrachychthys* PIZARRO, Arch. Mus. nacion., Rio de Janeiro, **1:** 34. — Species typica: not designated, based on larva of *Pseudis paradoxus* (LINNAEUS).

Discussion: SAVAGE & CARVALHO (1953) and GALLARDO (1961).

Range: Guyanas, northeastern Venezuela, Trinidad, and southern Brasil, Paraguay, eastern Bolivia, northeastern Argentina, and Uruguay.

Pseudis minutus GÜNTHER

1859 *Pseudis minuta* GÜNTHER, Cat. Batr. Sal. Brit. Mus. (Nat. Hist.), London: 6. — Terra typica: "South America." — Holotype: B.M.N.H. no. 1947. 2. 25. 96.
1882 *Pseudis minuta* — BOULENGER, Cat. Batr. Sal. Brit. Mus. (Nat. Hist.), London: 187.
1923 *Pseudis minuta* — NIEDEN, Das Tierreich, Berlin, **46:** 366.
1961 *Pseudis minutus* — GALLARDO, Bull. Mus. comp. Zool., Cambridge (Massachusetts), **125:** 130.

Range: Unknown.

Pseudis paradoxus (LINNAEUS)

1758 *Rana paradoxa* LINNAEUS, Syst. Nat., Ed. 10, Uppsala: 212. — Terra typica: "Surinam." — Syntypes: N.H.R.M. nos. 144—148.
1765 *Rana piscatrix* FERMIN, (? nomen substitutum pro *Rana paradoxa*), Hist. nat. Hollande Equinox., Amsterdam: 15.
1768 *Proteus ranius* LAURENTI (nomen substitutum pro *Rana paradoxa*), Synops. Rept., Wien: 36.
1830 *Pseudis paradoxa* — WAGLER, Natürl. Syst. Amphib., München: 203.
1841 *Pseudis merianae* DUMÉRIL & BIBRON (nomen substitutum pro *Pseudis paradoxa*), Erpétol. gén., Paris, **8:** 330.
1876 *Batrachychthys* [*paradoxa*] — PIZARRO, Arch. Mus. nacion., Rio de Janeiro, **1:** 31.
1882 *Pseudis paradoxa* — BOULENGER, Cat. Batr. Sal. Brit. Mus. (Nat. Hist.), London: 186.
1923 *Pseudis paradoxa* — NIEDEN, Das Tierreich, Berlin, **46:** 365.
1961 *Pseudis paradoxus* — GALLARDO, Bull. Mus. comp. Zool., Cambridge (Massachusetts), **125:** 112.

Range: Guyanas, northeastern Venezuela, Trinidad, central and southern Brasil, Paraguay, eastern Bolivia, northeastern Argentina, and Uruguay.

Pseudis paradoxus paradoxus (LINNAEUS)

1758 *Rana paradoxa* LINNAEUS, Syst. Nat., Ed. 10, Uppsala: 212. — Terra typica: "Surinam". — Syntypes: N.H.R.M. nos. 144—148.
1765 *Rana piscatrix* FERMIN (? nomen substitutum pro *Rana paradoxa*), Hist. nat. Hollande Equinox., Amsterdam: 15.

1768 *Proteus ranius* LAURENTI (nomen substitutum pro *Rana paradoxa*), Synops. Rept., Wien: 36.
1830 *Pseudis paradoxa* — WAGLER, Natürl. Syst. Amphib., München: 203.
1841 *Pseudis merianae* DUMÉRIL & BIBRON (nomen substitutum pro *Pseudis paradoxa*), Erpétol. gén., Paris, **8**: 330.
1961 *Pseudis paradoxus paradoxus* — GALLARDO, Bull. Mus. comp. Zool., Cambridge (Massachusetts), **125**: 114.

Range: Surinam and Guyana.

Pseudis paradoxus bolbodactylus A. LUTZ

1925 *Pseudis bolbodactyla* A. LUTZ, Compt. Rend. Soc. Biol. Paris, **93**: 138. — Terra typica: Belo Horizonte and Lassance, Minas Gerais, Brasil. — Syntypes: A.L.—M.N.R.J. no. 850 (Belo Horizonte), U.S.N.M. no. 97022 (Lassance).
1961 *Pseudis paradoxus bolbodactylus* — GALLARDO, Bull. Mus. comp. Zool., Cambridge (Massachusetts), **125**: 117.

Range: Rio São Francisco, Minas Gerais, Brasil.

Pseudis paradoxus caribensis GALLARDO

1961 *Pseudis paradoxus caribensis* GALLARDO, Bull. Mus. comp. Zool. Cambridge (Massachusetts), **125**: 116. — Terra typica: Mayaro Bay, Trinidad. — Holotype: M.C.Z. no. 19890.

Range: Trinidad and northeastern Venezuela.

Pseudis paradoxus fuscus GARMAN

1883 *Pseudis fusca* GARMAN, Sci. Observ., Boston, **4**: 47. — Terra typica: Rio Arassuaí, Diamantina, Minas Gerais, Brasil. — Syntypes: M.C.Z. no. 1872 (2 specimens).
1923 *Pseudis fusca* — NIEDEN, Das Tierreich, Berlin, **46**: 366.
1961 *Pseudis paradoxus fuscus* — GALLARDO, Bull. Mus. comp. Zool., Cambridge (Massachusetts), **125**: 118.

Range: Type locality (Minas Gerais, Brasil).

Pseudis paradoxus nicefori COCHRAN & GOIN

1970 *Pseudis paradoxa nicefori* COCHRAN & GOIN, Bull. U.S. nation. Mus., Washington, **288**: 89. — Terra typica: Montería, Departamento Córdoba, Colombia. — Holotype: M.L.S. no. 443.

Range: Lower Río Magdalena valley, northern Colombia.

Pseudis paradoxus occidentalis GALLARDO

1961 *Pseudis paradoxus occidentalis* GALLARDO, Bull. Mus. comp. zool., Cambridge (Massachusetts), **125**: 122. — Terra typica: El Pailón, Departamento Santa Cruz, Bolivia. — Holotype: M.C.Z. no. 29961.

Range: Southeastern Bolivia and northwestern Argentina.

Pseudis paradoxus platensis GALLARDO

1961 *Pseudis paradoxus platensis* GALLARDO, Bul. Mus. comp. Zool., Cambridge (Massachusetts), **125:** 120. — Terra typica: Colonia Nueva Italia, Departamento Villeta, Paraguay. — Holotype: M.C.Z. no. 24808.

Range: Paraguay, northeastern Argentina, Uruguay, and Mato Grosso, Brasil.

Literature Cited

BARRIO, A. (1959): Las subespecies de *Hyla pulchella* DUMÉRIL y BIBRON (Anura: Hylidae). — Physis, Buenos Aires, 25: 115—128.

BOKERMANN, W. C. A. (1964): Dos nuevas especies de *Hyla* de Minas Gerais y notas sobre *Hyla alvarengai* BOK. (Amphibia, Salientia, Hylidae). — Neotropica, 10: 67—76.

— (1966a): O genero *Phyllodytes* WAGLER, 1830 (Anura, Hylidae). — An. Acad. Brasil. Cien., 38: 335—344.

— (1966b): Lista anotada das localidades tipo de anfibios Brasileiros. — São Paulo, 83 pp.

BOULENGER, G. A. (1882): Catalogue of the Batrachia Salientia s. Ecaudata in the collection of the British Museum (Natural History), Ed. 2. — London: xvi + 503 pp.

CALDWELL, J. (1974): A re-evaluation of the *Hyla bistincta* species group with descriptions of three new species. — Occas. Pap. Mus. nat. Hist. Univ. Kansas, Lawrence, 28: 1—37.

CARVALHO, A. L. de (1941): Notas sobre os generos *Corythomantis* BOULENGER e *Aparasphenodon* MIRANDA—RIBEIRO; Amphibia-Anura-Hylidae. — Pap. Avul. Dept. Zool., São Paulo, 1: 101—110.

COCHRAN, D. M. (1955): Frogs of southeastern Brazil. — Bull. U.S. nation. Mus., Washington, 206: xvi + 409 pp.

COCHRAN, D. M. & GOIN, C. J. (1970): Frogs of Colombia. — Bull. U.S. nation. Mus., Washington, 288: xii + 655 p.

COPLAND, S. J. (1957): Australian tree frogs of the genus *Hyla*. — Proc. Linn. Soc. New South Wales, Sydney, 82: 9—108.

CRESPO, E. G. (1973): Sur la position taxonomique des hylidés do Portugal (Amphibia: Salientia). Analyse sérologique et caractères métriques. — Arq. Mus. Bocage, Lisboa, (2) 3: 613—632.

DAUDIN, F. M. (1802): Histoire naturelle des rainettes, des grenouilles, et des crapauds. — Paris: 71 pp.

DUELLMAN, W. E. (1968a): The genera of phyllomedusine frogs (Anura: Hylidae). — Univ. Kansas Publ. Mus. nat. Hist., Lawrence, 18: 1—10.

— (1968b): The taxonomic status of some American hylid frogs. — Herpetologica, 24: 194—209.

— (1970a): Identity of the South American Hylid frog *Garbeana garbei*. — Copeia, 1970 (3): 534—538.

— (1970b): The hylid frogs of Middle America. — Monog. Mus. nat. Hist. Univ. Kansas, Lawrence, 1: xi + 753 pp.

— (1971a): A taxonomic review of South American hylid frogs, genus *Phrynohyas*. — Occas. Pap. Mus. nat. Hist. Univ. Kansas, Lawrence, 4: 1—21.

— (1971b): The identities of some Ecuadorian hylid frogs. — Herpetologica, 27: 212—227.

— (1971c): The nomenclatural status of the names *Hyla boans* (LINNAEUS) and *Hyla maxima* (LAURENTI) (Anura: Hylidae). — Herpetologica, 27: 397—405.

— (1972): A review of the Neotropical frogs of the *Hyla bogotensis* group. — Occas. Pap. Mus. nat. Hist. Univ. Kansas, Lawrence, 11: 1—31.

— (1974a): A systematic review of the marsupial frogs (Hylidae: *Gastrotheca*) of the Andes of Ecuador. — Occas. Pap. Mus. nat. Hist. Univ. Kansas, Lawrence, 22: 1—27.

— (1974b): A reassessment of the taxonomic status of some Neotropical hylid frogs. — Occas. Pap. Mus. nat. Hist. Univ. Kansas, Lawrence, 27: 1—27.

— (1974c): Taxonomic notes on *Phyllomedusa* (Anura: Hylidae) from the upper Amazon Basin. — Herpetologica, 30: 105—112.

DUELLMAN, W. E. & CRUMP, M. L. (1974): Speciation in frogs of the *Hyla parviceps* group in the upper Amazon

Basin. — Occas. Pap. Mus. nat. Hist. Univ. Kansas, Lawrence, 23: 1—40.

DUELLMAN, W. E. & T. H. FRITTS (1972): A taxonomic review of the southern Andean marsupial frogs (Hylidae: *Gastrotheca*). — Occas. Pap. Mus. nat. Hist. Univ. Kansas, Lawrence, 9: 1—37.

DUELLMAN, W. E. & TRUEB, L. (1966): Neotropical hylid frogs, genus Smilisca. — Univ. Kansas Publ. Mus. nat. Hist., Lawrence, 17: 281—375.

DUMÉRIL, A. M. C. & BIBRON, G. (1841): Erpétologie générale ou histoire naturelle complète des reptiles. Vol. 8. — Paris: 792 pp.

FUNKHOUSER, A. (1957): A review of the Neotropical tree-frogs of the genus *Phyllomedusa*. — Occas. Pap. nat. Hist. Mus. Stanford Univ., Stanford, 5: 1—89.

GALLARDO, J. M. (1961): On the species of Pseudidae (Amphibia, Anura). — Bull. Mus. Comp. Zool., Cambridge (Massachusetts), 125: 111—134.

GOIN, C. J. (1964): Distribution and synonymy of *Centrolenella fleischmanni* in northern South America. — Herpetologica, 20: 1—8.

GORHAM, S. W. (1974): Checklist of world amphibians. New Brunswick Mus., St. John: 172 pp.

GÜNTHER, A. L. C. (1859): Catalogue of the Batrachia Salientia in the collection of the British Museum. — London: xvi + 160 pp.

HARPER, F. (1937): A season with Holbrook's chorus frog (*Pseudacris nigrita*). — Amer. Midl. Nat., Notre Dame, 18: 260—272.

— (1939): Distribution, taxonomy, nomenclature, and habits of the little tree-frog (*Hyla ocularis*). — Amer. Midl. Nat., 22: 134—149.

HOOGMOED, M. S. (1969): Notes on the herpetofauna of Surinam II. — On the occurrence of *Allophryne ruthveni* GAIGE (Amphibia, Salientia, Hylidae) in Surinam. — Zool. Mededel., Leiden, 44: 75—81.

JAMESON, D. L., MACKEY, J. P. & RICHMOND, R. C. (1966): The systematics of the Pacific tree frog, *Hyla* regilla. — Proc. California Acad. Sci., San Francisco, (4) 33: 551—620.

JOHNSON, C. (1966): Species recognition in the *Hyla versicolor* complex. — Texas J. Sci., Austin, 18: 361—364.

KENNY, J. S. (1969): The Amphibia of Trinidad. — Stud. Fauna Curacao ..., Hague, 29: 1—78.

LIEM, D. S. (1974): A review of the *Litoria nannotis* group, and the description of a new species of *Litoria* from northern Queensland, Australia (Anura: Hylidae). – Mem. Queensland Mus., Fortitude Valley, 17: 151—168.

LITTLEJOHN, M. J. (1965): Premating isolation in the *Hyla ewingi* complex (Anura: Hylidae). — Evolution, Lawrence, 19: 234—243.

LUTZ, B. (1973): Brazilian species of *Hyla*. — Austin: xviii + 260 pp.

LYNCH, J. D. & DUELLMAN, W. E. (1973): A review of the centrolenid frogs of Ecuador, with descriptions of new species. — Occas. Pap. Mus. nat. Hist. Univ. Kansas, Lawrence, 16: 1—66.

MERTENS, R. (1972): Der Neotypus von *Rana boans* LINNAEUS. — Senckenberg. biol., Frankfurt-a.-M., 53: 197—198.

MITTLEMAN, M. B. & LIST, J. C. (1953): The generic differentiation of the swamp treefrogs. — Copeia, 1953 (2): 80—83.

MOORE, J. A. (1961): The frogs of eastern New South Wales. — Bull. Amer. Mus. nat. Hist., New York, 121: 149—386.

NIEDEN, F. (1923): Anura I. Subordo Aglossa und Phaneroglossa, Sectio 1, Arcifera. — Das Tierreich, Lief. 46. Berlin: xxxii + 584 pp.

RIVERO, J. A. (1961): Salientia of Venezuela. — Bull. Mus. comp. Zool., Cambridge (Massachusetts), 126: 1—207.

— (1968 "1966"): Notes on the genus *Cryptobatrachus* (Amphibia, Salientia) with the description of a new race and four new species of a new genus of hylid frogs. — Carib. J. Sci., Mayagüez, 6: 137—149.

— (1969a): On the identity and relationships of *Hyla luteocellata* ROUX (Amphibia, Salientia). — Herpetologica, 25: 126—134.

— (1969b): A new name for *Sphaenorhynchus aurantiacus* (DAUDIN) (Amphibia, Salientia). — Copeia, 1969 (4): 700—703.

— (1970): On the origin, endemism and distribution of the genus *Stefania* RIVERO (Amphibia, Salientia) with a description of a new species from southeastern Venezuela. — Bol. Soc. Venez. Cien. nat., Caracas, 28: 456—481.

SAVAGE, J. M. (1967): A new tree-frog (Centrolenidae) from Costa Rica. — Copeia, 1967 (2): 325—331.

SAVAGE, J. M. & CARVALHO, A. L. DE (1953): The family position of Neotropical frogs currently referred to the genus *Pseudis*. — Zoologica, New York, 38: 193—200.

SCHWARTZ, A. (1957): Chorus frogs (*Pseudacris nigrita* LECONTE) in South Carolina. — Amer. Mus. Novit., New York, 1838: 1—12.

SMITH, P. W. (1966a): *Pseudacris streckeri*. — Cat. Amer. Amph. Rept., 27: 1—2.

— (1966b): *Hyla avivoca*. — Cat. Amer. Amph. Rept., 28: 1—2.

SMITH, P. W. & SMITH, D. M. (1952): The relationships of the chorus frogs, Pseudacris nigrita feriarum and Pseudacris n. triseriata. — Amer. Midl. Nat., Notre Dame, 48: 165—180.

STARRETT, P. & SAVAGE, J. M. (1973): The systematic status and distribution of Costa Rican glass-frogs, genus *Centrolenella* (Family Centrolenidae), with description of a new species. — Bull. S. California Acad. Sci., Los Angeles, 72: 57—78.

STRAUGHAN, I. R. (1969): The *Hyla bicolor* complex (Anura, Hylidae) in North Queensland. — Proc. Roy. Soc. Queensland, Brisbane, 80: 43—54.

TRUEB, L. (1968): Variation in the tree frog *Hyla lancasteri*. — Copeia, 1968 (2): 285—299.

— (1970a): Evolutionary relationships of casque-headed tree frogs with co-ossified skulls (family Hylidae). — Univ. Kansas Publ. Mus. nat. Hist., Lawrence, 18: 546—716.

— (1970b): The generic status of *Hyla siemersi* MERTENS. — Herpetologica, 26: 254—267.

— (1974): Systematic relationships of Neotropical horned frogs, genus *Hemiphractus* (Anura: Hylidae). — Occas. Pap. Mus. -nat. Hist. Univ. Kansas, Lawrence, 29: 1—60.

TRUEB, L. & DUELLMAN, W. E. (1971): A synopsis of Neotropical hylid frogs, genus *Osteocephalus*. — Occas. Pap. Mus. nat. Univ. Kansas, Lawrence, 1: 1—47.

TRUEB, L. & TYLER, M. J. (1974): Systematics and evolution of the Greater Antillean hylid frogs. — Occas. Pap. Mus. nat. Hist. Univ. Kansas, Lawrence, 24: 1—60.

TYLER, M. J. (1963): An account of collections of frogs from central New Guinea. — Rec. Australian Mus., Sydney, 26: 113—130.

— (1964): An investigation of the systematic position and synonymy of Hyla montana PETERS and DORIA. — Zool. Abhandl. Staatl. Mus., Dresden, 27: 265—270.

— (1965): Taxonomic studies on some hylid frogs of Australia and New Guinea. — Proc. Zool. Soc. London, 145: 91—106.

— (1968a): Papuan hylid frogs of the genus Hyla. — Zool. Verhandel., Leiden, 96: 1—203.

— (1968b): An additional Australian species of the hylid frog genus *Nyctimystes* with notes on *Hyla dayi*. — Arkiv. Zool., Stockholm, 20: 501—504.

ZWEIFEL, R. G. (1958): Results of the Archbold Expeditions. No. 78. Frogs of the Papuan hylid genus *Nyctimystes*. — Amer. Mus. Novit., New York, 1896: 1—51.

Register

DAS TIERREICH

Eine Zusammenstellung und Kennzeichnung der rezenten Tierformen

Herausgeber
Robert Mertens und Willi Hennig
Schriftleiter: Heinz Wermuth

Lfg.	Bearbeiter	Titel	Ersch.-jahr	Umfang	Preis in DM
45	A. Schmidt	COLEOPTERA: *Aphodiinae*	1922	VI, 614 Seiten, 34 Abbildungen	120,–
46	F. Nieden	AMPHIBIA: *Anura I*	1923	XXXII,584 Seiten, 380 Abbildungen	115,50
47	W. Kükenthal	COLENTERATA: *Gorgonaria*	1924	XXVIII,478Seiten, 209 Abbildungen	144,–
48	J. J. Kieffer	HYMENOPTERA: Proctotrupoidea: *Scelionidae*	1926	XXXVI,885Seiten, 340 Abbildungen	300 –
49	F. Nieden	AMPHIBIA: *Anura II* *Engystomatidae*	1926	XVI, 119 Seiten, 55 Abbildungen	42,–
50	E. Giglio-Tos	ORTHOPTERA: *Mantidae*	1927	XL, 707 Seiten, 6 Abbildungen	247,50
51	H. Stichel	LEPIDOPTERA: *Nemeobiinae*	1928	XXX, 300 Seiten, 197 Abbildungen	126,50
52	C. Graf Attems	MYRIAPODA: *I. Geophilomorpha*	1929	XXIII, 388 Seiten, 307 Abbildungen	180,–
53	F. Kiefer	CRUSTACEA COPEPODA: *II. Cyclopoida Gnathostoma*	1929	XVI, 102 Seiten, 42 Abbildungen	56,30
54	C. Graf Attems	MYRIAPODA: *II. Scolopendromorpha*	1930	XIX, 308 Seiten, 387 Abbildungen	150,–
55	E. Ahl	AMPHIBIA: *Anura III* *Polypedatidae*	1931	XVI, 477 Seiten, 320 Abbildungen	232,50
56	S. Thor	ARACHNOIDEA ACARINA: *Bdellidae, Nicoletiellidae, Cryptognathidae*	1931	XIII, 87 Seiten 93 Abbildungen	56,20
57	M. Beier	PSEUDOSCORPIONIDEA I: Subord: *Chthoniinea* et *Neobisiinea*	1932	XX, 258 Seiten, 271 Abbildungen	120,–
58	M. Beier	PSEUDOSCORPIONIDEA II: Subord. *Cheliferinea*	1932	XXI, 294 Seiten, 300 Abbildungen	146,20

Lfg.	Bearbeiter	Titel	Ersch.-jahr	Umfang	Preis in DM
59	M. Holly	CYLOSTOMATA	1933	XIV, 62 Seiten, 57 Abbildungen	37,50
60	S. Thor	ACARINA: *Tydeidae, Ereynetidae*	1933	XI, 84 Seiten, 102 Abbildungen	45,–
61	M. Holly	PISCES: *2. Dipnoi*	1933	IX, 20 Seiten, 25 Abbildungen	10,–
62	F. Werner	REPTILIA: *Loricata*	1933	XIV, 40 Seiten, 33 Abbildungen	26,20
63	M. Holly	PISCES: *4. Crossopterygii*	1933	X, 23 Seiten, 30 Abbildungen	10,–
64	F. Bryk	LEPIDOPTERA: *Baroniidae, Teinopalpidae, Parnassiidae I*	1934	XXIII, 131 Seiten, 87 Abbildungen	75,–
65	F. Bryk	LEPIDOPTERA: *Parnassiidae II* (Subfam. *Parnassiinae*)	1935	LI, 790 Seiten, 698 Abbildungen	412,50
66	E. Marcus	ARTHROPODA: *Tardigrada*	1936	XVI, 329 Seiten, 306 Abbildungen	150,–
67	M. Holly	PISCES: *4. Ganoidei*	1936	XVI, 65 Seiten, 56 Abbildungen	37,50
68	C. Graf Attems	MYRIAPODA: *3. Polydesmoidea I.* Fam. *Strongylosomidae*	1937	XXII, 300 Seiten, 343 Abbildungen	150,–
69	C. Graf Attems	MYRIAPODA: *3. Polydesmoidea II.* Fam. *Leptodesmidae, Platyrhachidae, Oxydesmidae, Gomphodesmidae*	1938 1038	XXVIII, 487 Seiten, 509 Abbildungen	243,40
70	C. Graf Attems	MYRIAPODA: *3. Polydesmoidea III*	1940	XXXII, 568 Seiten, 719 Abbildungen	300,–
71	S. Thor & C. Willmann	ACARINA: *3. – 71a: Eupodidae, Penthalodidae, Penthaleidae, Rhagidiidae, Pachygnathidae, Cunaxidae. – 72b Trombidiidae.*	1941/ 1947	XXXVI, 541 Seiten, 599 Abbildungen	389,20
72	H. Wermuth	REPTILIA: *Helodermatidae*	1958	16 Seiten, 9 Figuren	16,–
73	M. Beier	ORTHOPTERA: *Tettigoniiadae* (Pseudophyllinae I)	1962	XII, 468 Seiten, 245 Abbildungen	210,–
74	M. Beier	ORTHOPTERA: *Tettigoniidae* (Pseudophyllinae II)	1960	396 Seiten 241 Figuren	262,50
75	K. Odening	TREMATODA (Digenea): *Plagiorchiidae* III (Haematoloechinae) und *Omphalometridae*	1960	IV, 77 Seiten, 60 Figuren	64,–

Lfg.	Bearbeiter	Titel	Ersch.-jahr	Umfang	Preis in DM
76	K. Sanft	AVES (Upupae): *Bucerotidae*	1960	IV, 176 Seiten, 106 Figuren	156,–
77	R. Kilias	GASTROPODA PROSOBRANCHIA: *Tonnidae*	1962	63 Seiten, 47 Figuren	28,–
78	St. W. Gorham	GYMNOPHIONA. *Liste der rezenten Amphibien und Reptilien*	1962	X, 25 Seiten	15,–
79	R. Mertens	HELODERMATIDAE, VARANIDAE, LANTHANOTIDAE. *Liste der rezenten Amphibien u. Reptilien*	1963	X. 26 Seiten	14,–
80	H. Wermuth	GEKKONIDAE, PYGOPODIDAE, XANTUSIIDAE. *Liste der rezenten Amphibien und Reptilien*	1965	XXII, 246 Seiten	117,80
81	J. A. Peters	COLUBRIDAE (Dipsadinae). *Liste der rezenten Amphibien und Reptilien*	1965	VIII, 18 Seiten	12,50
82	J. Illies	PLECOPTERA, *Katalog*	1966	XXX, 632 Seiten, 20 Abbildungen	294,–
83	R. Mertens	CHAMAELEONIDAE. *Liste der rezenten Amphibien und Reptilien*	1966	X, 37 Seiten	26,–
84	C. Gans	UROPELTIDAE. *Liste der rezenten Amphibien und Reptilien*	1966	29 Seiten	14,–
85	St. W. Gorham	ASCAPHIDAE, LEIOPELMATIDAE, PIPIDAE, DISCOGLOSSIDAE, PELOBATIDAE, LEPTODACTYLIDAE, RHINOPHRYNIDAE. *Liste der rezenten Amphibien und Reptilien*	1966	XVI, 222 Seiten	107,–
86	H. Wermuth	AGAMIDAE. *Liste der rezenten Amphibien und Reptilien*	1967	XIV. 127 Seiten	72,–
87	H. Wermuth	CORDYLIDAE (Cordylinae + Gerrhosaurinae). *Liste der rezenten Amphibien und Reptilien*	1968	X, 30 Seiten	24,–
88	F. Haas	BIVALVIA: *Unionacea*	1969	X, 663 Seiten, 5 Abbildungen	380,–
89	A. F. Stimson	BOIDAE, (Boinae + Bolyeriinae + Loxoceminae + Pythoninae). *Liste der rezenten Amphibien und Reptilien*	1969	XI, 49 Seiten	38,–

Lfg.	Bearbeiter	Titel	Ersch.-jahr	Umfang	Pr 's in DM
90	H. Wermuth	ANGUIDAE, ANNIELLIDAE. XENOSAU IDAE. *Liste der rezenten Amphibien und Reptilien*	69	XII, 41 Seiten	3,–
91	M. Fischer	HYMENOPTERA: *raconid e* (Opiir ae I)	1972	XII, 620 Seiten, 463 Figuren	580,–
92	R. Kilias	GASTROPODA PROSOBRAN-CHIA: *Cymatiidae*	1973	VIII, 235 Seiten, 149 Figuren	288,–
93	P.Banarescu& T. T. Nalbant	PISCES, TELEOSTEI: *Cyprinidae (Gobioninae)*	1973	VII, 304 Seiten, 154 Figuren, 19 Karten	320,–
94	P. Zwick	PLECOPTERA, *Phylogenetisches System und Katalog*	1973	XXXII,465Seiten 75 A 'ldungen	490,–
95	E. Duellman	HYLIDAE, CENTROLENIDAE, PSEUDIDAE. *Liste der rezenten Amphibien und Reptilien*	1976	XIX,' 225 Seiten	280,–
96	M Fischer	HYMENOPTERA: *Braconidae* (Opiinae II/Amerika)	1976	etwa 1038 Seiten, 890 Figuren	980,–
97	S. G. Kiriakoff	LEPIDOPTERA NOCTUIFOR-MES: *Agaristidae I*	1976	IX, 180 Seiten, 39 Figuren	150,
98	S. G. Kiriakoff	LEPIDOPTERA NOCTUIFOR-MES: *Agaristidae II*	1976	VIII, 165 Seiten, 52 Figuren	140,–
99	S. G. Kiriakoff	LEPIDOPTERA NOCTUIFOR-MES: *Agaristidae III*	1076	VI, 86 Seiten, 26 Figuren	90,–
100	H. Wermuth & † R. Mertens	TESTUDINES, CROCODYLIA, RHYNCHOCEPHALIA. *Liste er Rezenten Amphibien und Reptilien*	1976	XXVII, 174 Seiten	210,–

DAS TIERREICH

Eine Zusamsmentellung und Kennzeichnung der rezenten Tierformen

The „TIERREICH" was initiated by the German Zoological Society in order to create a complete systematical treatment of all groups of the recent animal kingdom. After the World War II this undertaking was stopped because it seemed impossible to attain its completeness. In consequence of that, however, also ceased both incitement and possibility of publishing comprehensive revisions of large animal groups in a continued series. Therefore the Verlag Walter de Gruyter & Cie. (Berlin) came to the conclusion to revive the „TIERREICH". The original views will be maintained, the work, however, is planned now as an unconstrained sequence of systematical monographs without intending to treat all zoological categories according to a fixed plan. These monographs should not be restricted only to the belongs of taxionomy but also have regard to anatomical, biological, physiological, and other facts as far as they are able to characterize the group in question without breaking the frame of the whole work. All authors who are willing to publish systematical revisions of recent animal groups are invited to collaborate. According to the wishes of the authors, their contributions will be printed in English, French, or German. The authors will get an honorarium of DM 55,— for each 16 printed pages and 5 free copies after come out of their contributions. Further details may be gathered from the exemplaries no. 72 and subsequents published since 1958; by request the publishers will give any informations or send exact directions for the authors. Summary revisions of zoological groups (checklists) will although be published in the series „DAS TIERREICH".

Le „TIERREICH" fut fondé par la Société Allemande de Zoologie dans le but de réaliser une présentation complète de la systématique de tous les groupes zoologiques récents. Cette entreprise fut suspendue après la deuxième guerre mondiale car la présentation complète que l'on s'était fixée pour but semblait impossible à réaliser. Mais, de ce fait, disparut, avec la possibilité, le stimulant nécessaire à la publication continue d'amples révisions de groupes zoologiques importants. C'est pourquoi, les éditions Walter de Gruyter & Co. (Berlin) ont pris la décision de faire renaître le „TIERREICH" sous l'optique originale pour ce qui est du fond, certes, mais uniquement sous la forme d'une série de monographies systématiques, sans lien étroit entre elles dont le but ne sera pas de traiter tous les groupes zoologiques d'après un plan préconçu. Ces monographies ne doivent pas simplement se borner au domaine de la taxionomie, mais tenir compte également des faits anatomiques, biologiques, physiologiques et autres dans la mesure où ils sont susceptibles de mieux caractériser le groupe zoologique en question sans pour cela déborder le cadre de l'ensemble de l'ouvrage. Sont invités à collaborer, tous les auteurs qui désireraient publier des révisions systématiques de groupes zoologiques récents. Conformément aux voeux des auteurs, leurs traités seront imprimés en anglais, en français et en allemand. Les honoraires des auteurs sont fixés à DM 55,— par placard de l'imprimerie (= 16 pages) et 5 exemplaires gratuits après parution de leurs traités. Pour plus amples détails, se reporter à les livraisons No. 72 et suivantes qui vient de paraître depuis 1958. Les éditeurs fournissent tous renseignements sur demande ou des indications précises à l'intention des auteurs. Dans la série „DAS TIERREICH", on publiera aussi des révisions sommaires de groupes zoologiques comme „Checklists".

Das „TIERREICH" wurde von der Deutschen Zoologischen Gesellschaft in der Absicht gegründet, eine vollständige systematische Darstellung aller rezenten Gruppen des Tierreichs zu schaffen. Nach dem zweiten Weltkrieg wurde das Unternehmen abgebrochen, da das Ziel der Vollständigkeit unerreichbar schien. Damit entfielen jedoch Anreiz und Möglichkeit, umfassende Revisionen größerer Tiergruppen in fortlaufenden Lieferungen zu veröffentlichen. Aus diesem Grunde hat sich der Verlag Walter de Gruyter & Co. (Berlin) entschlossen, das „TIERREICH" zwar grundsätzlich unter den ursprünglichen Gesichtspunkten, darüber hinaus aber lediglich als eine zwanglose Reihenfolge systematischer Monographien wieder aufleben zu lassen, ohne zu beabsichtigen, alle zoologischen Gruppen nach einem feststehenden Plan abzuhandeln. Diese Monographien sollen sich nicht ausschließlich auf die Belange der Taxionomie beschränken, sondern auch anatomische, biologische, physiologische und andere Tatsachen berücksichtigen, sofern sie geeignet sind, die betreffende Tiergruppe näher zu charakterisieren, ohne den Rahmen des Gesamtwerkes zu sprengen. Zur Mitarbeit sind alle Autoren eingeladen, die den Wunsch haben, systematische Revisionen rezenter Tiergruppen zu veröffentlichen. Entsprechend den Wünschen der Verfasser werden ihre Abhandlungen in Englisch, Französisch und Deutsch gedruckt. Die Autoren erhalten ein Honorar in Höhe von DM 55,— für jeden Druckbogen (= 16 Seiten) und 5 Sonderdrucke nach Erscheinen ihrer Beiträge. Weitere Einzelheiten mögen den seit 1958 erschienenen Lieferungen Nr. 72 und folgenden entnommen werden. Auf Wunsch erteilen die Herausgeber jegliche Auskünfte oder geben genaue Anweisungen an die Autoren ab. In der Reihe „DAS TIERREICH" erscheinen auch summarische Bearbeitungen von größeren Tiergruppen in Form sogenannter „Checklists".

Die Herausgeber

† *Prof. Dr. Robert Mertens (Wirbeltiere)*
Natur-Museum und Forschungs-Institut Senckenberg
Senckenberg-Anlage 25, 6000 Frankfurt am Main 1

Prof. Dr. Willi Hennig (Wirbellose)
Staatliches Museum für Naturkunde
Arsenalplatz 3, 7140 Ludwigsburg

Dr. Heinz Wermuth (Schriftleiter)
Staatliches Museum für Naturkunde
Arsenalplatz 3, 7140 Ludwigsburg

www.ingramcontent.com/pod-product-compliance
Lightning Source LLC
LaVergne TN
LVHW080755300926
849162LV00008BA/1815